学术研究专著·航空宇航制造与工程

大型客机减阻的自然/混合层流流动控制

杨体浩　史亚云　白俊强
刘铁军　张　淼　吴光辉　著

U0195401

西北工业大学出版社

西　安

【内容简介】 本书论述了面向大型客机减阻设计的自然/混合层流流动控制方法,内容涉及的技术领域包括CFD数值计算方法、工程转捩预测方法、层流机翼风洞试验、气动优化设计方法、层流机翼气动设计理论与收益分析等。

本书可供高等院校航空航天工程飞行器设计专业高年级本科生和研究生使用,也可供相关研究领域工程设计人员参考。

图书在版编目(CIP)数据

大型客机减阻的自然/混合层流流动控制 / 杨体浩等著. — 西安 : 西北工业大学出版社,2019.8
ISBN 978 - 7 - 5612 - 6194 - 1

Ⅰ. ①大… Ⅱ. ①杨… Ⅲ. ①大型-旅客机-减阻-设计 Ⅳ. ①V271.1

中国版本图书馆 CIP 数据核字(2018)第 183849 号

DAXING KEJI JIANZU DE ZIRAN / HUNHE CENGLIU LIUDONG KONGZHI

大型客机减阻的自然/混合层流流动控制

责任编辑:卢颖慧		**策划编辑**:肖亚辉	
责任校对:付高明		**装帧设计**:李 飞	
出版发行:西北工业大学出版社			
通信地址:西安市友谊西路 127 号		邮编:710072	
电 话:(029)88491757,88493844			
网 址:www.nwpup.com			
印 刷 者:广东虎彩云印刷有限公司			
开 本:710 mm×1 000 mm		1/16	
印 张:17.875		彩插:16	
字 数:350 千字			
版 次:2019 年 8 月第 1 版		2019 年 8 月第 1 次印刷	
定 价:98.00 元			

前　　言

降低飞行器巡航阻力,是未来大型民用客机进一步降低燃油消耗,减少有害气动排放,最终实现"绿色航空"发展目标的重要解决途径之一。大型客机的阻力主要分为压差阻力和摩擦阻力,其中摩擦阻力约占飞行器总阻力的 50%。自然/混合层流流动控制技术通过采用被动/主动的流动控制手段,可在包括机翼、尾翼等升力面部件及机身、短舱等非升力面部件表面实现可观、稳定的层流段。在相同来流条件下,层流流动的摩擦阻力远小于湍流流动的摩擦阻力。目前运营的大型客机巡航状态基本处于全湍流状态。自然/混合层流流动控制技术通过在大型客机表面实现大范围的层流流动,带来全机摩擦阻力的显著降低。

本书以介绍面向大型客机减阻设计的自然/混合层流流动控制方法为主线,内容主要涵盖 CFD 数值计算方法、转捩预测理论、优化设计技术、层流机翼的数值模拟和设计研究以及验证性风洞实验等。重点分析自然/混合层流机翼的设计特点、减阻原理、多种影响因素对自然/混合层流机翼层流保持以及气动减阻能力的影响作用机制;构建经大量风洞试验数据验证的,适用于跨声速、大后掠角自然/混合层流机翼减阻设计的工程可用的转捩预测与设计方法;借助风洞试验与数值分析手段,获得自然/混合层流机翼减阻设计指南,形成较为完备的层流减阻流动控制理论与方法。

本书是在"大型客机减阻机理和方法研究"的"973"计划中,有关"层流流动控制减阻研究"的研究成果基础之上,参考国内、外公开发表的文献、资料编写完成的。在此对这些文献、资料的作者表示感谢。

本书编写分工如下:杨体浩编写第 1 章,第 4 章~第 7 章;史亚云编写第 3 章、第 5 章和第 6 章;白俊强编写第 5 章;刘铁军编写第 2 章;张淼编写第 7 章;吴光辉编写第 1 章。

本书的编写工作得到了大量支持:屈峰、汪辉分别为第 2 章、第 3 章内容的编写提供了必要的支撑工作,团队的一些研究生(卢磊、杨一雄、何小龙、黎明、袁泽龙、陈保、曹天时)参与了资料收集、整理以及录入等工作。

由于笔者水平有限,书中不妥之处恳请读者批评指正。

著　者
2019 年 7 月

目　　录

第1章
绪　　论

1.1　未来航空技术的发展趋势 —— "绿色航空"

　　降低飞机燃油消耗率、减小环境污染是飞行器设计所追求的永恒目标之一。新的时代背景下,国际上对民用航空飞行器的燃油消耗和污染排放提出了越来越高的要求。2009 年,国际航空运输学会(International Air Transport Association,IATA)在哥本哈根世界气候大会上公布了航空工业的减排目标:从 2009 年到 2020 年,燃油效率年均改善率保持在 1.5%;到 2050 年,二氧化碳的净排放量比 2005 年减少 50%。发展更经济、更环保的"绿色航空"已经是未来航空工业的重要发展趋势。

　　针对未来"绿色航空"的发展趋势,国际上主要航空大国和区域都规划了自己的发展蓝图。欧洲航空研究和创新委员会(Advisory Council for Aviation Research and Innovation in Europe,ACARE)在 2011 年提出了 Flightpath 2050 项目目标[1]。相比于 2000 年研发的民用飞机,到 2050 年民用飞机的 CO_2 排放减少 75%,NO_x 排放减少 90%,噪声污染减少 65%。美国航空航天局(National Aeronautics and Space Administration,NASA)制定了"N+3"代亚声速商业民用飞机发展计划[2]。该计划指出,2020 年在典型的双通道宽体客机的基础上实现燃油消耗降低 50%,NO_x 排放量减少 75%,噪声级降低 42 dB。到 2025 年,飞机燃油消耗降低 70%以上,NO_x 排放量减少 75%以上,同时噪声级降低 71 dB。

　　为了实现发展"绿色航空"在降低燃油消耗率、减少环境污染方面制定的宏伟目标,整个航空工业需要在包括总体设计、气动、结构、动力与控制在内的多个学科领域内取得技术突破。研究表明,支线客机在典型运营条件下,气动阻力减小 1 counts①,轮挡耗油率可以降低 0.2%~0.3%。显然,凭借先进的气动力设计技术或者新的减阻措施提高飞机的气动效率,可以显著地降低燃油消耗率,减

---

　　①　1 counts 是一个阻力单位,为 $C_d = 0.000\ 1$。

少有害气体的排放。针对民用飞机而言,气动阻力包含摩擦阻力、升致阻力、诱导阻力及其他附加阻力等。摩擦阻力约占全机总阻力的50%,如图1-1所示。其中38%左右的摩擦阻力来自机翼,40%左右的摩擦阻力来自机身,5%左右的摩擦阻力来自发动机短舱[3]。因此,如图1-2所示,采用层流控制技术减小包括机翼、尾翼、发动机短舱在内的表面摩擦阻力(图中灰色部分),可以有效地降低飞机的总阻力。

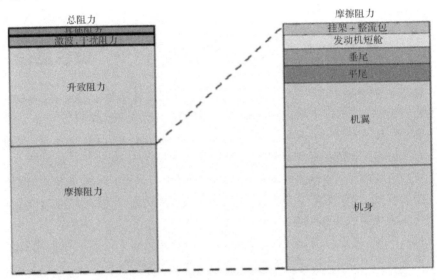

图1-1 典型的商业运输机阻力组成

图1-2 在商业飞机上层流控制技术可以应用的范围

常见的层流流动控制技术手段包括自然层流控制技术(Nature Laminar Flow, NLF)、全层流控制技术(Laminar Flow Control, LFC)及混合层流控制技术(Hybird Laminar Flow Control, HLFC)三种,如图1-3所示。NLF技术

通过形面设计,利用有利的压力分布形态实现层流化。LFC 技术通过吸气控制吸除边界层内的气流,通过改变边界层的速度型来提高流动的稳定性,实现层流化。借助 LFC 技术可在整个弦向方向上实现层流流动。HLFC 技术在某种程度上可理解为 NLF 和 LFC 技术的结合。HLFC 仅在机翼前缘进行吸气控制(吸气区域在前梁以前的机翼盒段内)以抑制横流以及附着线转捩,同时借助形面设计,利用有利的压力分布形态特征维持层流流动的稳定。相比 LFC 技术,虽然 HLFC 技术吸气控制区域范围显著减小,但是其在理论上依旧可以实现50％当地弦长以上的层流段。

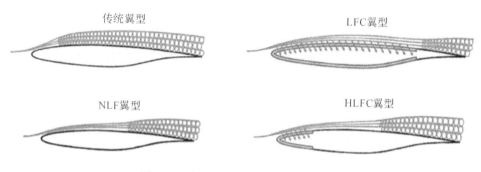

图 1-3　各种层流流动控制概念示意图

在层流流动控制研究领域,NLF 技术、LFC 技术以及 HLFC 技术是三种非常重要的层流流动控制技术,它们各有优缺点。NLF 技术仅仅通过形面设计实现层流化,因此,该技术对现有飞行器的结构以及系统设计的影响最小。但是 NLF 技术适用范围有限。在高雷诺数条件下,或者当机翼具有中等甚至大后掠角时,借助 NLF 技术难以实现层流化。除此之外,NLF 技术对飞行环境变化的鲁棒性较差。LFC 技术在实现层流化方面的鲁棒性最强,可获得的层流段长度也最长。然而,LFC 技术依赖的吸气控制系统会增大飞机系统、结构设计的复杂程度,增加结构质量并带来额外的功率消耗。与此同时,为了在翼面上进行大范围的吸气控制,吸气控制系统的安装与机翼的翼盒结构设计产生冲突,导致于装载燃油的翼盒容积减小。目前,该技术工程可实现性较差。相比之下,HLFC 技术仅仅在前梁以前的区域进行吸气控制,这对机翼原有的结构形式破坏程度最小;同时,其吸气控制系统更为简单,所付出的结构质量以及吸气控制所需的功率消耗代价也更低。

层流流动控制技术所具有的巨大减阻潜力,使其成为满足未来"绿色航空"发展要求最受关切的技术之一。为此,美国以及欧洲等国家及地区在过去几十年内投入了大量的人力、物力进行层流流动控制技术的研究。比如,NASA 在

2009 年启动了为期 5 年、当时计划投资3.2亿美元的环保航空（Environmentally Responsible Aviation，ERA）计划[3]。层流控制技术是该计划的三大研究内容之一。欧洲清洁天空联合技术计划（clean sky joint - technology initiative）[5]中，与民用客机最相关的是投资 3.93 亿欧元的智能固定翼飞机（Smart Fixed Wing Aircraft，SFWA）项目和投资 1.17 亿欧元的绿色支线飞机（Green Regional Aircraft，GRA）项目。层流机翼以及具有被动/主动层流控制和载荷控制的智能机翼是重要研究内容之一。目前，部分欧美航空发达国家基本掌握了层流流动控制机理和设计方法，验证了自然层流/混合层流控制技术在实际飞行环境下应用的可行性。针对商业民用飞机，部分成果开始进入工程应用阶段。

1.2 自然层流减阻技术的发展

自第二次世界大战以来，国外航空发达国家便对自然层流控制技术进行了大量的风洞及飞行试验研究。美国国家航空咨询委员会（National Advisory Committee for Aeronautics，NACA）早在 20 世纪 30 年代就对自然层流翼型进行了研究，设计、发展了"NACA 6"系列以及"NACA 7"系列的自然层流翼型[6]。这一系列自然层流翼型的设计，在一定程度上提升了当时人们对边界层内转捩过程的理解。20 世纪 40 年代，英国研究人员通过在"British King Cobra"和"Hurricane"战斗机上安装翼套进行自然层流翼型飞行试验，获得了宝贵的试验数据。飞行试验显示，翼套表面可以获得很长的层流区，但是无法保证在整个日常飞行过程中都维持稳定的层流段[6]。

20 世纪 80 年代，美国针对自然层流机翼开展了大量的飞行试验及研究。1980 年，NASA 对可变后掠飞机 F - 111/TACT 进行改装，添加了采用超临界自然层流翼型的翼套试验段（见图 1 - 4），进行了一系列变后掠角的飞行试验，评估横流对转捩的影响[8]。但是由于翼套展向方向的有效长度较短，飞行时间有限，且受制于试验测量设备的能力，因此获得的可靠飞行试验数据有限。为了建立不同飞行条件下更为精确、可靠、丰富的转捩飞行试验数据库，NASA 基于 F - 14 变后掠飞机设计了具有更大展向有效宽度的试验段，并于 1984—1987 年开展了大量的飞行试验[8]（见图 1 - 5）。试验结果显示，当后掠角小于 18°时，层流区的长度几乎不受后掠角的影响。随着大后掠角的增大，由于横流涡的不稳定，层流段长度不断减小。基于 F - 14 变后掠角的层流飞行试验提供了详细、可靠的试验数据，这极大地提升了工程师在机翼后掠角和剖面翼型对层流转捩耦合影响方面的认知。

对于采用大涵道比翼吊发动机的民用客机，为了研究噪声扰动对边界层转掠的影响,波音公司于 1985 年进行了自然层流机翼飞行试验[9]。飞行试验中,将 B757 客机紧靠发动机外侧的机翼前缘缝翼用一段具有 21°后掠角的自然层流翼套进行替换,如图 1-6 所示。飞行试验显示,设计点附近,翼套上、下表面分别可以观察到 28%弦长和 18%弦长范围的层流区;相比发动机小推力状态,在大推力状态下,翼套下表面的层流区范围将减小 2%~3%弦长。虽然这次飞行试验不能解释噪声扰动对边界层转捩的影响作用机制,但是试验结果让工程师们认识到噪声对横流扰动的影响较小。这意味着通过主动/被动控制,横流涡在机翼前缘得到了充分的抑制,那么即便在具有明显发动机噪声的环境中,机翼表面也很有可能维持同等长度的层流段。然而之后的研究发现,发动机噪声对于 TS(Tollmien-Schlichting)扰动波的影响较大。一定频率范围内的噪声扰动会放大 TS 扰动的发展,最终导致转捩提前。

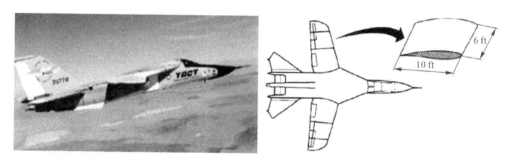

图 1-4　F-111/TACT 变后掠角层流飞行试验①

图 1-5　F-14 变后掠角层流飞行试验

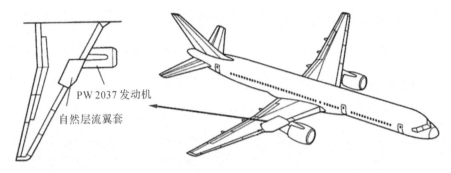

图 1-6　发动机噪声影响下基于 B757 客机的自然层流机翼飞行试验

　　同样地,在 20 世纪 80 年代,欧洲针对自然层流控制技术也开展了类似的研究。1986—1987 年,法国达索公司在 Falcon-50 飞机的垂尾上安装一段自然层流后掠翼,进行了自然层流机翼飞行试验[10],如图 1-7 所示。这次飞行试验为法国国家宇航局的 ONERA-CERT 转捩预测工具的发展提供了大量可靠的试验数据。1987 年,德国启动了一项层流流动控制技术研究项目,通过在 VFW 614/ATTAS 的右侧机翼安装一种特殊的自然层流翼套,开展变后掠角的飞行试验,如图 1-8 所示。此次飞行试验研究了马赫数、雷诺数、后掠角对由 TS 波和 CF(Cross Flow)波失稳主导的转捩现象的影响作用机制。其中飞行马赫数在 0.35~0.7 之间变化,雷诺数最低为 12×10^6,最高可达 30×10^6。试验结果显示,翼套表面最大可实现 40% 弦长以上的层流段。

图 1-7　基于 Falcon-50 飞机的自然层流机翼飞行试验(单位:mm)

　　在欧洲层流研究(European Laminar Flow Investigation,ELFIN)项目的支持下,欧盟在 Fokker F100 飞机机翼上加装了自然层流翼套,并于 1991—1992 年进行了大量的飞行试验(见图 1-9)。该飞行试验的目的在于综合考虑加工制造工艺以及实际的运营和使用维护条件,验证自然层流控制技术在以 0.75 马赫进行巡航的小型公务机上工程实现的可行性[11]。飞行试验中除了利用红外相机拍摄翼套表面的层流分布情况外,翼套后缘加装了尾流耙,用于测量剖面型阻的变化(见图 1-10)。除此之外,选取具有 0.065 mm 和 0.170 mm 台阶高度的翼套构型,研究了台阶高度对层流边界层稳定性的影响[12](见图 1-11)。试飞结果显示,选取的这两种具有不同高度的台阶对层流边界层的稳定性影响很小。

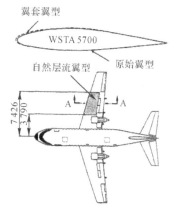

图 1-8 基于 VFW 614/ATTAS 的自然层流翼套飞行试验(单位:mm)

图 1-9 基于 Fokker F100 飞机的自然层流翼套飞行试验

相比于机翼,短舱具有更短的特征长度,因此雷诺数相对较低,便于实现层流化。除此之外,若从气动设计角度考虑,由于不需要短舱提供升力,所以当没有升力和力矩约束的限制时,形面设计则更为灵活。采用层流控制技术,可以使短舱表面摩擦阻力降低 40%~50%。对于大型商业民用客机而言,这相当于降低全机巡航阻力 1%~2%。因此,将自然层流控制技术引入短舱外表面的气动设计中,得到了航空工程师们极大的关注。为了研究在可控的噪声环境中自然层流短舱的气动性能,美国进行了基于低速螺旋桨飞机 OV - 1B(见图 1 - 12)的自然层流短舱的飞行试验[13]。此次飞行试验的目的为在可控的噪声环境中,获得噪声扰动对层流转捩影响的试验数据,用于发展可考虑噪声影响的转捩预测技术。整个飞行试验分为两个阶段:第一阶段测量层流转捩对具有不同频率和声压水平的噪声扰动的敏感程度;第二阶段利用三个具有不同压力分布形态特征的自然层流短舱,测量噪声扰动下层流边界层的稳定性。

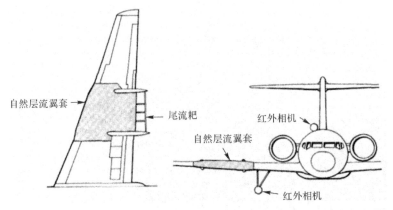

图 1 - 10　基于 Fokker F100 飞机的自然层流翼套及试验测量设备的安装

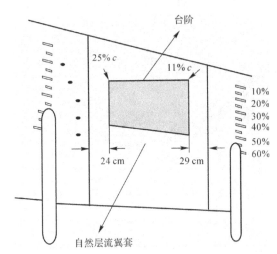

图 1 - 11　用于台阶高度对转捩影响研究的自然层流翼套改装示意图①

①　本书中 x/c 是弦向位置与当地弦长之比,是归一化以后的量。$x\%c$ 中的 $x\%$ 表示 $\frac{x}{100}\times100\%$,c 表示当地弦长,$x\%c$ 表示当地弦长的 $x\%$。

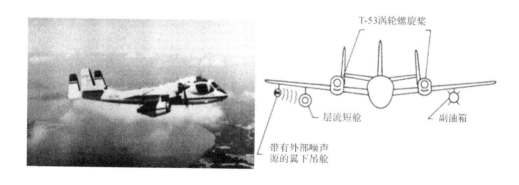

图 1-12 基于 OV-1B 低速螺旋桨飞机的自然层流短舱飞行试验

1992 年,德国基于 VFW 614/ATTAS 飞机进行了长达 93.5 h 的层流短舱飞行试验,这次试验的一项重要研究内容是针对自然层流短舱概念,评估真实飞行条件和使用环境对层流转捩的影响作用[13]。试验结果显示,在大多数的飞行条件下自然层流短舱表面可以维持将近 60% 短舱长度的层流段,并且,诸如振动、发动机噪声等扰动源对自然层流短舱的气动性能影响有限。这次飞行试验验证了所设计、加工制造的层流短舱具有较好的气动性能和较强的鲁棒性。

经过几十年对理论、数值、风洞和飞行试验的研究,自然层流控制技术在工程领域内开始得到应用。小型公务机由于飞行雷诺数较低,机翼后掠角较小,成为最先采用自然层流控制技术的民用商业飞机。图 1-13 所示为采用了自然层流机翼和自然层流机身/机头气动设计技术的意大利 Piaggio P-180 公务机和日本本田公司的 Honda Jet 公务机。

(a)

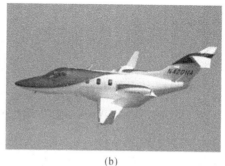

(b)

图 1-13 采用了自然层流控制技术的小型公务机
(a) Piaggio P-180; (b) Honda Jet

典型的使用工况下，Piaggio P-180 公务机机翼表面可以维持大约 50％弦长的层流段。高度流线化的机身设计可以维持大约 30％机身长度的层流区。自然层流技术的采用，使得 Piaggio P-18 公务机比当时最高效的采用双发涡轮螺旋桨的公务机的燃油消耗率还要低 25％左右。Honda Jet 机翼前 43％左右弦长范围内，采用具有明显顺压力梯度的压力分布设计特征，这使得巡航状态下机翼表面可以维持 40％弦长以上的层流段。大量的风洞以及飞行试验表明，该公务机气动设计达到了预期的设计目标和要求[15]。自然层流控制减阻技术在小型公务机上的成功应用，对于整个航空工业而言是一件鼓舞人心的大事，这更加坚定了将自然层流控制减阻技术进行工程转化的信心。

对于大型商业民用飞机，波音公司开始将自然层流控制技术应用到飞机部件的气动设计中，如图 1-14 所示。波音公司最新研制的双通道宽体客机 B787-8 采用了自然层流短舱技术，这是航空历史上首次将自然层流控制技术应用于大型商业飞机。在此基础上，波音公司又将自然层流控制技术推广到升力面部件的气动设计中。2012 年，波音公司在 B737 上成功进行了自然层流翼梢小翼概念的飞行验证，之后便迅速地将自然层流翼梢小翼设计技术应用在 B737 Max 的小翼设计上。占据大型商业飞机国际市场半壁江山的空中客车公司(Airbus，以下简称"空客")，在自然层流控制技术方面也进行了大量的研究。空客公司对 A340 机翼进行了改装，将发动机外侧约 1/3 展长的外翼替换成了自然层流超临界机翼试验段，并于 2017 年开始进行飞行试验，如图 1-15 所示。左右两个层流机翼试验段采用了两种不同的制造理念。右侧试验段采用分离式前缘，上翼面为金属材料。左侧试验段为复合材料集成前缘，上表面为复合材料。这次飞行试验是航空史上首次将层流超临界机翼气动外形设计与标准的机翼内部结构进行真正的结合。

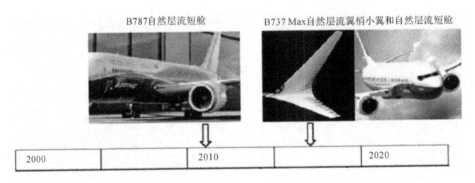

图 1-14 21 世纪自然层流控制减阻技术在波音公司大型商业飞机上的应用

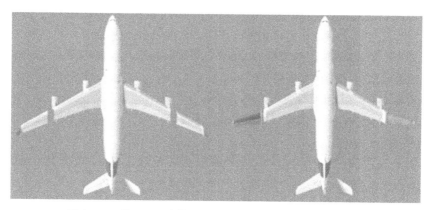

图 1-15 将 A340 改装为自然层流机翼试飞验证机示意图

1.3 混合层流减阻技术的发展

最早有关 LFC 的风洞试验研究是在 20 世纪 30—40 年代开展的[16]。1939年,美国 NACA 的工程师进行了采用吸气缝道的层流流动控制风洞试验,首次提出了基于多吸气缝道概念的层流流动控制气动设计准则,并在 7×10^6 雷诺数条件下获得了可观的层流区。之后,又在 B-18 飞机上加装了机翼翼套,进行了第一次验证 LFC 概念的飞行试验。试验中,翼套 20%～60% 弦长范围内布置有 17 个吸气缝道。然而,飞行试验结果显示层流区长度要短于风洞试验结果。第二次世界大战期间,德国和瑞士同样致力于发展基于吸气控制的 LFC 技术。但是与美国 NACA 不同,德国和瑞士的工程师更倾向于利用连续吸气控制的方式,而不是采用离散的吸气缝道。Walter Tollmien 和 Hermann Schlichting 研究发现,相比基于离散吸气缝道的吸气控制方式,在抑制 TS 波失稳主导的转捩现象方面,连续吸气控制具有更好的抑制效果,只需吸除附面层内非常少的气流即可获得所需的稳定性效果。

第二次世界大战结束后,德国采用连续吸气控制方式的 LFC 研究成果的解密,激发了美国和英国在相关领域内的研究兴趣。美国 NACA 于 1946 年启动了一系列 LFC 概念的层流试验,这些试验采用铜材料的多孔板实现连续式的吸气控制。Dale Burrws 和 Frank Visconti 在 24×10^6 雷诺数下获得了全层流流动[16]。这些试验成果表明,采用连续的吸气控制方式可以有效降低层流化对雷诺数变化的敏感程度。但是,铜不适合作为加工制造飞机结构的材料。由于缺乏合适的材料,NACA 采用连续分布的吸气缝道替代多孔板实现连续吸气控制,并进行了大量的风洞试验。Werner Pfenninger 在 $16 \times 10^6 \sim 17 \times 10^6$ 雷诺数条件下获得了全层流流动。无论是采用多孔板还是利用连续分布的吸气缝道进行吸气控制,风洞试验结果显示,离散分布的三维吸气结构本身会对层流流动的稳定性造成一定程度的影响[16]。

美国 Northop 公司与空军改造了两架 X-21A(WB-66)飞机,并进行了大量的层流流动控制飞行试验[17],改造后的机翼表面具有连续分布的吸气缝道。1963 年在 20×10^6 雷诺数条件下获得了 60% 弦长的层流段;1964 年在 20×10^6 雷诺数条件下获得了 70% 弦长的层流段,在 30×10^6 雷诺数条件下获得了 30% $\sim$ 55% 弦长的层流段;1965 年在雷诺数分别为 20×10^6,30×10^6 和 40×10^6 时,机翼表面获得了 96%,81% 和 59% 弦长的层流段。图 1-16 所示为在 $Ma = 0.7$,$H = 40\ 000$ ft,$Re = 20 \times 10^6$ 的飞行状态下,具有代表性的飞行试验。试验结果显示上翼面维持了 74% 弦长的层流段,下翼面维持了 61% 弦长的层流段。图 1-17 所示为 20 世纪 30—60 年代,国际上针对 LFC 概念的研究项目年历表。显然,受制于当时加工制造工艺水平以及缺乏合适的材料,相当一部分的研究采用基于吸气缝道的吸气控制方式,而对基于多孔板的吸气控制实现方式的研究相对较少。除此之外,这期间有关层流流动控制技术的研究主要集中于 LFC 概念,对 HLFC 概念的关注相对较少。

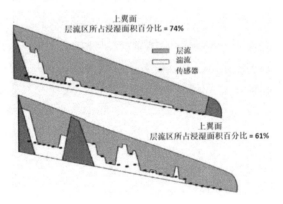

图 1-16　X-21A 飞行试验结果($Ma = 0.7$,$H = 40\ 000$ ft,$Re = 20 \times 10^6$)

层流流动控制技术的研究在 20 世纪 60 年代经历了短暂的停滞,但是随着 20 世纪 70 年代石油危机的爆发,针对层流流动控制技术的研究再次得到了航空工业的关注,并且大量的研究开始转向效率更高的 HLFC 概念。20 世纪70—80 年代,美国 NASA 启动了以显著降低飞机耗油率为目的的 EETF(Energy Efficient Transport Technology)项目,用以发展包括翼梢小翼、飞机表面涂层以及层流流动控制等各种先进的气动设计新技术。在 EETF 项目支持下,美国在层流流动控制研究领域取得了巨大的进展。NASA 基于 B757 飞机,对 HLFC 技术在商业飞机上的应用进行了初步分析研究[18]。研究结果表明,借助 HLFC 技术,机翼上、下表面可分别获得约 60% 和 40% 弦长的层流段。对于飞行马赫数为 0.8,航程为 3 900 km 的商业飞机而言,不对飞机进行任何重新设计,仅仅采用 HLFC 技术便可获得 8% 的燃油消耗率的降低。如果对机翼进行重新设计,可更大地降低燃油消耗率。相比于 NLF 机翼,HLFC 技术的使用可拓展飞机的飞行包线。除此之外,基于 B757 的飞行试验研究也指出,需要在同时考虑 TS 波和 CF 涡的转捩数值预测方法、表面粗糙度的影响以及昆虫污染防治等问题方面开展进一步的研究。

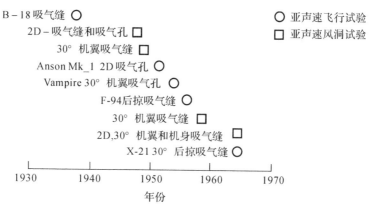

图 1-17　20 世纪 30～60 年代 LFC 概念研究项目年历表

1975 年,Werner Pfenninger 分别利用吸气缝道和多孔板设计了层流流动控制风洞试验模型,用以研究吸气控制对层流边界层稳定性的影响。在 1981—1985 年进行了基于吸气缝道吸气控制的 LFC 风洞试验;在 1985—1987 年,开展了基于多孔板吸气控制的 LFC 风洞试验;在 1987—1988 年,基于具有 23°后掠角的机翼,开展了采用吸气缝道的 HLFC 风洞试验。风洞试验结果显示,相比采用 LFC,若仅在 25% 弦长以前区域采用 HLFC 技术,在 10×10^6 雷诺数条件下转捩点从机翼后缘前移到 53% 弦长位置[17]。之后,在 1987 年又开展了基于多孔板的 HLFC 风洞试验[19]。试验中多孔板的制造采用 0.025 in①厚的钛合金板材,吸气孔直径为 0.025 in。风洞试验结果显示,当马赫数从 0.8 增加到 0.826时,会得到如图 1-18 所示的具有不同特征的压力分布形态,其中 type2

---

① in:英寸,英制长度单位。1 in≈25.4 mm。

最接近设计点的压力分布形态特征。图 1-19 所示为不同压力分布形态下采用 HLFC 技术得到的层流区分布情况。显然,当马赫数最高时获得的层流区最长。随着马赫数的降低,层流区范围相应缩短,但是层流区展向分布更为均匀。这一现象表明,压力分布形态特征对采用有限吸气控制强度下的 HLFC 技术的转捩抑制效果具有一定程度的影响。除此之外,弦向方向上吸气控制区域的大小对获得的层流区长度影响明显。图 1-19 所示为在马赫数为 0.82、雷诺数为 15×10^6 条件下,当吸气控制区域在 5%~15% 弦长之间变化时,层流区范围随着吸气控制区域的增大而显著增大。

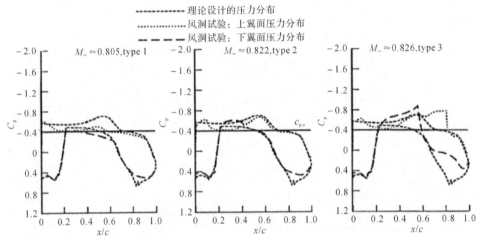

图 1-18 $Re=15 \times 10^6$, $\alpha=0.028°$时,不同马赫数下 HLFC
风洞模型压力分布形态对比

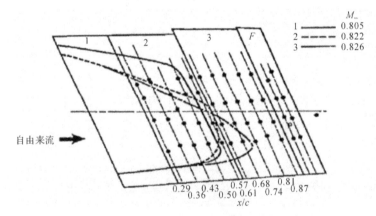

图 1-19 $Re=15 \times 10^6$ 时,三种不同压力分布形态下 HLFC
风洞模型表面转捩边界对比

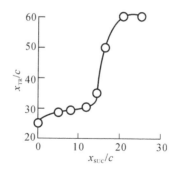

图 1-20 $Ma=0.82,Re=15\times10^{6}$ 条件下 HLFC 模型表面
转捩位置随吸气控制区域范围改变的变化

　　为了研究限制 HLFC 技术在实际工程中得到应用的一些环境影响因素及相应的技术问题,美国 NASA 于 1983—1986 年专门成立了 LEFT(Leading - Edge Flight Testy)研究项目[19]。LEFT 项目的开展,使得 NASA 在考虑防昆虫污染、除冰等系统在内的 LFC 和 HLFC 吸气控制系统的综合设计方面取得了显著的技术进步。相关飞行试验是在如图 1-21 所示的 NASA C-170 JeT-Star 飞机上开展的。左侧机翼安装 Lockheed 公司设计的翼套试验段,右侧机翼安装 Douglas 公司设计的翼套试验段。基于 JeT-Star 的飞行试验是航空史上首次采用钛合金多孔板进行层流流动控制研究的飞行试验,此次试验成功地验证了设计的防昆虫污染、除冰以及吸气控制等系统运行的有效性。

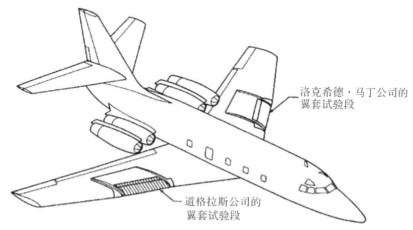

洛克希德·马丁公司的
翼套试验段

道格拉斯公司的
翼套试验段

图 1-21   美国 ASA 用于飞行试验的 JeT-Star 飞机

1986—1987 年,借助数值方法,美国针对远程军用运输机展了采用 HLFC 技术的飞行器概念设计研究,并对 HLFC 技术可能带来的收益进行了详细的评估。研究结果表明,HLFC 技术的使用可带来约 18.4% 的升阻比的提高,燃油消耗率降低 12.4%,起飞总重降低 4.0%。Arcara 等人以商业亚声速飞机为研究对象,利用飞行器概念设计方法以及多学科数值分析设计工具,对 HLFC 系统所能带来的收益进行了类似的研究[21]。该研究假设在机翼上表面以及尾翼上维持 50% 弦长的层流段,同时考虑了 HLFC 系统的重量代价以及从发动机引气导致的功率损耗。研究结果显示,采用 HLFC 技术以后,飞机起飞总重少 9.9%,运营空机重量降低 5.7%,巡航升阻比提高 14.7%。由于这些研究结论仅仅是基于数值评估工具获得的,因此项目研究人员建议基于具有中等甚至大后掠角机翼的大型运输机,通过飞行试验手段对 HLFC 技术在高雷诺数下可能带来的收益进行验证。

在 JeT-Star 飞机上进行的有关 HLFC 技术的研究成果以及基于数值评估、理论分析获得的研究结论大大提升了航空工业对 HLFC 技术应用潜力的信心,也为 1990—1991 年在 B757 上开展 HLFC 技术的飞行试验铺平了道路。基于 B757 飞机的 HLFC 飞行试验是由美国 NASA、美国空军 Wright 实验室和波音公司协作完成的。这次飞行试验是航空史上首次在高雷诺数条件下,对 HLFC 技术的工程可行性进行飞行验证,具有重要历史意义。此次飞行试验的目的在于:一方面基于大型运输机对 HLFC 技术所能带来的收益建立一个可靠的飞行试验数据库;另一方面对包括除冰、增升装置以及 HLFC 吸气控制系统的性能进行验证[22]。机翼前缘采用激光打孔的钛合金多孔板,其吸气控制系统如图 1-22 所示。为了采集可靠的飞行试验数据,安装了大量的传感器,如图 1-23 所示。此次飞行试验总共进行了 31 架次的飞行,飞行试验长达 150 h。试验结果显示,对于 B757 这类具有中等后掠角的大型运输机而言,高雷诺数条件下 HLFC 技术可以有效地推迟边界层转捩。热线传感器显示,机翼表面最大实现了 65% 弦长的层流段(见图 1-24)。尾流耙测量的数据表明转捩的推迟可以减小 29% 的剖面型阻,全机巡航阻力预计可以降低 6% 左右。但是出人意料的是,飞行试验中实际所需的吸气控制流量仅仅为理论分析预估的 1/3。这一结果使得工程师们认识到,针对 HLFC 技术需要进一步发展高雷诺数条件下可靠的数值、理论分析方法和优化设计工具。

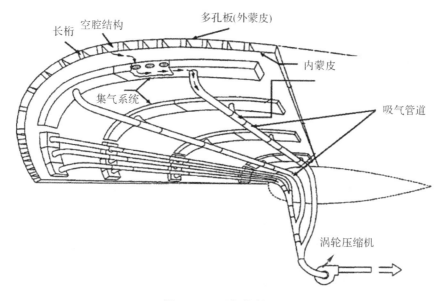

图 1-22 吸气控制系统

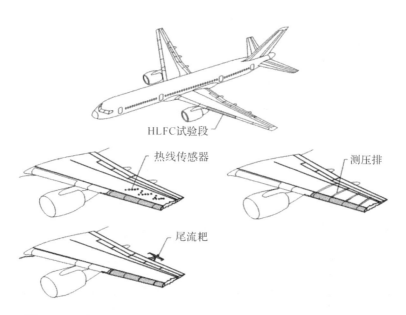

图 1-23 基于 B757 的 HLFC 概念飞行试验验证平台及传感器的布置

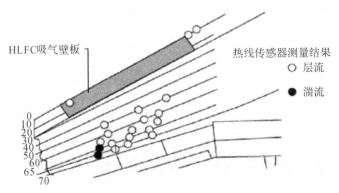

图 1-24 $Ma=0.82, H=38\ 600\ \mathrm{ft}, C_{\mathrm{L}}=0.48$ 条件下 B757 机翼上表面层流区域分布

基于 B757 的 HLFC 机翼飞行试验的成功,促使航空工业将 HLFC 概念引入大涵道比涡扇喷气式发动机短舱外表面的气动设计中。1991 年通用电气(General Electric,GE)发动机公司与 NASA 等机构开始推进 HLFC 短舱的气动设计和飞行试验研究。该试验选取 GEAE CF6-50C2 发动机为研究对象,以 A300/B2 客机为飞行试验验证平台,进行了 HLFC 短舱概念的飞行试验。GEAE CF6-50C2 发动机两侧的蒙皮替换为按照严格的表面波纹度要求制造的吸气壁板,如图 1-25 所示。该研究总共进行了 16 架次,50 h 的飞行试验。试飞结果显示,采用 HLFC 技术以后,短舱表面可以实现 43% 短舱长度的层流区,并且层流区的长度不受飞行高度的影响,具有较强的鲁棒性。相比之下,虽然自然层流状态下短舱表面也可以维持一定的层流段,但是层流区的长度随着飞行高度的降低而逐步减小,如图 1-25 所示。

基于 B757 飞机开展的高雷诺数条件下 HLFC 飞行试验,呈现出试验结果与数值预测结果之间明显的差异(尤其是飞行试验中实际所需的吸气控制流量远远小于数值计算预测的结果),这促使美国在 1993—1995 年开展了大量针对 HLFC 技术的风洞试验,研究考虑转捩以及吸气控制影响下,后掠翼上复杂的流动物理机理,提高针对 HLFC 技术的数值分析以及设计工具的精度和可靠性。对基于具有 35°后掠角的机翼进行了大量的风洞试验研究,并采用红外相机以及热线传感器进行转捩位置的测量[17]。为了获得理想的试验效果,工程师采用数值方法对风洞模型的机翼几何外形进行了针对性的设计,这使得风洞试验条件下在机翼表面形成所需的扰动波增长特征。图 1-26 所示为设计得到的剖面翼型以及对应的典型压力分布形态。为了研究 CF 涡的发展对层流转捩的影响,试验采用冷却翼面的方式抑制 TS 扰动波的发展。虽然 1990—1991 年在 B757 飞机上成功地进行了 HLFC 技术的飞行试验,但是由于缺少详细的试验数据,缺乏三维吸气结构(吸气孔大形状、大小及其分布等)对附面层流动影响的物理机理的认知和理解,基于 B757 的 HLFC 飞行试验采用的吸气壁板利用当时激光打孔技术所能实现的最小孔径进行加工制造。过小的吸气孔径导致吸气壁板的制造难度和成本居高不下,不利于基于多孔板的 HLFC 技术在工程实践中的应用,需要进一步研究在不明显影响 HLFC 技术转捩抑制效果的前提下,所能允许的最大吸气孔径与孔间距。因此,该风洞试验有两方面的目的:一方面,获得高质量的风洞试验数据用于发展下一代针对 HLFC 技术的转捩预测和设计工具;另一方面,研究针对三维吸气结构物理特征(吸气孔的孔径、孔间距等物理参数)的感受性问题[23]。风洞试验中采用了四种不同的吸气壁板用以研究吸气孔径和孔间距对转捩抑制的影响作用:①采用在 B757 飞行试验中使用的吸气壁板的孔径大小和孔间距;②采用大孔径以及孔间距;③采用处于①和②之间的孔径和孔间距参数;④采用无吸气孔的壁板。风洞试验的雷诺数在 $5 \times 10^6 \sim 20 \times 10^6$ 之间变化[24]。吸气腔采用如图 1-27 所示的具有 20 个相互独立的吸气腔体的结构。此次风洞试验获得的数据对于理解吸气控制参数、三维吸气结构对横流扰动的发展以及转捩的影响有着极其有益的作用。

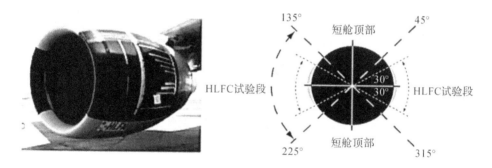

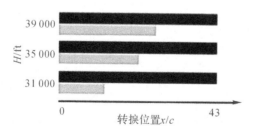

图 1-25　GEA CF6-50C2 HLFC 短舱飞行试验

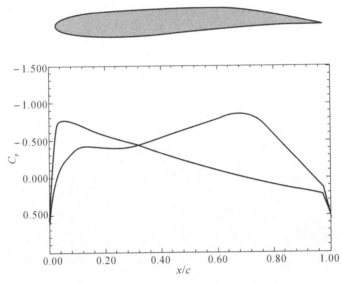

图 1-26   风洞模型的翼型及压力分布形态

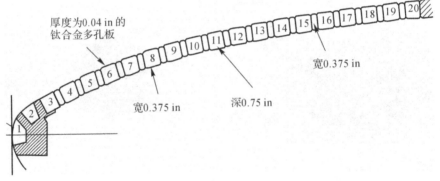

图 1-27   前缘吸气壁板结构

过去几十年间,围绕着 HLFC 技术的研究都是采用吸气泵等装置主动地进行吸气控制,大量的风洞以及飞行试验研究表明,这种主动的吸气控制实现方法可以有效地抑制层流转捩。但是,主动吸气控制方式需要吸气泵以及吸气管道等辅助系统,带来一定的结构重量代价。同时,吸气泵的运转需要消耗额外的功率,这会降低 HLFC 技术带来的减阻、节油收益。对于飞行器而言,HLFC 技术可以在包括机翼、垂尾和平尾这类升力面部件,以及发动机短舱外表面使用。不同的部件具有各自不同的气动力设计特征,如果能够有效地利用这一特征甚至可以实现被动的吸气控制。被动吸气控制方式的实现不再需要吸气泵及其辅助系统。进入 21 世纪之后,美国对被动吸气控制概念的研究兴趣越来越浓厚。图 1-28 和图 1-29 所示为 B787-8 在 B787-9 飞机尾翼上改装的被动 HLFC 系统。相比于主动吸气控制系统,目前还没有公开的文献对被动吸气控制系统所能带来的收益以及潜在的技术问题进行较为详细的讨论分析。

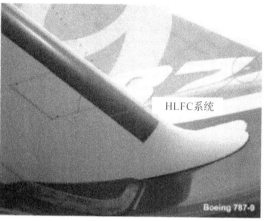

图 1-28　B787-8 和 B787-9 之间平尾和垂尾差异对比

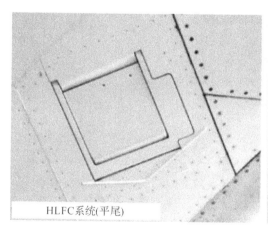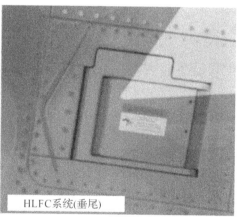

图 1-29　B787-9 尾翼上被动吸气控制系统

除了美国以外,欧洲从 20 世纪 80 年代开始也针对 HLFC 技术进行了包括风洞、飞行试验在内的大量研究。欧洲相关研究的开展在一定程度上受到了美国 JeT-Star 以及 B757 HLFC 飞行试验项目成功实施的激励。这些在航空历史上具有重要意义的层流流动控制项目的成功开展,促使欧洲分别在 1992 年和

1996 年举办了有关层流技术的论坛,并于 2000 年专门成立了欧洲减阻工作室。图 1-30 所示为自 20 世纪 80 年代开始,欧洲针对亚声速域内的运输机开展的层流流动控制项目年历表。20 世纪 80 年代,Dassault 航空公司与法国国家宇航研究局(ONERA)联合启动了一项分为两个阶段的层流技术综合研究项目[25]。第一阶段于 1985—1987 年在 Falcon 50 喷气式飞机的外侧机翼进行了 NLF 机翼飞行试验;第二阶段于 1987—1990 年在 Falcon 50 机翼的内翼段进行了考虑防冰/防污染系统的 HLFC 飞行试验。基于 Falcon 50 飞机成功开展了 NLF/HLFC 飞行试验之后,Dassault 航空公司又启动了一个名为 FLAM (Falcon Laminar)的新的层流流动控制技术验证项目,该项目从 1990 年一直持续到 1997 年。飞行试验验证平台由 Falcon 50 变为更大的 Falcon 900。飞机两侧机翼的内翼段都安装了 HLFC 系统,用以测试吸气控制系统在真实飞机使用条件下的可靠性[26]。1995 年,设计的 HLFC 系统获得认证之后,在各种天气条件下,进行了持续两年长达 1 000 h 的飞行试验[26]。

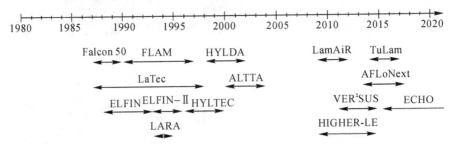

图 1-30　从 20 世纪 80 年代开始针对亚声速域内的运输机欧洲开展的
有关层流流动控制技术的项目年历表

同一时期,空客公司于 1987 年与 DLR 和 ONERA 合作,启动了分三个阶段的层流化垂尾研究项目[27]。该项目是欧洲 LaTec(Laminar Technology)发展战略的第一步。飞行试验是在 A320 的垂尾上开展的,如图 1-31 所示。1995 年进行了湍流条件下(没有层流)的飞行试验,其目的在于测试进行数据采集的各种测量仪器设备,并获得湍流条件下的试验数据。之后,在 1998 年进行了 HLFC 垂尾的飞行试验。试验结果显示,采用 HLFC 技术以后,飞行条件下垂尾表面可维持可观的层流段,这有效地降低了飞机的燃油消耗率。然而,整套吸气控制系统的设计非常复杂,并且占据大量的垂尾内部结构空间。设计的吸气控制系统虽然能够满足飞行试验验证的使用要求,但是不适合在真实飞机上使用。因此,HLFC 垂尾技术需要进一步解决除冰、防污染问题,简化吸气系统的设计、降低结构重量代价,提高整个 HLFC 系统的制造经济性。

图 1-31 A320 HLFC 垂尾飞行试验

A320 层流化垂尾项目启动之后的第二年,欧洲范围内 24 个合作伙伴共同推动了 ELFIN 项目[28],用于建立针对 HLFC 技术的数值分析方法以及设计工具。在大型风洞中针对具有 28°前缘后掠角的 HLFC 机翼(在机翼前缘约 10% 弦长区域进行吸气控制)以及短舱进行了大量的风洞试验。利用获得的可靠风洞试验数据,对建立的数值分析方法的预测精度和可靠性进行验证。ELFIN 项目取得的研究成果,为之后进行的 A320 HLFC 垂尾飞行试验奠定了理论和技术基础。

随着 ELFIN 项目的结束,对基本流动规律的研究初步完成。之后,欧洲又开展了为期两年(1993—1994 年)的 LARA(Laminar flow Research Action)项目。LARA 项目的目的在于从更贴近工程应用的角度对 HLFC 技术开展研究,比如机翼前缘防污染系统的设计,粗糙度的影响以及吸气控制系统的综合设计等。1993—1995 年,欧洲又启动了 ELFIN 的后续项目 ELFIN-Ⅱ,计划进一步提高针对边界层流动以及层流转捩的数值预测精度,并利用数值手段研究改善层流机翼和短舱非设计点气动性能的方法[29]。HYLDA 项目是为了提高 HLFC 机翼、HLFC 短舱以及 HLFC 垂尾技术的技术成熟度而确立的层流流动控制研究项目[29]。

1998—2001 年开展的 HYLTEC(Hybrid Laminar flow Technology)项目,是欧洲另一个针对 HLFC 技术设立的研究项目。该项目的目的在于考虑实际的加工制造工艺以及昆虫污染、结冰等真实的飞行环境条件,发展全尺寸的 HLFC 机翼技术,并验证新建立的转捩预测和设计工具的精度以及可靠性[29]。项目推进过程中,德国航空太空中心(DLR)于 2001 年在 Do 288 飞机机翼上加装翼套进行了飞行试验,对多种防污染以及除冰系统进行了测试,研究了不同襟翼偏角以及吸气控制强度下层流区的变化,如图 1-32 所示。飞行试验结果显示,在给定的襟翼偏角以及吸气控制强度变化范围内,转捩位置有 25%~50% 弦长的改变。

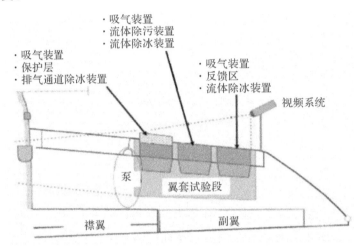

图 1-32 Do 228 飞机 HLFC 翼套试验段及试验测量设备的安装

2000—2003 年,欧洲同样基于 A320 垂尾启动了 ALTTA(Application of Hybrid Laminar Flow Technology on Transport Aircraft)项目。该项目的目的在于发展、验证一套更简单、鲁棒、质量小的,在真实飞机上具有应用潜力的新的吸气控制系统[29]。经过几年的研究,工程师们提出了采用双层蒙皮结构形式的吸气控制系统(见图 1-33)。这种双层蒙皮形式的前缘结构(当不考虑吸气控制系统的安装时)具有与原来垂尾前缘相当的结构质量,因此不会带来额外的结构质量惩罚。

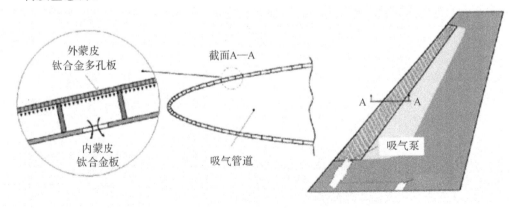

图 1-33 基于双层蒙皮结构的 HLFC 吸气控制系统

2009 年启动的 LuFo Ⅳ HIGHER - LE（High Lift Enhanced Research Leading Edge）项目针对远程运输机，考虑 HLFC 技术的概念设计，并对发展的 HLFC 系统进行评估。作为 HIGHER - LE 项目一部分的 VER² SUS（Verification and Validation of a Simplified Suction System），针对 A320 垂尾通过减少吸气腔体的个数，发展了一种更为简化的吸气控制系统（见图 1 - 34）。吸气腔体个数的减小使得整个系统的结构质量得到了进一步的降低。这种简化后的吸气控制系统在风洞试验中获得了成功的测试[30]。

图 1 - 34　HLFC 垂尾在 DNW - LLF 低速风洞中的安装

DLR 在 2009 年启动了一项名为 LamAiR（Laminar Aircraft Research）的层流流动控制项目，针对新型的前掠翼布局验证了 NLF 机翼概念，并在 A320 垂尾上研究如何进一步简化 HLFC 吸气控制系统的设计。2012 年项目结束，DLR 又于 2014 年资助了名为 TuLAM（Toughen up Laminar Technology）的项目，进一步改进、简化 LamAiR 项目中提出的无吸气腔体的"吸气鼻"结构并提升其技术成熟度，如图 1 - 35 所示。

2015 年 7 月，欧洲启动了名为 ECHO（Evaluation of Certified HLFC Elevator Operation）的项目，该项目的目的在于对远程商用飞机平尾发展 HLFC 技术，并进行飞行验证。在欧盟的"清洁天空 2"计划中，由空客公司牵头实施大型客机验证机（LPA）计划。该计划预期在 2017—2023 年利用一架装有 HLFC 机翼的高速验证机进行飞行试验，预计耗费 1.42 亿欧元。该计划还将评估抗污染的机翼表面涂层技术和屏蔽式的克鲁格襟翼（Krueger flap）。

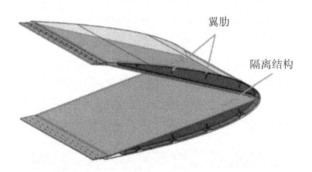

图 1-35 "吸气鼻"概念的 HLFC 前缘吸气控制结构

1.4 层流流动控制数值模拟与设计方法的发展

影响转捩的因素很多,包括自由来流湍流度、压力梯度、当地后掠角、壁面粗糙度、壁面曲率和壁面抽吸等。转捩的类型主要有流向 TS 波和横向 CF 涡主导的自然转捩,层流分离泡转捩,旁路转捩,涡致转捩,前缘附着线转捩,高超声速边界层的第一模态、第二模态和其他高阶失稳模态等。转捩预测是一个需要考虑多种不同转捩机制的非常复杂的科学问题。发展鲁棒、稳健的转捩预测和设计方法,在揭示层流流动控制的物理机理、工作原理及其工程应用转化方面具有极其重要的意义。目前,凭借高性能计算机强大的数值模拟工具,对层流流动控制问题进行数值分析以及优化设计研究成为可能。过去几十年中,出现了多种转捩预测方法。这些转捩预测方法大致可以分为三类:直接数值模拟(Direct Numerical Simulation, DNS)和大涡模拟(Large Eddy Simulation, LES)这类数值模拟方法,转捩模型方法以及基于稳定性理论的转捩预测方法。

利用 DNS 求解完整的 NS(Navier-Stoke)方程,不需要采用湍流模型去封闭控制方程,理论上能够精确地模拟湍流斑的发展以及层流到湍流的整个转捩过程。然而,DNS 对网格质量要求很高,计算花费巨大,目前无法适用于具有复杂几何外形或者具有高雷诺数特征的工程应用问题。相比于 DNS 方法,LES 的计算花费有所降低。在 LES 模拟中,对大尺度涡进行解析求解,而小尺度涡被亚格子模型模化。不同亚格子模型的效果均会受到模型参数的影响,如 Smagorinsky 模型[31],其 Smagorinsky 常数需要针对不同流动状态进行标定,对该常数的依赖性较强。Germano 动态亚格子模型[32]针对此问题有所改进,但仍不能消除模型参数的影响。相比于其他转捩预测方法,DNS 以及 LES 这类数值模拟方法具有在理论上适用于多种不同问题的优势,例如 DNS 方法可以预测包括 bypass 转捩、自由转捩以及分离诱导的转捩等多种转捩机制诱发的转捩。但是即便是 LES 方法,其计算花费依旧相当巨大,难以应用于具体的工程问题。

Emmons、Dhawan 和 Narasimha 奠定了转捩模式这类转捩预测方法的理论基础[33,34]。基于这种理论基础发展的转捩预测方法包括低雷诺数转捩模型,间歇输运方程和层流脉动能量方法等。Warren、Hassan[35] 以及 Edwards 等人[36] 从层流脉动动能出发,使用非湍流脉动黏性系数为指示因子,构建了一系列转捩预测模式。针对 TS 波的转捩预测使用 Falker-Skan 相似速度型的线性稳定性理论分析结果,能够反映物理机理,但是这些模式不能预测层流分离泡转捩,且均包含非当地变量。此外,间歇因子的计算需要搜索操作,这并不智能。Langtry 和 Menter 等人[37] 提出的 $\gamma-\widetilde{Re}_{\theta t}$ 两方程经验转捩模式应用广泛,方程构造巧妙,所有参数变量均可当地化求解,在边界层边缘处求解当地湍流度和压力梯度,从而得到转捩动量厚度雷诺数,再以输运方程的形式对流扩散进边界层内部构成转捩判据,使用间歇因子输运方程来描述转捩发展过程。在层流分离泡的预测方面,Eppler 等人[38] 构建了层流分离泡的预测经验关系式,Dini 和 Maughmer 等人[39] 也构建了不可压边界层层流分离泡的预测准则。

1955 年 Stuart[40],Gregory 等人[41] 从理论角度研究了三维边界层稳定性问题,1969 年 Mack 等人[42] 针对三维边界层相似性解 Falkner-Skan-Cooke 方程做了三维稳定性分析,其分析指出横流失稳属于无黏失稳。Poll 等人[43] 在做后掠圆柱试验时便建立了横流雷诺数与形状因子之间的经验关系式;ONERA 的 Arnal 等人[44] 根据无限展长后掠翼的试验分析提出了著名的 C1 准则,但是这些转捩判定准则均需要边界层积分,无法直接应用于现代 CFD 求解器。Medida 和 Baeder 等人[45] 构造了横流特征尺度雷诺数,以预测无限展长后掠翼和旋转机械的横流转捩现象,但是判据过于简单,并不适用于其他构型;德宇航的 Cornelia Grabe 等人[46] 使用 FSC 相似速度型构建了横流位移厚度雷诺数的当地化计算公式,与 C1 准则一起构成了横流转捩判据;Jae Hoon Choi[47] 使用沿势流方向的涡量作为特征参数,构建横流转捩判据,在椭球等复杂构型中也取得了较高的预测精度;Muller 和 Herbst 等人首先基于螺旋度因子提出了横流强度指示因子,在后掠翼的横流失稳预测中取得了较好的结果,但是指示因子包含动量损失厚度和形状因子等非当地变量;2015 年,Langtry 等人[48] 通过大量的试验数据拟合获得了新的横流驻波不稳定性转捩的经验关系式,其提出的螺旋度特征因子能够较好地当地化求解,且考虑了壁面粗糙度的影响,转捩预测精度较高;2016 年,Cornelia Grabe 等人[48] 继续提出了螺旋度雷诺数的经验关系式,该方法是一个更为简单、高精度的横流驻波不稳定性转捩预测准则。

基于稳定性理论的方法通过模拟扰动波在边界层内的发展来预测转捩。20世纪中期开始,全球兴起了利用稳定性理论对层流失稳进行描述的方法。Smith、Gamberonizui 和 Van Ingen[50]基于平行流小扰动线性稳定性方程(Orr-Sommerfeld,O-S)提出的 e^N 法,是最为常见的一种采用线性稳定性理论的转捩预测方法。e^N 方法着重于从物理上尽量准确地描述层流边界层中小扰动的振幅沿边界层流向的线性放大阶段,并根据经验选定用于判定转捩发生的临界 N 因子的值,可以预测低湍流度下沿流向的自然转捩和分离流转捩。该方法充分描述转捩点上游流场演化历史过程中的相关物理信息,反映转捩机理。Drela 和 Giles 等人[51]使用线性稳定性理论对 Falkner+Skan 层流相似速度型进行稳定性分析,总结出在不同压力梯度下,不同频率的扰动放大因子与边界层动量损失厚度雷诺数之间的函数关系,大大简化了稳定性理论的求解过程。Coder 和 Maughmer 等人[52]基于 Drela 的工作,提出了一种当地化求解边界层形状因子的方法,以输运方程的形式计算当地的扰动放大因子,以此来预测 TS 波失稳的转捩,并且对分离泡转捩的预测进行了修正。之后,Malik 等人[53]进一步完善了线性稳定性理论,将其拓展为非平行流线性稳定性理论;1960 年以后,Landau[54],Stuart[40]和周恒[55]等人对弱非线性理论进行深入研究并且取得了突破性的成果。Herbert 等人[56]进一步发展了抛物化稳定性方程(parabolic stability equation,PSE),该方法兼顾非平行效应和非线性演化,适合用于二次失稳和亚谐波共振等机制的研究。目前,基于线性稳定性理论的 e^N 法,已经被大量的学者和工程师们证明可以有效地进行二维以及三维边界层转捩的计算,被认为是最适用于工程应用的转捩预测方法之一。

针对采用层流流动控制技术的气动外形优化设计方法,按照算法原理的不同可以分为借助启发式优化算法的设计方法、基于代理模型的优化设计方法和基于梯度优化算法的设计方法。

基于启发式优化算法的设计方法是指直接将耦合了转捩预测方法的气动分析程序与启发式优化算法结合,进行气动外形优化设计。这类方法的优点在于各个模块之间的耦合简单且易实现,无须对求解器进行修改,大大降低了优化工具的开发难度,缺点在于优化效率相对较低。针对采用层流流动控制技术的气动外形优化设计问题,整个设计流程的时间花费主要由优化算法的收敛速度以及气动求解器的数值评估效率这两部分决定。进化优化算法通常采用群体搜索策略,如遗传算法(genetic algorithm,GA),差分进化算法(differential evolution,DE),粒子群算法(particle swarm optimization,PSO)等,通过迭代计算,最终以较大的概率得到问题的最优解。一方面,启发式优化算法的搜索策略决定了相比于基于梯度的算法,其收敛速度较慢,需要更多的迭代步数;另一方面,为了以较大概率获得全局最优解,启发式优化算法需要具有一定的种群规模,而优化问题本身的设计变量个数越多,需要的种群规模也将越大,这无疑会增加单次迭代中气动求解器的数值评估次数。虽然基于启发式优化算法的设计方法优化效率相对较低,但在构建优化设计系统时表现出的简单、易实现的优点还是受到了大量学者以及工程师们的青睐,在针对采用层流流动控制技术的气动外形优化设计的研究领域内不乏这类方法的身影。为了在一定程度上克服基于启发式优化算法的设计方法的缺点,出现了大量提升启发式优化算法本身性能的改进方法,包括在尽可能保证全局性的条件下加速算法收敛,这在一定程度上减少算法对种群规模的依赖性等。

基于代理模型的优化设计方法采用代理模型技术,替代计算花费较大的高可信度求解器进行转捩预测以及气动特性的快速数值评估。代理模型方法不仅可以大大地提高优化设计效率,还可以降低优化设计难度,有利于剔除数值噪声和实现并行优化设计,目前已经成为优化设计研究领域的重要分支。代理模型方法多样,包括多项式响应面法、神经网络法、径向基函数法、Kriging 模型法等多种方法。无论何种代理模型,其基本原理都是基于生成的样本选择某种相对简单的数学形式,建立输入与输出之间的映射关系式。相比于高可信度的气动求解方法的控制方程,代理模型的数学形式更为简单,因此往往不需要迭代计算就可快速地获得与输入参数所对应的结果。但是这种利用简单的数学形式逼近复杂物理模型的处理方法必然存在近似精度的问题。在处理复杂的高维问题时,基于有限样本容量,大多数代理模型都难以保证预测精度。为了提高代理模型的预测精度,最直接的方法就是增大样本容量,而这会增加构建代理模型的计算量,削弱基于代理模型的设计方法在优化效率方面的优势。近年来,随着对代理模型研究的不断深入,出现了基于历史数据不断"学习"的代理模型重构方法。该方法不再强求代理模型在整个设计空间内都具有较高的预测精度,而是采用某种加点策略,不断地提高代理模型在所关心区域内的预测精度,以此保证寻优方向的正确性,最终逐步逼近局部或者全局最优解。

与基于启发式优化算法的设计方法不同,基于梯度优化算法的设计方法需要深入求解器,以获得目标函数和约束对于设计变量的梯度,这对于求解器的要求明显提高,同时也加大了优化设计平台的开发难度,但是一些新的数值求解手段和计算机技术的应用能够使这些问题得到有效解决。经过有限次的迭代,梯度优化算法就能够快速收敛到局部最优解,可以显著地提高优化设计效率。因此,基于梯度优化算法的设计方法被很多学者认为是未来解决具有大规模设计变量的复杂的优化设计问题的最为有效的设计工具之一。目前,基于梯度优化算法的设计方法,尤其是伴随方法,已经在飞行器全湍流条件下的气动外形设计领域得到了广泛的应用。伴随方法只需要经过一次控制方程的求解,即可获得目标函数相对于所有设计变量的导数,在大规模设计变量问题中有很明显的优势。但是,目前针对采用了层流流动控制技术的气动外形优化设计问题,还没有形成成熟有效的基于梯度信息的优化设计方法。虽然基于伴随的梯度优化算法的设计方法在处理基于高精度求解器的设计问题或者具有大规模设计变量的优化问题时,表现出了显著的优势,但是由于其开发难度较大,当采用伴随理论进行梯度信息的求解时,需要直接对控制方程进行梯度计算,而某些学科的控制方程难以直接高效地计算出相应的梯度信息。

1.5 本章小结

对于商业飞机尤其是远程大型客机,相比于全湍流的飞行条件,层流流动控制技术的使用可以降低 10% 左右的燃油消耗,极大地提高飞机的经济性,减少有害气体的排放。本章重点对层流流动控制技术的种类及发展进行阐述。在过去约 70 年的时间里,国外主要航空强国借助数值分析、优化设计、风洞以及飞行试验手段,对包括自然层流、全层流流动控制及混合层流流动控制在内的层流流动控制技术,在概念原理性验证,流动机理探索,减阻的流动控制原理,面向工程应用的气动设计及装置、机构的实现等方面行了大量的研究。目前,自然层流流动控制技术已经在小型民用飞机以及大型客机的非升力面部件上得到了一定程度的应用。但是,对于大型民用客机包括机翼在内的升力面部件而言,其具有的较大后掠角和较高雷诺数的特征,显著增大了自然层流流动控制技术的实现难度。除此之外,混合层流流动控制技术还未在工程实际中得到应用。进一步推动层流流动控制技术的工程转化进程,将其引入针对大型客机升力面部件的气动设计中,建立高效、可靠的工程转捩预测数值方法,发展先进、鲁棒的层流超临界机翼气动力设计技术,突破层流流动控制技术实现所依赖的经济、鲁棒的机构、装置及系统的设计技术,是未来层流流动控制技术的发展需要重点突破和解决的技术难点。

参 考 文 献

[1] KALLAS S. Flightpath 2050 Europe's vision for aviation[R]. Brussels: European Commission,2011.

[2] COLLIER F. NASA sponsored activities in laminar flow technologies for

advanced transport aircraft[C]//2nd UTIAS – MITAS International Workshop on Aviation Change, Toronto, Canada, 2010.

[3] SCHRAUF G. Status and perspectives of laminar flow[J]. The Aeronautical Journal, 2005,109(1102):639 – 644.

[4] COLLIER F. Overview of NASA's environmentally responsible aviation (ERA) project[C]//NASA Environmentally Responsible Aviation Project Pre-Proposal Meeting. Washington,2010.

[5] Clean Sky[EB/OL]. http://www. cleansky. eu/.

[6] 方宝瑞. 飞机气动布局设计[M]. 北京:航空工业出版社,1997.

[7] GRAY W E, FULLAM P. Comparison of flight and tunnel measurements of transition on a highly finished wing (king cobra)[R]. Nashington:NASA,1945.

[8] WAGNER R, BARTLETT D, COLLIER J F. Laminar flow — the past, present, and prospects[C]//2nd Shear Flow Conference, Tempe, AZ, 1989.

[9] RUNYAN L J, BIELAK G W, BEHBEHANI R A, et al. The 757 NLF glove flight test results, N90 – 12546[R]. NASA, 1987.

[10] RIEDE L H, Sitzmann M. In-flight investigations of atmospheric turbulence[J]. Aerospace Science and Technology, 1998,2(5):301 – 319.

[11] SCHRAUF G. Large-scale laminar flow tests evaluated with linear stability theory[J]. Journal of Aircraft, 2004,41(2):224 – 230.

[12] SCHRAUF G. On allowable step heights: lessons learned from the F100 and ATTAS flight tests[C]//6th European Conference on Computational Mechanics, Glasgow, UK, 2018.

[13] HOLMES B. Flight research on natrual laminar flow, N88 – 14950[R]. NASA, 1985.

[14] BARRY B, PARKE S J, BOWN N W, et al. The flight testing of natural and hybrid laminar flow nacelles[C]//ASME 1994 International Gas Turbine and Aeroengine Congress and Exposition, 1994.

[15] FUJINO M. Design and development of the hondajet[J]. Journal of Aircraft, 2005,42(3):755 – 764.

[16] BRASLOW A L. A history of suction – type laminar flow control with emphasis on flight research[R]. Washington:NASA, 1999.

[17] JOSLIN R D. Overview of laminar flow control, TP - 1998 - 208705[R]. Washington:NASA, 1998.

[18] HANKS G W, MOYER A E, NAGEL A L. Hybrid laminar flow control study final technical report, NASA - CR - 165930 [R]. Washington:NASA, 1982.

[19] BOBBITT P J, FERRIS J C, HARVEY W D, et al. Results for the hybrid laminar flow control experiment conducted in the NASA Langley 8-foot transonic pressure tunnel on a 7-foot chord model, TM - 107582 [R]. Washington:NASA,1992.

[20] HEFNER J N, Sabo F E. Research in natural laminar flow and laminar -flow control: part 1[J]. [s. l.]:[s. n.],1987.

[21] ARCARA P C, BARTLETT D W, MCCULLERS L A. Analysis for the application of hybrid laminar flow control to a long - range subsonic transport aircraft[R]. Warrendale:SAE Technical Paper, 1991.

[22] COLLIER J F. An overview of recent subsonic laminar flow control flight experiments[C]//23rd Fluid Dynamics, Plasmadynamics, and Lasers Conference, Orlando, FL, 1993.

[23] STREETT C. Designing a hybrid laminar-flow control experiment via CFD[C]. 41st Aerospace Sciences Meeting and Exhibit, 2003.

[24] EPPINK J, WLEZIEN R. Data analysis for the NASA/Boeing hybrid laminar flow control crossflow experiment [C]//41st AIAA Fluid Dynamics Conference and Exhibit, Howe Hall, 2011.

[25] BULGUBURE C, ARNAL D. Dassault Falcon 50 laminar flow flight demonstrator [C]//First European Forum on Laminar Flow Technology, Hamburg, 1992.

[26] FITON J. Lessons learned from Dassault's Falcon 900 HLFC demonstrator [C]//European Drag Reduction Conference, Berlin, Heidelberg, 2000.

[27] THIBERT J J, QUEST A, ROBERT J P. The A320 laminar fin programme[C]//First European Forum on Laminar Flow Technology, Hamburg, 1992.

[28] DZIOMBA B. European laminar flow projects[C]//Second Community Aeronautics R&D Conference, Naples, 1993.

[29] YOUNG T M. Investigations into the operational effectiveness of

hybrid laminar flow control aircraft [D]. Cranfield: Cranfield University, 2002.

[30] RISSE K. Conceptual wing design methodology for aircraft with hybrid laminar flow control[C]//52nd Aerospace Sciences Meeting Held at the AIAA SciTech Forum, Maryland, 2014.

[31] PASQUALE D D. A selective review of CFD transition models[C]// 39th AIAA Fluid Dynamics Conference, San Antonio, Texas, 2009.

[32] GERMANO M, PIOMELLI U, MOIN P, et al. A dynamic subgrid-scale eddy viscosity model[J]. Physics of Fluids A: Fluid Dynamics, 1991,3(7):1760 - 1765.

[33] EMMONS H W. The laminar-turbulent transition in a boundary layer: Part I[J]. Journal of the Aeronautical Sciences, 1951,18(7):490 - 498.

[34] DHAWAN S J, NARASIMHA R. Some properties of boundary layer flow during the transition from laminar to turbulent motion[J]. Journal of Fluid Mechanics, 1958,3(4):418 - 436.

[35] WARREN E S, HASSAN H A. Transition closure model for predicting transition onset[J]. Journal of Aircraft, 1998,35(5):769 - 775.

[36] EDWARDS J R, ROY C J, BLOTTNER F G, et al. Development of a one - equation transition/turbulence model[J]. AIAA journal, 2001, 39(9):1691 - 1698.

[37] LANGTRY R B, MENTER F R. Correlation - based transition modeling for unstructured parallelized computational fluid dynamics codes[J]. AIAA journal, 2009,47(12):2894 - 2906.

[38] EPPLER R, SOMERS D M. A computer program for the design and analysis of low-speed airfoils, TM - 80210[R]. Washington: NASA, 1980.

[39] DINI P A. A computationally efficient modelling of laminar separation bubbles[D]. Pennsylvania: Pennsylvania State University, 1990.

[40] STUART J T. On the non-linear mechanics of wave disturbances in stable and unstable parallel flows: the basic behaviour in plane Poiseuille flow[J]. Journal of Fluid Mechanics, 1960,9(3):353 - 370.

[41] CHERNORAY V G, DOVGAL A V, KOZLOV V V, et al. Experiments on secondary instability of streamwise vortices in a swept-

wing boundary layer[J]. Journal of Fluid Mechanics, 2005,534:295 - 325.

[42] MACK L. Boundary layer linear stability theory[R]. California: Inst of Tech Pasadena Jet Propulsion Lab, 1984.

[43] POLL D. Some observations of the transition process on the windward face of a long yawed cylinder[J]. Journal of Fluid Mechanics, 1985 (150):329 - 356.

[44] ARNAL D, COUSTOLS E, JUILLEN J C. Experimental and theoretical study of transition phenomena on an infinite swept wing[J]. La Recherche Aerospatiale, 1984(4):39 - 54.

[45] MEDIDA S, BAEDER J. A new crossflow transition onset criterion for RANS turbulence models [C]//21st AIAA Computational Fluid Dynamics Conference, San Diego, CA, 2013.

[46] SEYFERT C, KRUMBEIN A. Correlation-based transition transport modeling for three-dimensional aerodynamic configurations[C]//50th AIAA Aerospace Sciences Meeting including the New Horizons Forum and Aerospace Exposition, Nashville, Tennessee, 2012.

[47] CHOI J H, KWON O J. Enhancement of a correlation-based transition turbulence model for simulating crossflow instability [J]. AIAA Journal, 2015,53(10):3063 - 3072.

[48] LANGTRY R. Extending the Gamma-rethetat correlation based transition model for crossflow effects[C]//45th AIAA Fluid Dynamics Conference, Dallas, TX, 2015.

[49] GRABE C, SHENGYANG N, KRUMBEIN A. Transition transport modeling for the prediction of crossflow transition[C]//34th AIAA Applied Aerodynamics Conference, 2016.

[50] VAN INGEN J. The e^N method for transition prediction. Historical review of work at TU Delft[C]//38th Fluid Dynamics Conference and Exhibit, Seattle, Washington, 2008.

[51] DRELA M. Two-dimensional transonic aerodynamic design and analysis using the Euler equations [R]. Cambridge: Gas Turbine Laboratory, Massachusetts Institute of Technology, 1986.

[52] CODER J G. Development of a CFD-compatible transition model based on linear stability theory [D]. Pennsylvania: Pennsylvania State

University，2014.

[53] SMITH F T. On the non-parallel flow stability of the Blasius boundary layer[J]. Proceedings of the Royal Society of London：Mathematical and Physical Sciences，1979,366(1724):91 – 109.

[54] LANDAU L D. On the problem of turbulence[C]//Dokl Akad Nauk SSSR，1944.

[55] 周恒，藤村薰. 流动稳定性弱非线性理论的进一步改进[J]. 中国科学，1997,27(12):1111 – 1118.

[56] HERBERT T. Parabolized stability equations[J]. Annual Review of Fluid Mechanics，1997,29(1):245 – 283.

第2章
流动控制方程及 CFD 计算方法

2.1 引 言

计算流体力学通过在离散的网格上采用数值方法求解流动控制方程——Navier‐Stokes 方程（即 N‐S 方程，或 Euler 方程）来获得流场信息。近年来，随着数值方法与计算机技术的蓬勃发展，计算流体力学取得了巨大的进步，并已经逐步成为包括层流流动控制在内的流体力学问题主要的研究手段之一。一般来说，流动控制方程求解方法大致包括通量格式、重构方法、时间推进方法以及各种加速收敛技术等。本章对上述各种数值求解方法进行简要介绍。

2.2 控 制 方 程

2.2.1 笛卡尔坐标系下的 N‐S 方程组

通过结合物理学三大守恒定律——质量守恒定律、动量守恒定律及能量守恒定律，N‐S 方程组成为描述黏性流体运动的基本方程组[1]。忽略质量力与外部热源的影响，守恒形式的 N‐S 方程在笛卡尔坐标下可以表述如下：

$$\frac{\partial \boldsymbol{Q}}{\partial t} + \frac{\partial (\boldsymbol{F} - \boldsymbol{F}_v)}{\partial x} + \frac{\partial (\boldsymbol{G} - \boldsymbol{G}_v)}{\partial y} + \frac{\partial (\boldsymbol{H} - \boldsymbol{H}_v)}{\partial z} = \boldsymbol{0} \qquad (2-1)$$

式中

$$\boldsymbol{Q} = \begin{bmatrix} \rho \\ \rho u \\ \rho v \\ \rho w \\ \rho e_t \end{bmatrix}, \quad \boldsymbol{F} = \begin{bmatrix} \rho u \\ \rho u^2 + p \\ \rho u v \\ \rho u w \\ (\rho e_t + p) u \end{bmatrix}, \quad \boldsymbol{G} = \begin{bmatrix} \rho v \\ \rho v u \\ \rho v^2 + p \\ \rho v w \\ (\rho e_t + p) v \end{bmatrix}, \quad \boldsymbol{H} = \begin{bmatrix} \rho w \\ \rho u w \\ \rho v w \\ \rho w^2 + p \\ (\rho e_t + p) w \end{bmatrix}$$

$$\boldsymbol{F}_v = \begin{bmatrix} 0 \\ \tau_{xx} \\ \tau_{xy} \\ \tau_{xz} \\ u\tau_{xx} + v\tau_{xy} + w\tau_{xz} - q_x \end{bmatrix}, \quad \boldsymbol{G}_v = \begin{bmatrix} 0 \\ \tau_{xy} \\ \tau_{yy} \\ \tau_{yz} \\ u\tau_{xy} + v\tau_{yy} + w\tau_{yz} - q_y \end{bmatrix}$$

$$\boldsymbol{H}_v = \begin{bmatrix} 0 \\ \tau_{xz} \\ \tau_{zy} \\ \tau_{zz} \\ u\tau_{xz} + v\tau_{zy} + w\tau_{zz} - q_z \end{bmatrix}$$

$$(2-2)$$

其中,应力项为

$$\left. \begin{aligned} \tau_{xx} &= 2\mu u_x - \frac{2}{3}\mu(u_x + v_y + w_z), \quad \tau_{xy} = \tau_{yx} = \mu(u_y + v_x) \\ \tau_{yy} &= 2\mu v_y - \frac{2}{3}\mu(u_x + v_y + w_z), \quad \tau_{yz} = \tau_{zy} = \mu(v_z + w_y) \\ \tau_{zz} &= 2\mu w_z - \frac{2}{3}\mu(u_x + v_y + w_z), \quad \tau_{xz} = \tau_{zx} = \mu(u_z + w_x) \end{aligned} \right\} \quad (2-3)$$

热传导项为

$$q_x = -k\frac{\partial T}{\partial x}, \quad q_y = -k\frac{\partial T}{\partial y}, \quad q_z = -k\frac{\partial T}{\partial z} \quad (2-4)$$

单位质量气体的总能量为

$$e = \frac{p}{(\gamma-1)\rho} + \frac{u^2 + v^2 + w^2}{2} \quad (2-5)$$

为了使上述方程组封闭,还应注意下述关系式:

完全气体状态方程

$$p = \overset{*}{\rho}RT \quad (2-6)$$

及

$$h = c_p T \quad (2-7)$$

以上各式中,c_p 为质量定压热容,k 为热传导系数则有

$$k = \begin{cases} c_p \dfrac{\mu_L}{Pr_L}, & \text{层流} \\[3mm] c_p \left(\dfrac{\mu_L}{Pr_L} + \dfrac{\mu_T}{Pr_T} \right), & \text{湍流} \end{cases} \quad (2-8)$$

式中,湍流黏性系数 μ_T 通过湍流模型计算得到,层流黏性系数 μ_L 是温度及压力

的函数,由 Sutherland 公式确定,即

$$\mu_L = \mu_0 T^{1.5} \left(\frac{1 + C_s}{T + C_s} \right) \qquad (2-9)$$

其中

$$C_s = 110.4 / T_0, \quad \mu_0 = 1.716\ 1 \times 10^{-5}\ \text{Pa} \cdot \text{s}, \quad T_0 = 273.16\ \text{K} \qquad (2-10)$$

式中,C_s 为萨瑟兰常数。Pr_L 为层流普朗特数,Pr_T 为湍流普朗特数,γ 为比热比,且有

$$Pr_L = 0.72, \quad Pr_T = 0.9, \quad \gamma = 1.4 \qquad (2-11)$$

值得注意的是,当忽略掉黏性项作用,即去掉式(2-1)中 $\boldsymbol{F}_v$,$\boldsymbol{G}_v$,$\boldsymbol{H}_v$ 等项时,上述 N-S 方程会变为描述无黏流体的 Euler 方程。

2.2.2　无量纲化的一般曲线系 N-S 方程组

在 CFD 数值模拟中,一般均通过对式(2-1)进行无量纲化处理的方式来进行求解。理论上,无量纲化处理有如下优点:

1) 可避免控制方程中物理参数在量级上的差异,从而减少不必要的精度损失;

2) 将常数转化为几个相似参数,从而减少大量的常数运算;

3) 方便实现相似模拟,使得模拟结果更具通用性。

流场计算时,通常选取来流参数作为无量纲特征尺度进行无量纲化。以密度 ρ_∞、声速 c_∞、温度 T_∞、黏性系数 μ_∞ 以及特征长度 L 作为特征变量,则有

$$\tilde{x} = \frac{x}{L}, \quad \tilde{y} = \frac{y}{L}, \quad \tilde{z} = \frac{z}{L}, \quad \tilde{u} = \frac{u}{c_\infty}, \quad \tilde{v} = \frac{v}{c_\infty}, \quad \tilde{w} = \frac{w}{c_\infty}$$

$$\tilde{\rho} = \frac{\rho}{\rho_\infty}, \quad \tilde{e} = \frac{e}{c_\infty^2}, \quad \tilde{p} = \frac{p}{\rho_\infty c_\infty^2}, \quad \tilde{T} = \frac{T}{T_\infty}, \quad \tilde{\mu} = \frac{\mu}{\mu_\infty}, \quad \tilde{t} = \frac{t}{L/c_\infty}, \quad \tilde{\mu_t} = \frac{\mu_t}{\mu_\infty}$$

$$(2-12)$$

式中,上标"～"为无量纲量标识符。为了方便起见,本书后文无量纲化后的参数在不引起混淆的情况下去掉该上标。

曲线坐标系采用贴体坐标系,该坐标系根据流动参数梯度控制网格疏密,易于控制网格分布以及壁面边界条件的给定,因此贴体坐标系得到了广泛的应用。

现将式(2-1)进行坐标变换,可得

$$\left. \begin{array}{l} \tau = t \\ \xi = \xi(x, y, z, t) \\ \eta = \eta(x, y, z, t) \\ \zeta = \zeta(x, y, z, t) \end{array} \right\} \qquad (2-13)$$

根据链式法则求导,有

$$
\left.\begin{aligned}
\frac{\partial}{\partial t} &= \frac{\partial}{\partial \tau} + \xi_\tau \frac{\partial}{\partial \xi} + \eta_\tau \frac{\partial}{\partial \eta} + \zeta_\tau \frac{\partial}{\partial \zeta} \\
\frac{\partial}{\partial x} &= \xi_x \frac{\partial}{\partial \xi} + \eta_x \frac{\partial}{\partial \eta} + \zeta_x \frac{\partial}{\partial \zeta} \\
\frac{\partial}{\partial y} &= \xi_y \frac{\partial}{\partial \xi} + \eta_y \frac{\partial}{\partial \eta} + \zeta_y \frac{\partial}{\partial \zeta} \\
\frac{\partial}{\partial z} &= \xi_z \frac{\partial}{\partial \xi} + \eta_z \frac{\partial}{\partial \eta} + \zeta_z \frac{\partial}{\partial \zeta}
\end{aligned}\right\}
\tag{2-14}
$$

结合式(2-1)、式(2-12)以及式(2-14),可得

$$
\frac{\partial \widetilde{Q}}{\partial \tau} + \frac{\partial \widetilde{F}}{\partial \xi} + \frac{\partial \widetilde{G}}{\partial \eta} + \frac{\partial \widetilde{H}}{\partial \zeta} = \frac{\partial \widetilde{F}_v}{\partial \xi} + \frac{\partial \widetilde{G}_v}{\partial \eta} + \frac{\partial \widetilde{H}_v}{\partial \zeta}
\tag{2-15}
$$

式中

$$
\widetilde{Q} = \frac{1}{J}\begin{bmatrix} \rho \\ \rho u \\ \rho v \\ \rho w \\ \rho e_t \end{bmatrix}, \quad
\widetilde{F} = \frac{1}{J}\begin{bmatrix} \rho U \\ \rho U u + \xi_x p \\ \rho U v + \xi_y p \\ \rho U w + \xi_z p \\ \rho U h_t - \xi_t p \end{bmatrix}, \quad
\widetilde{G} = \frac{1}{J}\begin{bmatrix} \rho V \\ \rho V u + \eta_x p \\ \rho V v + \eta_y p \\ \rho V w + \eta_z p \\ \rho V h_t - \eta_t p \end{bmatrix}
$$

$$
\widetilde{H} = \frac{1}{J}\begin{bmatrix} \rho W \\ \rho W u + \zeta_x p \\ \rho W v + \zeta_y p \\ \rho W w + \zeta_z p \\ \rho W h_t - \zeta_t p \end{bmatrix}, \quad
\widetilde{F}_V = \frac{1}{J}\begin{bmatrix} 0 \\ \xi_x \tau_{xx} + \xi_y \tau_{xy} + \xi_z \tau_{xz} \\ \xi_x \tau_{yx} + \xi_y \tau_{yy} + \xi_z \tau_{yz} \\ \xi_x \tau_{zx} + \xi_y \tau_{zy} + \xi_z \tau_{zz} \\ \xi_x \varphi_x + \xi_y \varphi_y + \xi_z \varphi_z \end{bmatrix}
$$

$$
\left.
\widetilde{G}_V = \frac{1}{J}\begin{bmatrix} 0 \\ \eta_x \tau_{xx} + \eta_y \tau_{xy} + \eta_z \tau_{xz} \\ \eta_x \tau_{yx} + \eta_y \tau_{yy} + \eta_z \tau_{yz} \\ \eta_x \tau_{zx} + \eta_y \tau_{zy} + \eta_z \tau_{zz} \\ \eta_x \varphi_x + \eta_y \varphi_y + \eta_z \varphi_z \end{bmatrix}, \quad
\widetilde{H}_V = \frac{1}{J}\begin{bmatrix} 0 \\ \zeta_x \tau_{xx} + \zeta_y \tau_{xy} + \zeta_z \tau_{xz} \\ \zeta_x \tau_{yx} + \zeta_y \tau_{yy} + \zeta_z \tau_{yz} \\ \zeta_x \tau_{zx} + \zeta_y \tau_{zy} + \zeta_z \tau_{zz} \\ \zeta_x \varphi_x + \zeta_y \varphi_y + \zeta_z \varphi_z \end{bmatrix}
\right\}
$$

$$
\tag{2-16}
$$

式中,J 为坐标变换雅可比行列式,即

$$
J = \left| \frac{\partial(\xi, \eta, \zeta, \tau)}{\partial(x, y, z, t)} \right| = \left| \frac{\partial(x, y, z, t)}{\partial(\xi, \eta, \zeta, \tau)} \right|^{-1} =
$$

$$
\frac{1}{x_\xi(y_\eta z_\zeta - y_\zeta z_\eta) - x_\eta(y_\xi z_\zeta - y_\zeta z_\xi) + x_\zeta(y_\xi z_\eta - y_\eta z_\xi)}
\tag{2-17}
$$

逆变速度定义如下:

$$
\left.
\begin{aligned}
&U = \xi_t + \xi_x u + \xi_y v + \xi_z w \\
&V = \eta_t + \eta_x u + \eta_y v + \eta_z w \\
&W = \zeta_t + \zeta_x u + \zeta_y v + \zeta_z w \\
&\xi_t = -x_t \xi_x - y_t \xi_y - z_t \xi_z \\
&\eta_t = -x_t \eta_x - y_t \eta_y - z_t \eta_z \\
&\zeta_t = -x_t \zeta_x - y_t \zeta_y - z_t \zeta_z \\
&\varphi_x = u\tau_{xx} + v\tau_{xy} + w\tau_{xz} + \frac{\mu T_x}{(\gamma-1)\mathrm{Pr}} \\
&\varphi_y = u\tau_{yx} + v\tau_{yy} + w\tau_{yz} + \frac{\mu T_y}{(\gamma-1)\mathrm{Pr}} \\
&\varphi_z = u\tau_{zx} + v\tau_{zy} + w\tau_{zz} + \frac{\mu T_z}{(\gamma-1)\mathrm{Pr}}
\end{aligned}
\right\} \quad (2-18)
$$

几何度量系数的求解方式如下：

$$
\left.
\begin{aligned}
&\xi_x = J\begin{vmatrix} \dfrac{\partial y}{\partial \eta} & \dfrac{\partial y}{\partial \zeta} \\[8pt] \dfrac{\partial z}{\partial \eta} & \dfrac{\partial z}{\partial \zeta} \end{vmatrix}, \quad
\xi_y = J\begin{vmatrix} \dfrac{\partial x}{\partial \zeta} & \dfrac{\partial x}{\partial \eta} \\[8pt] \dfrac{\partial z}{\partial \zeta} & \dfrac{\partial z}{\partial \eta} \end{vmatrix}, \quad
\xi_z = J\begin{vmatrix} \dfrac{\partial x}{\partial \eta} & \dfrac{\partial x}{\partial \zeta} \\[8pt] \dfrac{\partial y}{\partial \eta} & \dfrac{\partial y}{\partial \zeta} \end{vmatrix} \\[18pt]
&\eta_x = J\begin{vmatrix} \dfrac{\partial y}{\partial \zeta} & \dfrac{\partial y}{\partial \xi} \\[8pt] \dfrac{\partial z}{\partial \zeta} & \dfrac{\partial z}{\partial \xi} \end{vmatrix}, \quad
\eta_y = J\begin{vmatrix} \dfrac{\partial x}{\partial \xi} & \dfrac{\partial x}{\partial \zeta} \\[8pt] \dfrac{\partial z}{\partial \xi} & \dfrac{\partial z}{\partial \zeta} \end{vmatrix}, \quad
\eta_z = J\begin{vmatrix} \dfrac{\partial x}{\partial \zeta} & \dfrac{\partial x}{\partial \xi} \\[8pt] \dfrac{\partial y}{\partial \zeta} & \dfrac{\partial y}{\partial \xi} \end{vmatrix} \\[18pt]
&\zeta_x = J\begin{vmatrix} \dfrac{\partial y}{\partial \xi} & \dfrac{\partial y}{\partial \eta} \\[8pt] \dfrac{\partial z}{\partial \xi} & \dfrac{\partial z}{\partial \eta} \end{vmatrix}, \quad
\zeta_y = J\begin{vmatrix} \dfrac{\partial x}{\partial \eta} & \dfrac{\partial x}{\partial \xi} \\[8pt] \dfrac{\partial z}{\partial \eta} & \dfrac{\partial z}{\partial \xi} \end{vmatrix}, \quad
\zeta_z = J\begin{vmatrix} \dfrac{\partial x}{\partial \xi} & \dfrac{\partial x}{\partial \eta} \\[8pt] \dfrac{\partial y}{\partial \xi} & \dfrac{\partial y}{\partial \eta} \end{vmatrix}
\end{aligned}
\right\} \quad (2-19)
$$

应力项为

$$
\tau_{xx} = \frac{Ma_\infty}{Re}\mu\left[\frac{4}{3}(\xi_x u_\xi + \eta_x u_\eta + \zeta_x u_\zeta) - \frac{2}{3}(\xi_y v_\xi + \eta_y v_\eta + \zeta_y v_\zeta) - \frac{2}{3}(\xi_z w_\xi + \eta_z w_\eta + \zeta_z w_\zeta)\right]
$$

$$
\tau_{yy} = \frac{Ma_\infty}{Re}\mu\left[\frac{4}{3}(\xi_y v_\xi + \eta_y v_\eta + \zeta_y v_\zeta) - \frac{2}{3}(\xi_x u_\xi + \eta_x u_\eta + \zeta_x u_\zeta) - \frac{2}{3}(\xi_z w_\xi + \eta_z w_\eta + \zeta_z w_\zeta)\right]
$$

$$
\tau_{zz} = \frac{Ma_\infty}{Re}\mu\left[\frac{4}{3}(\xi_z w_\xi + \eta_z w_\eta + \zeta_z w_\zeta) - \frac{2}{3}(\xi_x u_\xi + \eta_x u_\eta + \zeta_x u_\zeta) - \frac{2}{3}(\xi_y v_\xi + \eta_y v_\eta + \zeta_y v_\zeta)\right]
$$

$$\tau_{xy} = \tau_{yx} = \frac{Ma_\infty}{Re}\mu(\xi_y u_\xi + \eta_y u_\eta + \zeta_y u_\zeta + \xi_x v_\xi + \eta_x v_\eta + \zeta_x v_\zeta)$$

$$\tau_{xz} = \tau_{zx} = \frac{Ma_\infty}{Re}\mu(\xi_z u_\xi + \eta_z u_\eta + \zeta_z u_\zeta + \xi_x w_\xi + \eta_x w_\eta + \zeta_x w_\zeta)$$

$$\tau_{yz} = \tau_{zy} = \frac{Ma_\infty}{Re}\mu(\xi_z v_\xi + \eta_z v_\eta + \zeta_z v_\zeta + \xi_y w_\xi + \eta_y w_\eta + \zeta_y w_\zeta)$$

$$(2-20)$$

热传导项为

$$\left.\begin{aligned}
q_x &= -\frac{Ma_\infty \mu}{PrRe(\gamma-1)}(\xi_x T_\xi + \eta_x T_\eta + \zeta_x T_\zeta) \\
q_y &= -\frac{Ma_\infty \mu}{PrRe(\gamma-1)}(\xi_y T_\xi + \eta_y T_\eta + \zeta_y T_\zeta) \\
q_z &= -\frac{Ma_\infty \mu}{PrRe(\gamma-1)}(\xi_z T_\xi + \eta_z T_\eta + \zeta_z T_\zeta)
\end{aligned}\right\}$$

$$(2-21)$$

2.3 空间离散方法

2.3.1 通量格式概述

1. Roe 格式[2]

Roe 格式属于线性化 Godunov 类方法,它通过在每个网格交界面处线性化求解雷曼问题得到全流场的解。因此,该格式的构造关键是将非线性雷曼问题转化成线性问题,即通过构造线性化近似矩阵来近似代替无黏通量的雅可比矩阵。

无黏通量的雅可比矩阵可对角化。以 ξ 方向为例,通量的雅可比矩阵可以分解成如下形式:

$$A = RAR^{-1} \qquad\qquad (2-22)$$

因此,雷曼问题的数值通量可以写为

$$\boldsymbol{F}_{i+1/2} = \frac{1}{2}\left[\boldsymbol{R}(\boldsymbol{\Lambda}+|\boldsymbol{\Lambda}|)\boldsymbol{R}^{-1}\bar{\boldsymbol{Q}}_i + \boldsymbol{R}(\boldsymbol{\Lambda}-|\boldsymbol{\Lambda}|)\boldsymbol{R}^{-1}\bar{\boldsymbol{Q}}_{i+1}\right] =$$

$$\frac{1}{2}(\boldsymbol{R}\boldsymbol{\Lambda}\boldsymbol{R}^{-1}\bar{\boldsymbol{Q}}_i + \boldsymbol{R}\boldsymbol{\Lambda}\boldsymbol{R}^{-1}\bar{\boldsymbol{Q}}_{i+1}) - \frac{1}{2}\left[\boldsymbol{R}|\boldsymbol{\Lambda}|\boldsymbol{R}^{-1}(\bar{\boldsymbol{Q}}_{i+1}-\bar{\boldsymbol{Q}}_i)\right] =$$

$$\frac{1}{2}(\boldsymbol{F}_i + \boldsymbol{F}_{i+1}) - \frac{1}{2}|\boldsymbol{A}|(\bar{\boldsymbol{Q}}_{i+1}-\bar{\boldsymbol{Q}}_i) \qquad (2-23)$$

在 Roe 格式中,ξ 方向上的界面通量为

$$F_{i+1/2} = \frac{1}{2} \left[F(Q_R) + F(Q_L) - |\widetilde{A}(Q_L, Q_R)| (Q_R - Q_L) \right] \qquad (2-24)$$

式中，Q_L 和 Q_R 为界面左右两边的状态变量，矩阵 $\widetilde{A}$ 为 Roe 平均雅可比矩阵，上标"~"表示 Roe 平均，定义为

$$\left.\begin{array}{l}
\tilde{\rho} = \sqrt{\rho_L \rho_R} \\[2mm]
\tilde{u} = (u_L + u_R \sqrt{\rho_R/\rho_L})/(1 + \sqrt{\rho_R/\rho_L}) \\[2mm]
\tilde{v} = (v_L + v_R \sqrt{\rho_R/\rho_L})/(1 + \sqrt{\rho_R/\rho_L}) \\[2mm]
\tilde{w} = (w_L + w_R \sqrt{\rho_R/\rho_L})/(1 + \sqrt{\rho_R/\rho_L}) \\[2mm]
\widetilde{H} = (H_L + H_R \sqrt{\rho_R/\rho_L})/(1 + \sqrt{\rho_R/\rho_L}) \\[2mm]
\tilde{c}^2 = (\gamma - 1)[\widetilde{H} - (\tilde{u}^2 + \tilde{v}^2 + \tilde{w}^2)/2]
\end{array}\right\} \qquad (2-25)$$

经整理，式 $(2-24)$ 中的耗散项为

$$\det \widetilde{A}(Q_R - Q_L) = \begin{bmatrix}
\alpha_4 \\[2mm]
\tilde{u}\alpha_4 + \hat{\xi}_x \alpha_5 + \alpha_6 \\[2mm]
\tilde{v}\alpha_4 + \hat{\xi}_y \alpha_5 + \alpha_7 \\[2mm]
\tilde{w}\alpha_4 + \hat{\xi}_z \alpha_5 + \alpha_8 \\[2mm]
\tilde{h}_t \alpha_4 + \tilde{u}_n \alpha_5 + \tilde{u}\alpha_6 + \tilde{v}\alpha_7 + \tilde{w}\alpha_8 - \dfrac{\tilde{c}^2 \alpha_1}{\gamma - 1}
\end{bmatrix} \qquad (2-26)$$

式中

$$\alpha_1 = |S| |\tilde{u}| \left(\Delta\rho - \frac{\Delta p}{\tilde{c}^2}\right)$$

$$\alpha_2 = \frac{1}{2\tilde{c}^2} |S| |\tilde{u} + \tilde{c}| (\Delta p + \tilde{\rho}\tilde{c}\,\Delta\bar{u})$$

$$\alpha_3 = \frac{1}{2\tilde{c}^2} |S| |\tilde{u} - \tilde{c}| (\Delta p - \tilde{\rho}\tilde{c}\,\Delta\bar{u})$$

$$\alpha_4 = \alpha_1 + \alpha_2 + \alpha_3$$

$$\alpha_5 = \tilde{c}(\alpha_2 - \alpha_3)$$

$$\alpha_6 = |S| |\tilde{u}| (\tilde{\rho}\Delta u - \hat{\xi}_x \tilde{\rho}\,\Delta\bar{u})$$

$$\alpha_7 = |S| |\tilde{u}| (\tilde{\rho}\Delta v - \hat{\xi}_y \tilde{\rho}\,\Delta\bar{u})$$

$$\alpha_8 = |S| |\tilde{u}| (\tilde{\rho}\Delta w - \hat{\xi}_z \tilde{\rho}\,\Delta\bar{u})$$

$$\hat{\xi}_x = \frac{\xi_x}{\sqrt{\xi_x^2 + \xi_y^2 + \xi_z^2}}, \quad \hat{\xi}_y = \frac{\xi_y}{\sqrt{\xi_x^2 + \xi_y^2 + \xi_z^2}}, \quad \hat{\xi}_z = \frac{\xi_z}{\sqrt{\xi_x^2 + \xi_y^2 + \xi_z^2}}$$

$$\tilde{u} = \frac{(\xi_t + \tilde{u}\xi_x + \tilde{v}\xi_y + \tilde{w}\xi_z)}{\sqrt{\xi_x^2 + \xi_y^2 + \xi_z^2}}, \quad \tilde{u}_n = \tilde{u} - \frac{\xi_t}{\sqrt{\xi_x^2 + \xi_y^2 + \xi_z^2}}$$

$$| S | = \frac{\sqrt{\xi_x^2 + \xi_y^2 + \xi_z^2}}{J}, \quad \Delta(\bullet) = (\bullet)_R - (\bullet)_L, \quad \tilde{\rho} = \sqrt{\rho_L \rho_R}$$

$$\tilde{D} = \sqrt{\frac{\rho_R}{\rho_L}}, \quad (\tilde{\bullet}) = \frac{(\bullet)_L + (\bullet)_R \tilde{D}}{1 + \tilde{D}}$$

值得注意的是,在使用 Roe 格式模拟实际流动时,如果通量雅可比矩阵的特征值很小,计算会产生违反熵条件的非物理解,因此必须引入熵修正。熵修正方法众多,其中 Muller 型熵修正因其网格适应能力强、计算稳定、分辨率较高,尤其适合几何或流动变化剧烈的区域而广受好评。下面给出在 ξ 方向上熵修正表达式:

$$| \lambda_i | = \begin{cases} | \lambda_i |, & | \lambda_i | \geqslant \delta_\xi \\ \dfrac{| \lambda_i^2 + \delta_\xi^2 |}{2\delta_\xi}, & | \lambda_i | < \delta_\xi \end{cases} \tag{2-27}$$

式中

$$| \lambda_1 | = | \lambda_2 | = | \lambda_3 | = \frac{| \nabla \xi |}{J} | \tilde{U} |$$

$$| \lambda_4 | = \frac{| \nabla \xi |}{J} | \tilde{U} + \tilde{c} |$$

$$| \lambda_5 | = \frac{| \nabla \xi |}{J} | \tilde{U} - \tilde{c} |$$

$$\delta_\xi = \bar{\delta} \beta_\xi \frac{\sigma_A}{J} \left\{ 1 + \left[\frac{\max(\sigma_B, \sigma_C)}{\sigma_A} \right]^{2/3} \right\}$$

$$\beta_\xi = \min \left\{ \max \left[\frac{\sigma_B}{\sigma_A}, \frac{\sigma_C}{\sigma_A} \right], 1 \right\}$$

式中,$\bar{\delta}$ 在亚跨声速时取 0.1,在超声速和高超速时一般取 0.4。

2. van Leer's FVS 格式

鉴于 Euler 方程的齐次性,Steger 和 Warming 通过将 F 分裂为 $F^+ + F^-$ 的方式提出了著名的 Steger - Warming 格式[3]。但该格式的分裂通量在声速点附近不连续可微,计算中会出现错误。因此 van Leer 提出了一种新的分裂方式,即 van Leer's FVS 格式。它满足如下七个原则[4]:

1)$F = F^+(Q) + F^-(Q)$。

2)dF^+/dQ 的所有特征值大于等于零;dF^-/dQ 的所有特征值小于等于零。

3)$F^\pm(Q)$ 必须连续,同时当 $M > 1$ 时,$F^+(Q) = F(Q)$,当 $M \leqslant -1$ 时,$F^-(Q) = F(Q)$。

4)通量分量 F^+ 及 F^- 必须和通量 F 相同,且具有关于 M 的对称形式,即如果 $F_k(M) = \pm F_k(-M)$,则 $F_k^+(M) = \pm F_k^-(-M)$。

5)$\mathrm{d}\boldsymbol{F}^{\pm}/\mathrm{d}\boldsymbol{Q}$ 必须连续。

6)当 $|M|<1$ 时，$\mathrm{d}\boldsymbol{F}^{\pm}/\mathrm{d}\boldsymbol{Q}$ 必须有一个特征值消失。

7)$\boldsymbol{F}^{\pm}(\boldsymbol{Q})$ 必须和 $\boldsymbol{F}(\boldsymbol{Q})$ 一样是马赫数的多项式，且次数尽可能低。

以 ξ 方向为例，其界面通量求解方式为

$$\boldsymbol{F}_{i+1/2}=\boldsymbol{F}^{+}+\boldsymbol{F}^{-} \tag{2-28}$$

$$\boldsymbol{F}^{\pm}=\frac{|\,\mathbf{grad}(\xi)\,|}{J}\begin{bmatrix} f_{\mathrm{mass}}^{\pm} \\ f_{\mathrm{mass}}^{\pm}\,[k_x(-u\pm2a)/\gamma+u] \\ f_{\mathrm{mass}}^{\pm}\,[k_y(-u\pm2a)/\gamma+v] \\ f_{\mathrm{mass}}^{\pm}\,[k_z(-u\pm2a)/\gamma+w] \\ f_{\mathrm{energy}}^{\pm} \end{bmatrix} \tag{2-29}$$

式中

$$f_{\mathrm{mass}}^{\pm}=\pm\rho a\,(M_\xi\pm1)^2/4$$

$$f_{\mathrm{energy}}^{\pm}=f_{\mathrm{mass}}^{\pm}\{[-(\gamma-1)\bar{u}^2\pm2(\gamma-1)\bar{u}a+2a^2]/(\gamma^2-1)+(u^2+v^2+w^2)/2\}$$

$$k_x=\xi_x/|\,\mathbf{grad}(\xi)\,|$$

$$k_y=\xi_y/|\,\mathbf{grad}(\xi)\,|$$

$$k_z=\xi_z/|\,\mathbf{grad}(\xi)\,|$$

3. AUSM＋格式

1993 年，Liou 构造了 AUSM(advection upstream splitting method)格式[5]。此后，Liou 通过对压强通量进行改进，提出了 AUSM＋格式[6]。

以三维笛卡尔坐标系为例，AUSM＋格式将无黏通量分裂为如下的对流项（$\boldsymbol{F}^{\mathrm{c}}$）和压力项（$\boldsymbol{F}^{\mathrm{p}}$）：

$$\boldsymbol{F}=\boldsymbol{F}^{\mathrm{c}}+\boldsymbol{F}^{\mathrm{p}} \tag{2-30}$$

$$\boldsymbol{F}^{\mathrm{c}}=\begin{bmatrix} \rho u \\ \rho u^2 \\ \rho uv \\ \rho uw \\ (\rho e_t+p)u \end{bmatrix} \tag{2-31}$$

$$\boldsymbol{F}^{\mathrm{p}}=\begin{bmatrix} 0 \\ p \\ 0 \\ 0 \\ 0 \end{bmatrix} \tag{2-32}$$

对于对流项，其在界面单元处的形式可表示为

$$F_{i+1/2}^c = m_{i+1/2} \boldsymbol{\Phi}_{i+1/2} \qquad (2-33)$$

式中

$$m_{i+1/2} = a_{i+1/2} M_{i+1/2} \qquad (2-34)$$

$$\boldsymbol{\Phi}_{i+1/2} = \begin{bmatrix} \rho \\ \rho u \\ \rho v \\ \rho w \\ (\rho e + p) \end{bmatrix}_{i+1/2} = \begin{cases} \boldsymbol{\Phi}_L^+, & m_{i+1/2} \geqslant 0 \\ \boldsymbol{\Phi}_R^-, & m_{i+1/2} < 0 \end{cases} \qquad (2-35)$$

$$a_{i+1/2} = \min(\tilde{a}_i, \tilde{a}_{i+1}), \quad \tilde{a} = \frac{(a^*)^2}{\max(a^*, |u|)} \qquad (2-36)$$

$$h_t = \frac{a^2}{\gamma-1} + \frac{1}{2} u^2 = \frac{(\gamma+1)(a^*)^2}{2(\gamma-1)} \qquad (2-37)$$

单元界面马赫数为

$$Ma_{i+1/2} = \lambda_L^+ + \lambda_R^-, \quad \lambda_L^\pm = \lambda^\pm(Ma_L), \quad \lambda_R^\pm = \lambda^\pm(Ma_R) \qquad (2-38)$$

界面压力项可分裂为

$$F_{i+1/2}^p = \boldsymbol{\Psi}_L^+ \begin{bmatrix} 0 \\ p \\ 0 \\ 0 \\ 0 \end{bmatrix}_L + \boldsymbol{\Psi}_R^- \begin{bmatrix} 0 \\ p \\ 0 \\ 0 \\ 0 \end{bmatrix}_R = \boldsymbol{\Psi}_L^+ \boldsymbol{P}_L + \boldsymbol{\Psi}_R^- \boldsymbol{P}_R \qquad (2-39)$$

马赫数分裂函数以及压力分裂函数分别为

$$\lambda^\pm(Ma) = \begin{cases} \pm\dfrac{1}{4}(Ma \pm 1)^2 \pm \alpha(Ma^2-1)^2, & |Ma| < 1 \\ \dfrac{1}{2}(Ma \pm |Ma|), & |Ma| \geqslant 1 \end{cases} \qquad (2-40)$$

$$\boldsymbol{\Psi}^\pm(Ma) = \begin{cases} \dfrac{1}{2}\dfrac{Ma \pm |Ma|}{Ma}, & |Ma| \geqslant 1 \\ \dfrac{1}{4}(Ma \pm 1)^2(2 \mp Ma) \pm \beta Ma(Ma^2-1)^2, & |Ma| < 1 \end{cases}$$

$$(2-41)$$

2.3.2 重构方法概述

1. 二阶 MUSCL 插值及限制器

上述通量格式皆为一阶精度。为了获得高阶精度，它们需要与重构方法进行结合，从而将格式的空间精度提高到相应的阶次。精确的插值要求数据光滑，否则将产生数值振荡。为防止这种伪物理的数值振荡，van Leer 引入保单调 MUSCL(monotonic upstream-centered scheme for conservation laws)条件，并通过构造满足该条件的限制器，求得界面两侧的变量[7]。下面给出 MUSCL 插值的一般表达式[8]：

$$Q_L = Q_{i,j,k} + \frac{\varphi_{i,j,k}}{4}\big[(1-\kappa)\Delta wq + (1+\kappa)\Delta eq\big]$$

$$(2-42)$$

$$Q_R = Q_{i+1,j,k} - \frac{\varphi_{i+1,j,k}}{4}\big[(1-\kappa)\Delta eeq + (1+\kappa)\Delta eq\big]$$

式中，κ 为插值系数，本章取 $\kappa = -1$；$\Delta wq = Q_{i,j,k} - Q_{i-1,j,k}$；$\Delta eq = Q_{i+1,j,k} - Q_{i,j,k}$；$\Delta eeq = Q_{i+2,j,k} - Q_{i+1,j,k}$；$\varphi$ 为限制函数。

定义 $r_{i,j,k} = \dfrac{Q_{i,j,k} - Q_{i-1,j,k}}{Q_{i+1,j,k} - Q_{i,j,k}}$。本章选用了如下限制器：

(1)van Albada 限制器：

$$\varphi_{i,j,k} = \frac{r_{i,j,k} + (r_{i,j,k})^2 + \varepsilon}{1 + (r_{i,j,k})^2 + \varepsilon}, \quad \varepsilon = 10^{-5}$$

$$(2-43)$$

(2)minmod 限制器：

$$\varphi_{i,j,k} = \max[0, \min(1, r_{i,j,k})]$$

$$(2-44)$$

(3)van Leer 限制器：

$$\varphi_{i,j,k} = \frac{r_{i,j,k} + |r_{i,j,k}|}{1 + r_{i,j,k}}$$

$$(2-45)$$

2. 五阶 WENO-JS 格式

WENO-JS 格式是基于 ENO(essential non-oscillatory)格式发展起来的一种高阶格式。它改进了 ENO 格式的光滑模板选择方法，不再是通过逻辑比较来选择单一光滑模板，而是针对每个模板指定一个权值，然后将这些模板加权累加起来[9]。此外，这些权值的定义也依赖于通量在模板上各阶差分的模值，差分模值较小的模板将有较大的权值。这样，在含有激波的模板中，权值将是高阶的无穷小量；在不含激波的模板中，权值将是满权的同阶量。

一般来说，WENO-JS 格式可分为两类：一类是 MUSCL 型的 WENO-JS 格式，即通过某种方式由网格中心的原始变量值来确定网格界面处的原始变量值，然后推算到网格界面处的通量值；另一类是非 MUSCL 型的 WENO-JS 格式，即直接通过某种方式由网格中心处的通量值来确定网格界面处的通量值[10]。本节选取第一种方法，而一些著名的 CFD 代码(如 CFL3D[11]，OVERFLOW[12])也都采用了类似的思想来提高数值方法的精度。

以 $q_{i+1/2}^L$ 为例，五阶精度的 WENO-JS 重构方法可写为

$$q_{i+1/2}^L = w_0 q'_0 + w_1 q'_1 + w_2 q'_2$$

$$(2-46)$$

式中

$$
\left.
\begin{aligned}
q'_0 &= \frac{1}{3}q_{i-2} - \frac{7}{6}q_{i-1} + \frac{11}{6}q_i \\
q'_1 &= -\frac{1}{6}q_{i-1} + \frac{5}{6}q_i + \frac{1}{3}q_{i+1} \\
q'_2 &= \frac{1}{3}q_i + \frac{5}{6}q_{i+1} - \frac{1}{6}q_{i+2}
\end{aligned}
\right\}
\tag{2-47}
$$

非线性权 w_k 的表达式如下:

$$
w_k = \frac{\alpha_k}{\alpha_0 + \alpha_1 + \alpha_2}
\tag{2-48}
$$

且有

$$
\left.
\begin{aligned}
&\alpha_k = \frac{C_k}{\epsilon + IS_k}, \quad k = 0,1,2 \\
&C_0 = 0.1, \quad C_1 = 0.6, \quad C_2 = 0.3
\end{aligned}
\right\}
\tag{2-49}
$$

其中

$$
\left.
\begin{aligned}
IS_0 &= \frac{1}{4}(q_{i-2} - 4q_{i-1} + 3q_i)^2 + \frac{13}{12}(q_{i-2} - 2q_{i-1} + q_i)^2 \\
IS_1 &= \frac{1}{4}(q_{i-1} - q_{i+1})^2 + \frac{13}{12}(q_{i-1} - 2q_i + q_{i+1})^2 \\
IS_2 &= \frac{1}{4}(3q_i - 4q_{i+1} + 3q_{i+2})^2 + \frac{13}{12}(q_i - 2q_{i+1} + q_{i+2})^2
\end{aligned}
\right\}
\tag{2-50}
$$

式中,C_k 为最优权,用于保证格式在光滑区的插值精度;ϵ 为一小量,用来防止分母为0,文献[13]定义 ϵ 取值为 10^{-6},但是之后的研究发现,ϵ 的取值对于格式的精度以及收敛性等都有显著的影响。

2.4 时 间 离 散

一般来说,时间离散方法可分为显式和隐式两大类。目前使用较多的显式方法为多步 Runge - Kutta 法[13],使用较多的隐式方法则为 LU - SGS 方法[14]和基于 Newton - Krylov 方法的纯隐式时间方法。下面将分别介绍上述三种时间递进方法。

2.4.1 显式 Runge - Kutta 方法

空间离散后,控制方程会得到如下一组半离散的常微分方程组:

$$
\frac{\partial \boldsymbol{Q}^{(n)}}{\partial t} + R(\boldsymbol{Q}^{(n+1)}) = \boldsymbol{0}
\tag{2-51}
$$

这里给出时间精度分别为一阶和三阶的 Runge‐Kutta 方法。

(1)一阶 Runge‐Kutta 方法：

$$Q^{(n+1)} = Q^{(n)} - \Delta t R(Q^{(n)}) \qquad (2-52)$$

(2)三阶 Runge‐Kutta 方法：

$$\left.\begin{aligned}
Q^{(0)} &= Q^{(n)} \\
Q^{(1)} &= Q^{(0)} - \Delta t R(Q^{(0)}) \\
Q^{(2)} &= \frac{3}{4}Q^{(0)} + \frac{1}{4}Q^{(1)} + \frac{1}{4}\Delta t R(Q^{(1)}) \\
Q^{(3)} &= \frac{1}{3}Q^{(0)} + \frac{2}{3}Q^{(2)} + \frac{2}{3}\Delta t R(Q^{(2)}) \\
Q^{(n+1)} &= Q^{(3)}
\end{aligned}\right\} \qquad (2-53)$$

2.4.2 LU‐SGS 方法

自提出伊始,LU‐SGS 方法就因为其良好的稳定性以及较高的计算效率而成为 CFD 界应用较为广泛的隐式计算方法之一。

对于流动控制方程的半离散形式(2-51),设 F,G,H 分别为 ξ,η,ζ 方向的无黏通量,且 $A = \dfrac{\partial F}{\partial Q}, B = \dfrac{\partial G}{\partial Q}, C = \dfrac{\partial H}{\partial Q}$,则线性化处理后可得

$$\left.\begin{aligned}
F^{(n+1)} &= F^{(n)} + A^{(n)}(Q^{(n+1)} - Q^{(n)}) + O(\Delta Q^2) \\
G^{(n+1)} &= G^{(n)} + B^{(n)}(Q^{(n+1)} - Q^{(n)}) + O(\Delta Q^2) \\
H^{(n+1)} &= H^{(n)} + C^{(n)}(Q^{(n+1)} - Q^{(n)}) + O(\Delta Q^2)
\end{aligned}\right\} \qquad (2-54)$$

即

$$\frac{\Delta Q_{i,j,k}}{\Delta t} + \big[(A\Delta Q)_{i+\frac{1}{2},j,k} - (A\Delta Q)_{i-\frac{1}{2},j,k} + (B\Delta Q)_{i,j+\frac{1}{2},k} -$$

$$(B\Delta Q)_{i,j-\frac{1}{2},k} + (C\Delta Q)_{i,j+\frac{1}{2},k} - (C\Delta Q)_{i,j-\frac{1}{2},k}\big] =$$

$$-\delta(F+G+H)^n_{i,j,k} + \delta(F_v+G_v+H_v)^n_{i,j,k} = -R^{(n)}_{i,j,k} \qquad (2-55)$$

采用迎风法则,将上述无黏通量的雅可比矩阵按其特征值的正负进行分裂,可得

$$\begin{aligned}
(A\Delta Q)_{i+\frac{1}{2},j,k} &= A^+_{i,j,k}\Delta Q_{i,j,k} + A^-_{i+1,j,k}\Delta Q_{i+1,j,k} \\
(A\Delta Q)_{i-\frac{1}{2},j,k} &= A^+_{i-1,j,k}\Delta Q_{i-1,j,k} + A^-_{i,j,k}\Delta Q_{i,j,k} \\
(B\Delta Q)_{i,j+\frac{1}{2},k} &= B^+_{i,j,k}\Delta Q_{i,j,k} + B^-_{i,j+1,k}\Delta Q_{i,j+1,k} \\
(B\Delta Q)_{i,j-\frac{1}{2},k} &= B^+_{i,j-1,k}\Delta Q_{i,j-1,k} + B^-_{i,j,k}\Delta Q_{i,j,k} \\
(C\Delta Q)_{i,j,k+\frac{1}{2}} &= C^+_{i,j,k}\Delta Q_{i,j,k} + C^-_{i,j,k+1}\Delta Q_{i,j,k+1} \\
(C\Delta Q)_{i,j,k-\frac{1}{2}} &= C^+_{i,j,k-1}\Delta Q_{i,j,k-1} + C^-_{i,j,k}\Delta Q_{i,j,k}
\end{aligned}$$

代入式（2-55）可得

$$[\boldsymbol{I} + \Delta t(\boldsymbol{A}^+_{i,j,k} - \boldsymbol{A}^-_{i,j,k} + \boldsymbol{B}^+_{i,j,k} - \boldsymbol{B}^-_{i,j,k} + \boldsymbol{C}^+_{i,j,k} - \boldsymbol{C}^-_{i,j,k})]\Delta \boldsymbol{Q}_{i,j,k} +$$

$$\Delta t(-\boldsymbol{A}^+_{i-1,j,k}\Delta \boldsymbol{Q}_{i-1,j,k} - \boldsymbol{B}^+_{i,j-1,k}\Delta \boldsymbol{Q}_{i,j-1,k} - \boldsymbol{C}^+_{i,j,k-1}\Delta \boldsymbol{Q}_{i,j,k-1}) +$$

$$\Delta t(\boldsymbol{A}^-_{i+1,j,k}\Delta \boldsymbol{Q}_{i+1,j,k} + \boldsymbol{B}^-_{i,j+1,k}\Delta \boldsymbol{Q}_{i,j+1,k} + \boldsymbol{C}^-_{i,j,k+1}\Delta \boldsymbol{Q}_{i,j,k+1}) =$$

$$-\Delta t\boldsymbol{R}^{(n)}_{i,j,k} \qquad (2-56)$$

为了保证收敛性能，矩阵应为对角占优。因此，通量雅可比矩阵的分裂方式可以选取如下方式：

$$\boldsymbol{A}^{\pm} = \frac{1}{2}(\boldsymbol{A} \pm \chi\sigma_A\boldsymbol{I}), \quad \boldsymbol{B}^{\pm} = \frac{1}{2}(\boldsymbol{B} \pm \chi\sigma_B\boldsymbol{I}), \quad \boldsymbol{C}^{\pm} = \frac{1}{2}(\boldsymbol{C} \pm \chi\sigma_C\boldsymbol{I})$$

式中，σ_A，σ_B，σ_C 为无黏通量雅可比矩阵的谱半径；χ 取值通常不小于1，用来调节计算的稳定性。

对于式（2-56），采用近似 LU 分解可得

$$(\boldsymbol{L} + \boldsymbol{D})\boldsymbol{D}^{-1}(\boldsymbol{D} + \boldsymbol{U})\Delta \boldsymbol{Q} = -\Delta t\boldsymbol{R}^{(n)}_{i,j,k} \qquad (2-57)$$

式中

$$\left.\begin{aligned} \boldsymbol{L} &= -\Delta t(\boldsymbol{A}^+_{i-1,j,k} + \boldsymbol{B}^+_{i,j-1,k} + \boldsymbol{C}^+_{i,j,k-1}) \\ \boldsymbol{D} &= \boldsymbol{I} + \Delta t\chi(\sigma_A + \sigma_B + \sigma_C)_{i,j,k}\boldsymbol{I} \\ \boldsymbol{U} &= \Delta t(\boldsymbol{A}^-_{i+1,j,k} + \boldsymbol{B}^-_{i,j+1,k} + \boldsymbol{C}^-_{i,j,k+1}) \end{aligned}\right\} \qquad (2-58)$$

黏性通量的雅可比矩阵没有齐次线性性质，且较为复杂，因此在一般隐式处理时忽略黏性的影响。为了保证计算的稳定性，LU-SGS方法在三个方向上分别引入了稳定因子 v，其定义如下：

$$v_{\xi} = \frac{2\mu M_{\infty}}{\rho Re}|\nabla\xi|^2, \quad v_{\eta} = \frac{2\mu M_{\infty}}{\rho Re}|\nabla\eta|^2, \quad v_{\zeta} = \frac{2\mu M_{\infty}}{\rho Re}|\nabla\zeta|^2$$

$$(2-59)$$

这样，对角算子 $\boldsymbol{D}$ 被修正为

$$\boldsymbol{D} = \boldsymbol{I} + \Delta t\chi(\sigma_A + \sigma_B + \sigma_C)_{i,j,k}\boldsymbol{I} + 2\Delta t(v_{\xi} + v_{\eta} + v_{\zeta})_{i,j,k}\boldsymbol{I} \qquad (2-60)$$

时间推进时，LU-SGS采用 Gauss-Seidel 方法分为两步进行迭代求解。其计算步骤如下：

$$\Delta \boldsymbol{Q}^*_{i,j,k} = \frac{\{-\Delta t\boldsymbol{R}^{(n)}_{i,j,k} + \Delta t[(\boldsymbol{A}^+ \Delta \boldsymbol{Q}^*)_{i-1,j,k} + (\boldsymbol{B}^+ \Delta \boldsymbol{Q}^*)_{i,j-1,k} + (\boldsymbol{C}^+ \Delta \boldsymbol{Q}^*)_{i,j,k-1}]\}}{1 + \Delta t[\chi(\sigma_A + \sigma_B + \sigma_C) + 2(v_{\xi} + v_{\eta} + v_{\zeta})]_{i,j,k}}$$

$$(2-61)$$

$$\Delta \boldsymbol{Q}_{i,j,k} = \Delta \boldsymbol{Q}^*_{i,j,k} - \frac{\Delta t[(\boldsymbol{A}^- \Delta \boldsymbol{Q})_{i+1,j,k} + (\boldsymbol{B}^- \Delta \boldsymbol{Q})_{i,j+1,k} + (\boldsymbol{C}^- \Delta \boldsymbol{Q})_{i,j,k+1}]}{1 + \Delta t[\chi(\sigma_A + \sigma_B + \sigma_C) + 2(v_{\xi} + v_{\eta} + v_{\zeta})]_{i,j,k}}$$

$$(2-62)$$

$$\boldsymbol{Q}^{(n+1)}_{i,j,k} = \boldsymbol{Q}^{(n)}_{i,j,k} + \Delta \boldsymbol{Q}_{i,j,k} \qquad (2-63)$$

2.4.3 基于 Newton – Krylov 方法的纯隐式时间格式

考虑定常流场,流场解对时间的偏导数应为 0,则有

$$\frac{\partial(V_{i,j,k}\boldsymbol{Q}_{i,j,k})}{\partial t} = \boldsymbol{0} \tag{2-64}$$

式(2-64)可化为

$$\boldsymbol{R}_{i,j,k}(\boldsymbol{Q}) = \boldsymbol{0} \tag{2-65}$$

采用一阶线性化处理,可得

$$\boldsymbol{R}_{i,j,k}(\boldsymbol{Q} + \Delta\boldsymbol{Q}) = \boldsymbol{R}_{i,j,k}(\boldsymbol{Q}) + \left(\frac{\partial\boldsymbol{R}_{i,j,k}(\boldsymbol{Q})}{\partial\boldsymbol{Q}}\right)\Delta\boldsymbol{Q} = \boldsymbol{0} \tag{2-66}$$

化为线性方程的形式为

$$\left(\frac{\partial\boldsymbol{R}_{i,j,k}(\boldsymbol{Q})}{\partial\boldsymbol{Q}}\right)\Delta\boldsymbol{Q} = -\boldsymbol{R}_{i,j,k}(\boldsymbol{Q}) \tag{2-67}$$

采用 Newton 法求解式(2-67),基本公式如下:

$$\left(\frac{\partial\boldsymbol{R}_{i,j,k}(\boldsymbol{Q}^{(n)})}{\partial\boldsymbol{Q}}\right)\Delta\boldsymbol{Q}^{(n)} = -\boldsymbol{R}_{i,j,k}(\boldsymbol{Q}^{(n)})$$

$$\boldsymbol{Q}^{(n+1)} = \boldsymbol{Q}^{(n)} + \Delta\boldsymbol{Q}^{(n)} \tag{2-68}$$

每一次 Newton 步求解的关键在于求解线性方程组:

$$\left(\frac{\partial\boldsymbol{R}_{i,j,k}(\boldsymbol{Q}^{(n)})}{\partial\boldsymbol{Q}}\right)\Delta\boldsymbol{Q}^{(n)} = -\boldsymbol{R}_{i,j,k}(\boldsymbol{Q}^{(n)}) \tag{2-69}$$

对于式(2-69)的求解,采用基于 Krylov 子空间的一种方法——广义最小残量法(general minimum residual, GMRES)[15],与 Newton 法结合形成一种 Newton – Krylov 方法。具体的编程采用了开源程序包 PET – Sc[16]。

GMRES 算法是一种高效的线性方程组迭代求解算法,其基本原理见下述分析:

考虑线性方程组

$$\boldsymbol{Ax} = \boldsymbol{b} \tag{2-70}$$

GMRES 算法通过迭代获得使残差 $\boldsymbol{r}$ 的二范数最小化解向量 $\boldsymbol{x}_m \in \boldsymbol{x}_0 + \boldsymbol{K}_m$,且有

$$\boldsymbol{r} = \boldsymbol{b} - \boldsymbol{Ax}_m \tag{2-71}$$

其中,$\boldsymbol{K}_m$ 为矩阵 $\boldsymbol{A}$ 的 Krylov 子空间的一组基所构成的向量,则有

$$K_m = \mathrm{span}\{\boldsymbol{v}_1, \boldsymbol{Av}_1, \boldsymbol{A}^2\boldsymbol{v}_1, \cdots, \boldsymbol{A}^{m-1}\boldsymbol{v}_1\} \tag{2-72}$$

其中,$\boldsymbol{v}_1$ 为规范化的初始残差,且有

$$\boldsymbol{v}_1 = \frac{\boldsymbol{r}_0}{\|\boldsymbol{r}_0\|_2} = \frac{\boldsymbol{b} - \boldsymbol{Ax}_0}{\|\boldsymbol{b} - \boldsymbol{Ax}_0\|_2} \tag{2-73}$$

其中,$\boldsymbol{x}_0$ 为迭代的初始化解向量(initial guess)。在式(2-69)的线性方程组中,

初始解取为 $\Delta \boldsymbol{Q}^{(0)} = \boldsymbol{0}$。GMRES算法通过 Arnoldi 方法构造解向量,其基本算法步骤如下:

步骤 1:计算 $\boldsymbol{r}_0 = \boldsymbol{b} - \boldsymbol{A} \boldsymbol{x}_0$,$\beta = \parallel \boldsymbol{r}_0 \parallel$,$\boldsymbol{v}_1 = \boldsymbol{r}_0 / \beta$;

步骤 2:定义 $m \times m$ 维上海森堡矩阵 $\boldsymbol{H}_m = \{h_{i,j}\}_{1 \leqslant i \leqslant m, 1 \leqslant j \leqslant m}$ 为

$$\boldsymbol{H}_m = \begin{bmatrix} h_{1,1} & h_{1,2} & \cdots & h_{1,m-1} & h_{1,m} \\ h_{2,1} & h_{2,2} & \cdots & h_{2,m-1} & h_{2,m} \\ 0 & h_{3,2} & \cdots & h_{3,m-1} & h_{3,m} \\ \vdots & \vdots & & \vdots & \vdots \\ 0 & 0 & \cdots & h_{m,m-1} & h_{m,m} \end{bmatrix}, \quad \begin{cases} \boldsymbol{H}_m = \begin{bmatrix} \boldsymbol{H}_m \\ h_{m+1,m} \boldsymbol{e}_m^{\mathrm{T}} \end{bmatrix} \\ \boldsymbol{e}_m^{\mathrm{T}} = \begin{bmatrix} 0 & 0 & \cdots & 1 \end{bmatrix} \in R^m \end{cases}$$

步骤 3:for $j = 1, m$;

步骤 4:for $i = 1, j$;

步骤 5:$h_{i,j} = (\boldsymbol{A} \boldsymbol{v}_j, \boldsymbol{v}_i)$;

步骤 6:$\hat{\boldsymbol{v}}_{j+1} = \boldsymbol{A} \boldsymbol{v}_j - \sum_{i=1}^{j} h_{i,j} \boldsymbol{v}_i$;

步骤 7:$h_{j+1,j} = \parallel \hat{\boldsymbol{v}}_{j+1} \parallel$;

步骤 8:$\boldsymbol{v}_{j+1} = \hat{\boldsymbol{v}}_{j+1} / h_{j+1,j}$;

Arnoldi 算法结束,获得了 Krylov 子空间 $\boldsymbol{K}_m = \mathrm{span}\{\boldsymbol{v}_1, \boldsymbol{A} \boldsymbol{v}_1, \boldsymbol{A}^2 \boldsymbol{v}_1, \cdots, \boldsymbol{A}^{m-1} \boldsymbol{v}_1\}$ 的一组规范正交基 $V_m = \{\boldsymbol{v}_1, \boldsymbol{v}_2, \boldsymbol{v}_3, \cdots, \boldsymbol{v}_m\}$;

步骤 9:$\min \parallel \beta \boldsymbol{e}_1 - \boldsymbol{H}_m \boldsymbol{y}_m \parallel$,w. r. t. $\boldsymbol{y}_m \in R^m$,其中 $\boldsymbol{e}_1 = \begin{bmatrix} 1 & 0 & 0 & \cdots & 0 \end{bmatrix}^{\mathrm{T}} \in R^m$,解出 $\boldsymbol{y}_m$;

步骤 10:$\boldsymbol{x}_m = \boldsymbol{x}_0 + \begin{bmatrix} \boldsymbol{v}_1 & \boldsymbol{A} \boldsymbol{v}_1 & \boldsymbol{A}^2 \boldsymbol{v}_1 & \cdots & \boldsymbol{A}^{m-1} \boldsymbol{v}_1 \end{bmatrix} \boldsymbol{y}_m$;

步骤 11:再启动,判断是否满足 $\boldsymbol{r}_m = \boldsymbol{b} - \boldsymbol{A} \boldsymbol{x}_m \leqslant \varepsilon$。如果不满足,则有

$$\boldsymbol{x}_0 = \boldsymbol{x}_m, \quad \boldsymbol{v}_1 = \boldsymbol{r}_m / \parallel \boldsymbol{r}_m \parallel$$

返回重复进行求解。

GMRES算法中,所有含有系数矩阵 $\boldsymbol{A}$ 的项都以矩阵与向量乘积的形式出现;而在 CFD 方程中,系数矩阵为通量的雅可比矩阵 $\partial \boldsymbol{R}_{i,j,k}(\boldsymbol{Q}) / \partial \boldsymbol{Q}$。计算雅可比矩阵和一向量的乘积,可以通过首先计算矩阵的值然后再计算矩阵与向量的积获得。若设 $\boldsymbol{R}$ 和 $\boldsymbol{Q}$ 的维度均为 n,则这种方法需要首先计算 $n \times n$ 个雅可比矩阵单元的值并存储,再计算 $n \times n$ 次乘法运算与 $n \times (n-1)$ 次加法运算获得矩阵向量乘积。

雅可比矩阵和向量的积可以采用无矩阵方法(matrix-free)获得。考虑到程序代码开发的复杂度,雅可比矩阵和向量积的计算采用另一种方法——有限差分法。

若定义雅可比矩阵 $\boldsymbol{J}$:

$$J = \frac{\partial \boldsymbol{F}(\boldsymbol{x})}{\partial \boldsymbol{x}} \qquad (2-74)$$

则雅可比矩阵和向量 v 的乘积为

$$\boldsymbol{J}\boldsymbol{v} = \frac{\boldsymbol{F}(\boldsymbol{x}+\varepsilon\boldsymbol{v}) - \boldsymbol{R}(\boldsymbol{x})}{\varepsilon} \qquad (2-75)$$

从而针对 CFD 问题的流场残差雅可比矩阵同向量的乘积,有

$$\left(\frac{\partial \boldsymbol{R}(\boldsymbol{Q})}{\partial \boldsymbol{Q}}\right)\boldsymbol{v} = \frac{\boldsymbol{R}(\boldsymbol{Q}+\varepsilon\boldsymbol{v}) - \boldsymbol{R}(\boldsymbol{Q})}{\varepsilon} \qquad (2-76)$$

式中,ε 为一微小扰动量,用来在 v 的方向上对 $\boldsymbol{R}$ 进行扰动。有限差分法的精度对 ε 的取值非常敏感,参考相关文献选取 ε,如下[17]:

$$\varepsilon = \frac{\sqrt{\varepsilon_m}}{\parallel \boldsymbol{v} \parallel_2} \qquad (2-77)$$

式中,ε_m 为机器 0,取值为 1×10^{-16}。采用有限差分法计算雅可比矩阵与向量的积,需要进行 $2 \times n$ 次残差向量 $\boldsymbol{R}$ 计算,进行 n 次减法运算再加上 n 次除法运算,相比于直接计算法,所需要的计算量大大降低了。

Newton 法求解非线性方程可以采用近似 Newton 法(Approximate - Newton)或不精确 Newton 法(Inexact - Newton)。在近似 Newton 法中,流场残差的雅可比矩阵 $\partial \boldsymbol{R}/\partial \boldsymbol{Q}$ 被简化近似处理,一般采用一阶近似,等价于采用欧拉方程的空间离散模板来近似 RANS 的模板。为了保证数值求解的效率,一般需要对近似的雅可比矩阵进行预处理。在不精确 Newton 法中,一般雅可比不进行近似,仍采用二阶。由于雅可比矩阵规模和条件数较大,有时需要更强的预处理才能获得较为理想的收敛性。不精确 Newton 法在非线性方程求解过程中,每一步求解线性方程组时并不需要完全收敛,只要满足一定的容差即可,最终的非线性方程组仍然能够获得收敛。因此在迭代求解式(2-69)的过程中,本节采用了不精确 Newton 法的思路,即在求解每一个 $\Delta \boldsymbol{Q}^{(n)}$ 的过程中,并不需要完全收敛,通常只进行步骤 5 ~ 步骤 10。

此外,Newton 法并非在任一情况下都全局收敛,初始解 $\boldsymbol{Q}^{(0)}$ 必须足够接近精确解才能保证收敛性。一类方法是在式(2-69)中保留伪时间项,增强对角占优性,然后推进求解如下:

$$\left.\begin{aligned} \left(\frac{V_{i,j,k}}{\Delta t}\boldsymbol{I} + \frac{\partial \boldsymbol{R}_{i,j,k}(\boldsymbol{Q}^{(n)})}{\partial \boldsymbol{Q}^{(n)}}\right)\Delta \boldsymbol{Q}^{(n)} = -\boldsymbol{R}_{i,j,k}(\boldsymbol{Q}^{(n)}) \\ \boldsymbol{Q}^{(n+1)} = \boldsymbol{Q}^{(n)} + \Delta \boldsymbol{Q}^{(n)} \end{aligned}\right\} \qquad (2-78)$$

当时间步(常被称为伪时间步)趋近于无穷的时候,就恢复为完全定常的 Newton 法。

GMRES 算法的收敛速度和稳定性受预处理影响很大,合适的预处理能够

显著提高算法的效率和鲁棒性。预处理的基本思想是在原始方程系数矩阵左右两边同时乘以一个矩阵和该矩阵的逆,这种操作分别被称为左预处理(下标 L)和右预处理(下标 R),以式(2-70)为例,左预处理为

$$M_L M_L^{-1} A x = b \qquad (2-79)$$

右预处理为

$$A M_R^{-1} M_R x = b \qquad (2-80)$$

式中,M_L 和 M_R 分别为左预处理矩阵和右预处理矩阵,其需要满足 $A M_R^{-1}$ 或 $M_L^{-1} A$ 为单位矩阵 I 的一个很好的近似。也就是说,M_R^{-1} 或 M_L^{-1} 应该为 A^{-1} 的一个很好的近似,而 M_R 和 M_L 的条件数比 A 小,迭代求解可以获得更好的稳定性和收敛速度。

许多研究者认为预处理矩阵 M_R 或 M_L 应该是 A 的一个很好的近似,但是事实上,预处理成功与否的关键在于 M_R^{-1} 或 M_L^{-1} 是否是 A^{-1} 的一个很好的近似。即使 M_R 或 M_L 很好地近似了 A,并不一定意味着 M_R^{-1} 或 M_L^{-1} 能够很好地近似 A^{-1}。

右预处理的一项优势在于,预处理之后的方程残差和没有经过预处理的方程残差是相同的。这种性质对于基于原始方程残差的迭代终止条件比较重要,因此最终采用了右预处理。由于 GMRES 算法自身的特点,并不需要显式的计算 $A M_R^{-1}$,而只要逐步计算 $M_R^{-1} v_j$ 然后再左乘 A 即可,这样可以避免矩阵和矩阵相乘所带来的大计算量。预处理的 GMRES 算法如下:

步骤 1:计算 $r_0 = b - A x_0$,$\beta = \| r_0 \|$,$v_1 = r_0 / \beta$;

步骤 2:定义 $m \times m$ 维海森堡矩阵 $H_m = \{h_{i,j}\}_{1 \leqslant i \leqslant m, 1 \leqslant j \leqslant m}$ 以及 $\overline{H}_m$;

步骤 3: for $j = 1, m$;

步骤 4:4.1 预处理 $z_j = M_R^{-1} v_j$;

　　　或 4.2 等同于求线性方程组 $M_R z_j = v_j$;

步骤 5:for $i = 1, j$;

步骤 6:$h_{i,j} = (A z_j, v_i)$;

步骤 7:$\hat{v}_{j+1} = A z_j - \sum_{i=1}^{j} h_{i,j} v_i$;

步骤 8:$h_{j+1,j} = \| \hat{v}_{j+1} \|$;

步骤 9:$v_{j+1} = \hat{v}_{j+1} / h_{j+1,j}$;

　　　Arnoldi 算法结束,获得 Krylov 子空间 $K_m = \mathrm{span}\{v_1, A v_1, A^2 v_1, \cdots, A^{m-1} v_1\}$ 的一组规范正交基 $V_m = \{v_1 \quad v_2 \quad v_3 \quad \cdots \quad v_m\}$;

步骤 10:$\min \| \beta e_1 - \overline{H}_m y_m \|$,w. r. t. $y_m \in R^m$,其中 $e_1 = [1 \quad 0 \quad 0 \quad \cdots \quad 0]^T \in R^m$,解出 y_m;

步骤 11:11.1 解 $u_m = M_R^{-1}(V_m y_m)$;

或 11.2 解 $u_m = Z_m y_m$,其中 $Z_m = \{z_1, z_2, \cdots, z_j, \cdots z_m\}$;

步骤 12:$x_m = x_0 + u_m$;

步骤 13:再启动,判断是否满足 $r_m = b - Ax_m \leqslant \varepsilon$。如果不满足,则有

$$x_0 = x_m, v_1 = r_m / \parallel r_m \parallel$$

返回步骤 2 重复进行求解。

注意到步骤 4 中,有

$$z_j = M_R^{-1} v_j \tag{2-81}$$

等同于求解如下线性方程组:

$$M_R z_j = v_j \tag{2-82}$$

因此,步骤 4 实际上有两种处理方法,第一种是构造一个矩阵 M_R,其相对于 A 更容易求逆获得 M_R^{-1},相当于 4.1 步;第二种是采用迭代方法求解式(2-82),相当于 4.2 步。若采用第二种方法,则在步骤 11 中需要采用 11.2 步来计算 u_m。基于此原因,采用了第一种预处理方法,构造 M_R,然后求解 M_R^{-1},使之成为 A^{-1} 的一个比较好的近似。

而根据式(2-76),有

$$\left(\frac{\partial R(Q)}{\partial Q}\right) M_R^{-1} v \approx \frac{R(Q + \varepsilon M_R^{-1} v) - R(Q)}{\varepsilon} \tag{2-83}$$

采用对流场雅可比矩阵 $\partial R / \partial Q$ 的一阶近似来构造 M_R,即对于每个网格单元只考虑周围相邻网格单元对其贡献,在式中舍弃四阶人工黏性项 $D^{(4)}$,只保留二阶人工黏性项 $D^{(2)}$。将二阶人工黏性项中的耗散系数 κ_2 和四阶人工黏性项中的耗散系数 κ_4 相结合,形成混合二阶耗散系数 $\hat{\kappa}_2$:

$$\hat{\kappa}_2 = \kappa_2 + \sigma \kappa_4 \tag{2-84}$$

式中,σ 取值为 5。

设舍弃四阶项之后的雅可比矩阵设为 $\hat{M}_R$。当 $\hat{M}_R$ 构造好之后,继续采用基于块划分的 Additive Schwarz 预处理方法构造 M_R^{-1}:

$$M_R^{-1} = \sum_{k=1}^{s} R_k^{\mathrm{T}} (M_k)^{-1} R_k \tag{2-85}$$

式中,s 为子块的个数;M_k 为经过限制算子运算后仅保留与某一子块对应元素的矩阵,由下式给出:

$$M_k = R_k \hat{M}_R R_k^{\mathrm{T}} \tag{2-86}$$

式中,R_k^{T} 和 R_k 是含块单位阵形式的限制算子,对应每一个子块的运算。各个子块之间允许出现重叠,如图 2-1 所示。

在预处理的 GMRES 算法中,步骤 4 中需要通过下式计算 z_j:

$$z_j = M_R^{-1} v_j \qquad (2-87)$$

式(2-87)需要针对每一个子块按下式进行计算：

$$z_{jk} = [R_k^T (M_k)^{-1} R_k] v_j, \quad k = 1, 2, \cdots, s \qquad (2-88)$$

$$z_j = \sum_{k=1}^{s} z_{jk} \qquad (2-89)$$

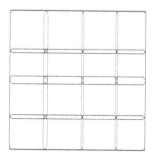

图 2-1　Additive Schwarz 预处理方法示意图

式(2-88)需要计算每一个$(M_k)^{-1}$，由于$\hat{M}_R$本身就仅仅是雅可比矩阵的近似，并且M_R^{-1}也仅仅是$\hat{M}_R$的逆矩阵的近似，因此$(M_k)^{-1}$的计算也可以采用近似方法。本节采用不完全LU分解法(imcomplete LU factorization，ILU)求解其逆矩阵。ILU的基本思路见下式：

$$M_k = \hat{L}\hat{U} - E \qquad (2-90)$$

式(2-90)将矩阵M_k近似分解为矩阵$\hat{L}$和矩阵$\hat{U}$的乘积。其中，E为误差矩阵，$\hat{L}$为一个下三角矩阵，$\hat{U}$为一个上三角矩阵。分解的过程采用高斯消去法。在消去的过程中通过舍弃一些非零元素来保持分解结果和M_k矩阵相似的稀疏性，即仅有与M_k中非零元素的位置相对应的元素在$\hat{L}$和$\hat{U}$中得以保持。在保持与M_k相同的稀疏性的同时，$\hat{L}$和$\hat{U}$中可以在一些M_k中零元位置保留一定的非零元，从而使分解后的$\hat{L}\hat{U}$更接近原矩阵M_k，这些非零元被称为填充(fill-in)。对于是否舍弃消去过程中得到的非零元，采用 fill-in level 的概念，在计算初始，将原矩阵M_k的所有非零元的 level 定为0，消去过程中计算产生的任一非零元

$$m_{i,j} = -m_{i,k} \times m_{k,j} \qquad (2-91)$$

其 fill-in level 由下式确定：

$$\text{level}(m_{i,j}) = \text{level}(m_{i,k}) + \text{level}(m_{k,j}) + 1 \qquad (2-92)$$

将超过 fill-in level 为p的非零元舍弃的 ILU 方法称为 ILU(p)[19]，由此可见 ILU(0)的分解结果和原矩阵M_k具有完全一致的稀疏性。而 fill-in level

越高,分解结果将越稠密,这会导致更大的计算量,但是结果将更精确。具体操作中,进行 ILU 预处理一般采用 ILU(1)或 ILU(2)。在应用预处理技术的时候,并不需要每一步都根据新的解来更新预处理矩阵,一般采用 15～20 步的延迟之后更新预处理矩阵,以防止在迭代中 Newton 法引起的停滞。

2.5 湍流模型

在对雷诺应力的封闭过程中,人们总结出各种假设,并基于经验和半经验的本构关系,形成了两类主要的时均湍流模式:一类为雷诺应力模型,另一类为涡黏性封闭模型。受计算条件的限制,在工程湍流问题中得到广泛应用的是涡黏性封闭模型。下面对比较著名的一方程 SA(Spalart - Allmaras)湍流模型和两方程 SST 湍流模型进行简单介绍。

2.5.1 SA 湍流模型

Spalart 和 Allmaras 从经验和量纲分析出发建立该模型,将诸多航空器外流模拟经验加入 SA 模型,其鲁棒性极好。SA 湍流模型(以下简称"SA 模型")在跨声速情况下精度较高。目前 SA 模型在大部分商业化 CFD 软件中均有集成,其可压缩形式为[20]

$$\frac{\partial \rho \hat{\nu}}{\partial t} + \frac{\partial \rho u_j \hat{\nu}}{\partial x_j} - \rho \left[C_{b_1} (1 - f_{t_2}) \hat{S}\hat{\nu} - \left(C_{w_1} f_w - \frac{C_{b_1}}{\kappa^2} f_{t_2} \right) \left(\frac{\hat{\nu}}{d} \right)^2 + f_{t_1} (\nabla U)^2 \right] =$$

$$\frac{1}{\sigma} \left\{ \frac{\partial}{\partial x_j} \left[\rho (\nu + \hat{\nu}) \frac{\partial \hat{\nu}}{\partial x_j} \right] \right\} + \frac{C_{b_2}}{\sigma} \rho (\nabla \hat{\nu})^2 + \frac{1}{\sigma} (\nu + \hat{\nu}) \nabla \rho \cdot \nabla \hat{\nu}$$

$$(2 - 93)$$

由于运输类航空飞行器一般处于亚声速工况,而且湍流模型大部分情况在于模化近壁面附近附面层流动,因此一般对于该模型采用不可压缩处理:

$$\frac{\partial \hat{\nu}}{\partial t} + u_j \frac{\partial \hat{\nu}}{\partial x_j} = C_{b_1} (1 - f_{t_2}) \hat{S}\hat{\nu} - \left(C_{w_1} f_w - \frac{C_{b_1}}{\kappa^2} f_{t_2} \right) \left(\frac{\hat{\nu}}{d} \right)^2 +$$

$$\frac{1}{\sigma} \left\{ \frac{\partial}{\partial x_j} \left[(\nu + \hat{\nu}) \frac{\partial \hat{\nu}}{\partial x_j} \right] + C_{b_2} \frac{\partial \hat{\nu}}{\partial x_i} \frac{\partial \hat{\nu}}{\partial x_i} \right\} \qquad (2 - 94)$$

对于有限体积法求解器,其积分形式为

$$\frac{\partial}{\partial t} \int_V \hat{\nu} \, dV + \int_S (\hat{\nu}u + \hat{\nu}v + \hat{\nu}w) n \, dS - \int_S \left(\frac{\nu + \hat{\nu}}{\sigma} \right) \left(\frac{\partial \hat{\nu}}{\partial x} i + \frac{\partial \hat{\nu}}{\partial y} j + \frac{\partial \hat{\nu}}{\partial z} k \right) n \, dS =$$

$$\int_V \left[C_{b_1} (1 - f_{t_2}) \hat{S}\hat{\nu} - \left(C_{w_1} f_w - \frac{C_{b_1}}{\kappa^2} f_{t_2} \right) \left(\frac{\hat{\nu}}{d} \right)^2 + C_{b_2} \left(\frac{\partial \hat{\nu}}{\partial x_i} \frac{\partial \hat{\nu}}{\partial x_i} \right) \right] dV$$

$$(2 - 95)$$

SA 模型中的涡黏性系数通过下式计算：

$$\mu_t = \hat{\rho\nu} f_{v_1} \tag{2-96}$$

式中

$$f_{v_1} = \chi^3 / (\chi^3 + C_{v_1}^3) \tag{2-97}$$

$$\chi = \hat{\nu} / \nu \tag{2-98}$$

$$C_{v_1} = 7.1 \tag{2-99}$$

式中，ρ 为密度；$\nu = \mu/\rho$ 为分子运动黏度；而 μ 为动力黏度。

标准 SA 模型的生成项定义 $\hat{S}$ 为

$$\hat{S} = \Omega + \frac{\hat{\nu}}{\kappa^2 d^2} f_{v_2} \tag{2-100}$$

式中

$$\Omega = \sqrt{2\boldsymbol{W} \cdot \boldsymbol{W}}$$

$$\boldsymbol{W} = \frac{1}{2}\boldsymbol{\omega} = \frac{1}{2}\left(\frac{\partial w}{\partial y} - \frac{\partial v}{\partial z}\right)\boldsymbol{i} + \frac{1}{2}\left(\frac{\partial u}{\partial z} - \frac{\partial w}{\partial x}\right)\boldsymbol{j} + \frac{1}{2}\left(\frac{\partial v}{\partial x} - \frac{\partial u}{\partial y}\right)\boldsymbol{k}$$

也即

$$\hat{S} = \left\{\frac{1}{2}\left[\left(\frac{\partial w}{\partial y} - \frac{\partial v}{\partial z}\right)^2 + \left(\frac{\partial u}{\partial z} - \frac{\partial w}{\partial x}\right)^2 + \left(\frac{\partial v}{\partial x} - \frac{\partial u}{\partial y}\right)^2\right]\right\}^{\frac{1}{2}} + \frac{\hat{\nu}}{\kappa^2 d^2} f_{v_2} \tag{2-101}$$

其余的中间变量为

$$f_w = g\left[\frac{1 + C_{w_3}^6}{g^6 + C_{w_3}^6}\right]^{\frac{1}{6}} = \left[\frac{g^6 + C_{w_3}^{-6}}{1 + C_{w_3}^{-6}}\right]^{-\frac{1}{6}} \tag{2-102}$$

$$g = r + C_{w_2}(r^6 - r) \tag{2-103}$$

$$r = \min\left(\frac{\hat{\nu}}{\hat{S}\kappa^2 d^2}, 10\right) \tag{2-104}$$

$$f_{t_2} = C_{t_3} \exp(-C_{t_4} \chi^2) \tag{2-105}$$

$$f_{v_2} = 1 - \frac{\chi}{1 + \chi f_{v_1}} \tag{2-106}$$

边界条件为

$$\hat{\nu}_{\text{wall}} = 0, \quad \hat{\nu}_{\text{farfield}} = [3\nu_\infty, 5\nu_\infty] \tag{2-107}$$

常数项为

$$\left. \begin{array}{l} C_{b_1} = 0.1355, \quad C_{b_2} = 0.622, \quad \sigma = \frac{2}{3}, \quad \kappa = 0.41 \\[2mm] C_{w_2} = 0.3, \quad C_{w_3} = 2.0, \quad C_{w_1} = \frac{C_{b_1}}{\kappa^2} + \frac{(1 + C_{b_2})}{\sigma} \\[2mm] C_{v_1} = 7.1, \quad C_{t_3} = 1.2, \quad C_{t_4} = 0.5 \end{array} \right\} \tag{2-108}$$

2.5.2　SST 湍流模型

SST 湍流模型(以下简称"SST 模型")结合了近壁面附近 $K-\omega$ 模型的稳定性和边界层外缘 $K-\varepsilon$ 模型的独立性,能够很好地预测雷诺应力在具有逆压梯度的边界层的内输运过程,故 SST 模型能更好地预测逆压梯度和边界层分离[21]。但是由于开关函数中需计算到壁面的最小距离,这在一定程度上增加了求解 SST 模型的难度。SST 模型引入"开关函数"F_1,将 $K-\omega$ 和 $K-\varepsilon$ 模型结合起来,构成以下表达式:

$$\frac{\partial K}{\partial t}+U_j\frac{\partial K}{\partial x_j}=\frac{1}{\rho}P_K-\beta^* K\omega+\frac{1}{\rho}\frac{\partial}{\partial x_j}\left[\left(\mu+\frac{\mu_t}{\sigma_K}\right)\frac{\partial K}{\partial x_j}\right] \quad (2-109)$$

$$\frac{\partial\omega}{\partial t}+U_j\frac{\partial\omega}{\partial x_j}=\frac{1}{\rho}P_\omega-\beta\omega^2+\frac{1}{\rho}\frac{\partial}{\partial x_j}\left[\left(\mu+\frac{\mu_t}{\sigma_\omega}\right)\frac{\partial\omega}{\partial x_j}\right]+$$
$$2(1-F_1)\sigma_{\omega_2}\frac{1}{\omega}\frac{\partial K}{\partial x_j}\frac{\partial\omega}{\partial x_j} \quad (2-110)$$

式中,P_K,P_ω 与 Wilcox $K-\omega$ 模型的表达式一样。

如果用湍流模式的一般形式表示,令 X 分别等于 K 和 ω,则湍动能 K 以及比耗散率 ω 的产生项表达如下:

$$S_{P,K}=\frac{1}{\rho}\mu_t\Omega^2 \quad (2-111)$$

$$S_{P,\omega}=\gamma\Omega^2 \quad (2-112)$$

湍动能 K 以及比耗散率 ω 的耗散项表达如下:

$$S_{D,K}=-\beta^* K\omega \quad (2-113)$$

$$S_{D,\omega}=-\beta\omega^2+2(1-F_1)\sigma_{\omega_2}\frac{1}{\omega}\frac{\partial K}{\partial x_j}\frac{\partial\omega}{\partial x_j} \quad (2-114)$$

湍动能 K 以及比耗散率 ω 的扩散项表达如下:

$$D_K=\frac{1}{\rho}\frac{\partial}{\partial x_j}\left[\left(\mu+\frac{\mu_t}{\sigma_K}\right)\frac{\partial K}{\partial x_j}\right] \quad (2-115)$$

$$D_\omega=\frac{1}{\rho}\frac{\partial}{\partial x_j}\left[\left(\mu+\frac{\mu_t}{\sigma_\omega}\right)\frac{\partial\omega}{\partial x_j}\right] \quad (2-116)$$

SST 模型在近壁面区域趋于 $K-\omega$ 模型,因此 F_1 在近壁面区域趋近于 1;在远离壁面的区域趋近于 $K-\varepsilon$ 模型,因此 F_1 在远离壁面时趋近于 0。用 φ_1 表示原始 $K-\omega$ 模型中的常数,用 φ_2 表示转化的 $K-\varepsilon$ 模型中的常数,则 SST 模型中的常数 φ 可表示为

$$\varphi=F_1\varphi_1+(1-F_1)\varphi_2 \quad (2-117)$$

而前面所谈到的将开关函数 F_1 构造为壁面距离的函数,表达式如下:

$$F_1 = \tanh(\arg_1^4) \qquad (2-118)$$

$$\arg_1 = \min\left[\max(\arg_{1a}, \arg_{1b}), \arg_{1c}\right] \qquad (2-119)$$

$$\arg_{1a} = \sqrt{K}/(0.09\omega y) \qquad (2-120)$$

$$\arg_{1b} = 500\mu_l/(\rho\omega y^2) \qquad (2-121)$$

$$\arg_{1c} = 4\rho K\sigma_{\omega 2}/(CD_{K\omega} y^2) \qquad (2-122)$$

$$CD_{K\omega} = \max\left(\frac{2\bar{\rho}\sigma_{\omega 2}}{\omega}\frac{\partial K}{\partial x_i}\frac{\partial \omega}{\partial x_i}, 10^{-20}\right) \qquad (2-123)$$

2.6 边 界 条 件

2.6.1 远场边界条件

对于超声速流动,入流或出流边界依据法向速度的正负判定。离散区域的流入值通过自由来流确定,流出值则由流场内外插得到;但对于亚声速或跨声速流动,流入值与流出值采用黎曼不变量处理,应用局部一维黎曼不变量关系式,沿远场边界法向确定远场边界物理量。远场边界外侧自由来流黎曼不变量 R_∞ 可表示为

$$R_\infty = \boldsymbol{q}_\infty \cdot \boldsymbol{n} - \frac{2a_\infty}{\gamma_g - 1} \qquad (2-124)$$

远场边界内侧的黎曼不变量 R_{inner} 可通过外插得到

$$R_{\text{inner}} = \boldsymbol{q}_{\text{inner}} \cdot \boldsymbol{n} - \frac{2a_{\text{inner}}}{\gamma_g - 1} \qquad (2-125)$$

在远场边界上,法向速度分量和声速可表示为

$$\boldsymbol{q}_{\text{inner}} \cdot \boldsymbol{n} = \frac{R_\infty + R_{\text{inner}}}{2}, \quad a = \frac{(1-\gamma_g)(R_\infty - R_{\text{inner}})}{4} \qquad (2-126)$$

远场边界上的切向速度分量,在流入边界取自由来流值,流出边界由场内外插获得。

2.6.2 壁面边界条件及对称边界条件

对于黏性流动,壁面采用给定无滑移速度条件,即 $u_w = v_w = w_w = 0$。壁面温度为等温($T = T_w$)或绝热($\partial T/\partial n|_w = 0$)条件。在湍流脉动能 k_w 和湍动能比耗散率 w_w 的壁面边界处,有

$$k_w = 0, \quad w_w = \frac{60\mu_1}{\rho_1\beta(d_1)^2} \qquad (2-127)$$

式中,下标"1"表示与壁面相邻的第一层网格控制体;d 表示距壁面最近距离;β

为模式常数,取 0.075。

对称边界上,法向速度分量绝对值相等、方向相反,切向速度相等,其余变量相等。

2.6.3 对接边界条件

对接边界是指由于多块网格分区连通而形成的边界,此类边界条件没有真实的物理意义,处理时应首先根据网格拓扑关系,确定对接面两侧网格单元的对应关系,然后采用虚拟网格技术实现相邻区域在边界上的物理量传递,保证通量守恒。

2.7 本 章 小 结

本章给出了具体的流动控制方程(N－S方程)的微分形式。在流动控制方程的空间离散方面,从重构方法和通量格式两方面展开了论述,其中在重构方法方面重点论述二阶 MUSCL 和五阶 WENO 两种方法,通量格式方面论述了 Roe、FVS 以及 AUSMPW 类计算格式;在时间推进方法方面,介绍了广泛应用的显式 Runge－Kutta 格式、LU－SGS 隐式时间推进格式以及基于 Newton－Krylov 方法的纯隐式时间格式;湍流模拟方法方面,概述了 SA 湍流模型及其 SST 湍流模型;在边界条件方面,给出了远场条件、壁面条件、对称边界条件以及对接边界条件的简要介绍。

参 考 文 献

[1] ANDERSON J D. Fundamentals of Aerodynamics [M]. New York: McGraw Hill Higher Education,2010.

[2] ROE P L. Approximate Riemann solvers, parameter vectors and difference schemes [J]. J Comp Phys, 1981(43):357－372.

[3] STEGER J L, Warming R F. Flux vector splitting of the inviscid gas-dynamics equations with application to finite difference methods [J]. Journal of Computational Physics, 1981,40(2):263－293.

[4] VAN L B. Flux vector splitting for the Euler equations [C]//Eighth International Conference of Numerical Methods in Fluid Dynamics, Lecture Notes in Physics, 1982(170): 507－512.

[5] LIOU M S, Steffen J C. A new flux splitting scheme [J]. Journal of

Computational Physics, 1993(107): 23 - 29.

[6] LIOU M S. A sequal to AUSM: AUSM+ [J]. Journal of Computational Physics, 1996(129): 364 - 382.

[7] VAN L B. Towards the ultimate conservation difference scheme v: a second-order sequal to godunov's method [J]. J Comp Phys, 1979(32): 101 - 136.

[8] HIRSCH C. Numerical computation of internal and external flows: volume 2 [M]. New Jersey: John Wiley & Sons Publish, 1990.

[9] HARTEN A, ENGQUIST B, OSHER S, et al. Unifomrly high-order accurate essentially non-oscillatory schemes Ⅲ [J]. Journal of Computational Physics, 1987(71): 231 - 303.

[10] YU JIAN, YAN CHAO, JIANG ZHENHUA. A hybrid high resolution low dissipation scheme for compressible flows [J]. Chinese Journal of Aeronautics.

[11] SHERRIE L K, ROBERT T B, CHRISTOPHER L R. CFL3D USER' S Manual [R]. Washington: NASA, 1998.

[12] NICOLS R H, TRAMEL R W, BUNNING P G. Evaluation of two high - order weighted essentially non - oscillatory schemes[J]. AIAA Journal, 2008, 46(12): 3090 - 3102.

[13] JIANG G S, Shu C W. Efficient implementation of weighted ENO schemes [J]. Journal of Computational Physics,1996(126): 202 - 228.

[14] YOON S, JAMESON A. Low-upper Gauss-Sediel method for the Euler and Navier - Stokes equations [J]. AIAA Journal, 1988(9): 26.

[15] SAAD Y, SCHULTZ M H. GMRES: A generalized minimal residual algorithm for solving nonsymmetric linear systems[J]. SIAM Journal on Scientific and Statistical Computing, 1986, 7(3): 856 - 869.

[16] BALAY S, GROPP W, MCINNES L C, et al. PETSc, the portable, extensible toolkit for scientific computation [J]. Argonne National Laboratory, 1998(2): 17.

[17] PUEYO A. An efficient Newton-Krylov method for the Euler and Navier - Stokes equations[D]. Toronto: University of Toronto, 1998.

[18] KENWAY G K W. A Scalable, Parallel Approach for Multi - Point, High - Fidelity Aerostructural Optimization of Aircraft Configurations [D]. Toronto: University of Toronto, 2013.

[19]　MEIJERINK J A，VAN DER VORST H A. An iterative solution
method for linear systems of which the coefficient matrix is a
symmetric M-matrix[J]. Mathematics of Computation,31(137):148 –
162.

[20]　ALLMARAS S R, JOHNSON F T. Modifications and clarifications for
the implementation of the spalart – allmaras turbulence model[C]//
Seventh International Conference on Computational Fluid Dynamics
(ICCFD7), 2012: 1 – 11.

[21]　METER F. Zonal two equation k – ω turbulence models for
aerodynamic flows [R]. AIAA Paper 93 – 2906,1993.

第 3 章
转捩预测理论与方法

3.1 引 言

在大型客机气动减阻设计领域,自然/混合层流流动控制逐渐成为气动减阻设计研究的重要分支。相比于全湍流状态,大型客机表面维持较大面积的层流会显著减小摩擦阻力、降低气动噪声。此外,边界层层流-湍流和分离-转捩是大型客机表面主要流动状态,是影响大型客机减阻设计的重要因素之一。因此,对大型客机表面转捩的准确预测对现代大型客机减阻设计具有重要意义。本章将列举大型客机续航阶段可能出现的转捩机制,对几种典型的转捩预测模型进行理论介绍,着重阐述以线性稳定性理论为代表的转捩预测方法的原理及应用。

3.2 转 捩 机 制

转捩是一个包含各种尺度的高度非线性的流动现象。转捩的影响因素很多,主要包含自由来流湍流度、压力梯度、当地后掠角、壁面粗糙度、壁面曲率及壁面抽吸等。大型客机气动设计过程中涉及典型的三维层流转捩机制主要包含前缘附着线转捩,TS 波失稳,CF 涡不稳定性诱导转捩,Görlter 涡转捩,分离流诱导转捩。图 3-1(a)为不同弦向位置处占主导作用的转捩机制示意图,图 3-1(b)给出了流向和横向的速度型。

1. 前缘附着线转捩

前缘附着线(见图 3-2)一般是指由于机身将湍流传播到机翼前缘,大的机翼前缘后掠角以及大的前缘半径会降低附着线转捩发生的雷诺数阈值。当机翼前缘发生了附着线转捩,整个机翼将会呈现全湍流状态,因此此在进行转捩稳定性的分析前,需要判断前缘是否发生了附着线转捩。附着线转捩的参数 $\bar{R}$ 定义为

$$\bar{R} = W_e \Big/ \sqrt{v\left(\frac{\partial U_e}{\partial X}\right)_{X_a}} \qquad (3-1)$$

式中,v 代表运动黏度;X_a 代表前缘附着线;W_e 代表展向的流速;U_e 为流向的速度。该参数与雷诺数、前缘半径以及后掠角相关。当该参数大于 250 ± 20 时,即发生附着线转捩。针对满足边界层相似解的流动,动量厚度雷诺数 Re_θ 与附着线转捩的参数 $\bar{R}$ 的关系式可以表示为

$$Re_\theta = 0.404\bar{R} \qquad\qquad (3-2)$$

因此,可以直接通过驻点附近的动量厚度来判断是否发生附着线转捩。

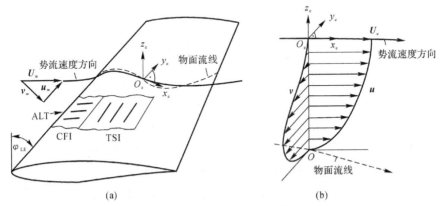

图 3-1　典型三维后掠机翼转捩机制示意图

(注:ALT 表示附着线转捩;CFI 表示 CF 涡失稳;TSI 表示 TS 波失稳)

(a)流线以及不同转捩机制主导区域示意图;

(b)三维流向和横流速度示意图

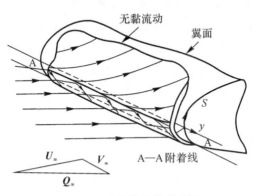

图 3-2　前缘附着线示意图

2. Tollmien - Schilichting 转捩

Tollmien - Schichiting 波(以下简称 TS 波)转捩最先是由 Tollmien 和

Schichiting 发现的,随后 Schubauer 和 Skramstad[1]通过低湍流度风洞实验验证了 TS 波转捩的存在和演化失稳现象。TS 波主要沿着流向发展。在低湍流度条件下,TS 波转捩发展过程如图 3-3 所示,主要发展过程分为层流、线性不稳定扰动、非线性涡干扰、三维涡破裂、湍流斑形成,最终发展成全湍流状态。在不可压流动中,TS 波最大扰动方向在流向方向;而在可压缩的流动中,最大扰动波的方向则与流向流动有一定的角度,一般值为 $40°\sim70°$。大量的飞行试验和风洞试验表明:当机翼的后掠角小于 $20°$ 时,TS 波占主导作用[2]。TS 波扰动影响的主要因素包含压力分布、雷诺数以及构型物面的粗糙度。顺压梯度有利于抑制 TS 波扰动增长,因此,合理地进行翼型设计,可以在翼型中段之前形成一个较长的顺压区来抑制 TS 波,从而推迟转捩。雷诺数越高,越容易达到转捩点的动量厚度雷诺数阈值,从而使得转捩提前发生。物面的不光滑性,可能会提前触发 TS 波转捩,此外,构型表面结冰或者昆虫附着等情况也会触发提前转捩。而当转捩发生时,可以通过吸气控制手段实现再层流化,但相比吸气控制对横流转捩的抑制效果,前者收益相对较小。因此,即便采用吸气控制,也会通过合理的形面设计辅助抑制 TS 波扰动[3]。

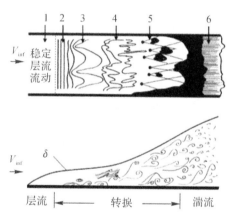

图 3-3　边界层自然层流转捩发展过程

1—稳定的层流状态;　2—出现不稳定扰动波;　3—三维扰动波以及涡的形成;
4—三维涡破裂;　5—湍斑形成;　4—全湍流状态

3.横流不稳定性转捩

在三维流动中,图 3-4 定义了两条流线,一条是边界层外的无黏流线,另一条是物面流线。在驻点处,展向速度不为 0,因而会导致流线沿展向外侧分部。在机翼上游,边界层外的无黏流场、后掠角和压力梯度会使得势流速度的方向朝内。在机翼下游,由于压力恢复,会产生相反的作用。压力梯度方向只与无黏流线方向垂直,切向压力与向心力平衡。在边界层内部,压力不会发生变化,但是向心力因为流线方向的改变不能与压力达到平衡,从而产生"二次流动",定义"二次流动"为横流。因而,三维构型除了沿流向的速度,在势流方向(无黏流向)的法向产生横流速度。横流速度型与流向速度型不同,其在物面和边界层外为0,最大位置在边界层内[见图 3-1(b)],因而存在拐点,这会使得边界层不稳定。横流不稳定性一般是由沿流线方向的横流涡描述的(见图 3-4)。横流涡以及不稳定性最初是由 Gray[4] 发现的,后来 Saric 和 Yeates[5-7] 等人通过试验研究了横流涡的不稳定性发展情况。相比流向速度对流向转捩的影响,横流速度对横流涡的扰动更为敏感。虽然横流速度一般只有流向速度的 1/10,但横流速度的极小改变都会影响横流涡的发展。一般情况下,TS 波扰动在小后掠角(小于 25°)下占主导作用,CF 涡扰动在较大后掠角(大于 25°)下占主导作用,并在前缘发生横流失稳。

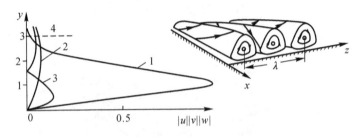

图 3-4 横流驻波结构

1—流向的横流速度型分布; 2—法向的横流速度型分布;
3—展向的横流速度型分布 4—边界层边界

4. Görlter 涡转捩机制

Görlter[8] 涡转捩是 Görlter 第一次发现并定义的。Görlter 涡转捩是由离心力在曲面构型上导致的。当表面是凸曲面时,离心力起到稳定边界层的作用;但是当曲面是凹曲面时,离心力会增加边界层流动的不稳定性。离心力失稳一般在流向会产生一对相反的涡(见图 3-5),该涡会发展并诱导转捩。一般在飞机机翼、尾翼、垂尾等翼面可通过形面控制消除明显的凹曲面,从而避免发生 Görlter 涡转捩。

5. 分离流诱导转捩

当层流边界层发生分离时,分离流的无黏失稳可能会引起分离流的转捩,随后再发生湍流附着,从而形成一个层流分离泡。该类转捩一般发生在具有较强逆压力梯度的区域,层流分离泡的长度由边界层内的转捩长度决定。分离流转捩一般包含了自然层流转捩的所有过程,因此层流分离泡的长度和自由来流湍流度相关。根据层流分离泡对压力分布的影响规律,Mayle[9] 将其分为短分离泡和长分离泡。短分离泡只对当地的局部压力分布有影响,而长分离泡会对整个翼型剖面的压力分布产生较大影响。长分离泡会带来升力的损失以及阻力的突增,使得气动力系数偏离原来的曲线,所以在设计中应避免长分离泡的产生。短分离泡可能会引起层流分离后重新附着为湍流。低雷诺数条件下,攻角变化引起的压力分布形态的变化,可能会使短分离泡发展为长分离泡[9]。当短分离泡突变为长分离泡时,翼型的升、阻特性将会发生很大变化,流动也可能不再为附着流,翼面出现大面积分离。

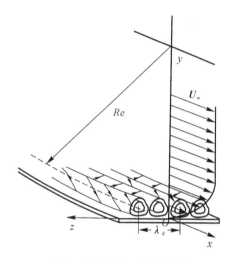

图 3 - 5   Görlter 涡示意图

当翼型前缘半径很小时,层流分离泡可能发生在翼型剖面的前缘。这类分离泡的大小取决于自由来流的湍流度、翼型前缘几何、攻角以及雷诺数(影响相对较小)[10]。前缘分离泡会影响下游的边界层,使边界层厚度增加,翼型抵抗分离的能力降低。

层流分离泡转捩过程如图 3 - 6 所示。在分离泡前部区域,压力基本维持一个常值。在层流分离泡内部,边界层速度型拐点带来的不稳定性会持续发展,最终诱导层流转捩,发展成全湍流。一般情况下,层流分离泡的转捩位置介于分离点和湍流附着点之间。

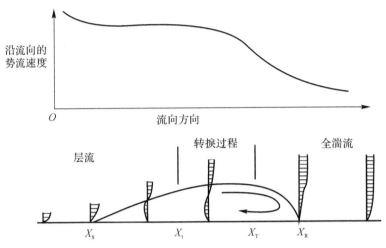

图 3-6　层流分离泡转捩过程示意图

X_S 下标 S 表示 separation(分离点)；　x_t 下标 t 表示 transition(转捩)；

x_T 下标 T 表示 turbulent(涡流)；　x_R 下标 R 表示 reattach(再附着)

3.3　$\gamma - \widetilde{Re}_{\theta t}$ 输运方程转捩预测方法

$\gamma - \widetilde{Re}_{\theta t}$ 输运方程是由 Langtry 和 Menter 提出的[10]，它完全依赖于当地变量，适用于大规模复杂构型的并行计算。该模型主要基于两个理论：①边界层特性与转捩的经验关系式标定；②层流到湍流状态的转捩状态变量。

3.3.1　边界层相似性解模型

边界层转捩建模过程中转捩判据是最关键的部分。转捩判据则需要根据对边界层名义厚度、位移厚度以及动量厚度等参数积分获得的非当地边界层数据建立。为了能够适应现代流体力学设计计算的大规模并行需求，需要建立流场当地变量和非当地变量之间的关联，从而实现非当地变量的当地化求解。虽然边界层相似性解为解决该问题提供了很多途径，但是仍然需要精确求解边界层的相似性解[11]。

1. Falkner - Skan 模型

当边界层方程具有相似性解时，挑选合适的物理量对边界层内流速分布 $u(x,y)$ 无量纲化之后，任意 x 位置处流速分布图形 $\dfrac{u(x,y)}{U(x)} = F(\eta)$ 均相同。

平板边界层和绕过楔形物体驻点附近的流动都存在相似性解,现以不可压二维平板边界层恒定流动的边界层微分方程为例[12]:

$$u \frac{\partial u}{\partial x} + v \frac{\partial v}{\partial y} = U \frac{\mathrm{d}U}{\mathrm{d}x} + v \frac{\partial^2 u}{\partial y^2} \tag{3-3}$$

$$\frac{\partial u}{\partial x} + \frac{\partial v}{\partial y} = 0 \tag{3-4}$$

边界条件为

$$\left. \begin{array}{l} y = 0, \quad u = v = 0 \\ y = \infty, \quad u = U \end{array} \right\} \tag{3-5}$$

上述方程中,x 和 y 分别沿平板流动方向和垂直平板物面方向,u 和 v 则分别为流向速度和壁面法向速度,$U = U(x)$ 为 x 点处壁面势流流速。引进流函数 $\varphi(x,y) = U(x)g(x)f(\eta)$,无量纲化壁面距离 $\eta = \dfrac{y}{g(x)}$。经过推导[13],可知当 $U(x) = Cx^m$ 时,边界层方程具有相似性解,其中 C 为常数,x 表示流体沿流动方向的距离。此时流速分布函数 $f(\eta)$ 则满足下式:

$$f''' + ff'' + \beta_H (1 - f'^2) = 0 \tag{3-6}$$

边界条件为

$$\left. \begin{array}{l} \eta = 0, \quad f(0) = f'(0) = 0 \\ \eta = \infty, \quad f'(\infty) = 1 \end{array} \right\} \tag{3-7}$$

这个方程称为 Falkner – Skan(FS)方程,其解为层流相似速度型,不同压力梯度下的解如图 3-7 所示。其中,相似变量如下:

$$\eta = \frac{y}{g} = y \sqrt{\frac{m+1}{2} \frac{U}{vx}}, \quad m = \frac{\beta_H}{2\alpha - \beta_H}$$

式中,β_H 是压力梯度,$\beta_H > 0$ 时为顺压力梯度,$\beta_H = 0$ 时为零压力梯度,$\beta_H < 0$ 时为逆压力梯度。β_H 的取值范围为 $-0.198\,84 \leqslant \beta_H \leqslant 2.0$。

2. Falkner – Skan – Cooke 模型

基于二维边界层相似性解方程,Cooke 等人将其拓展到三维边界层,即 Falkner – Skan – Cooke equation(简称 FSC 方程)[14]。该方程的二维边界层方程沿垂直前缘线的弦向方向,拓展的 Cooke 方程则是沿前缘线的展向方向,该方程的详细推导可以参考文献[14],具体表达式如下:

$$f''' + f\ f'' + \beta_H (1 - f'^2) = 0 \tag{3-8}$$

$$g'' + fg' = 0 \tag{3-9}$$

边界条件为

$$f(0) = f'(0) = g(0) = 0, \quad f'(\infty) = g(\infty) = 1 \tag{3-10}$$

FSC 方程新引进沿展向的速度分布函数 $g(\eta)=\dfrac{W_s}{W_{s,\infty}}$，当 $\eta \to \infty$ 时，则 $W_s = W_{s,\infty}$。其中

$$\beta_H = \frac{2m}{m+1}, \qquad \eta = y\sqrt{\frac{m+1}{2}\frac{U}{vx_c}} \qquad (3-11)$$

式中，x_c 是沿垂直前缘线的弦向方向距离前缘线的长度。垂直前缘的弦向速度为 $U_{c,e}=C(x_c)^m$，几何后掠角为 φ_{sweep}，当地后掠角用 φ 表示，用边界层势流速度 U_e 作为边界层边缘速度和无量纲化的参数，而垂直前缘方向和展向的势流边界速度分别为 $U_{c,e}=U_e\cos\varphi$ 和 $W_{s,e}=U_e\sin\varphi$，又因为速度型可以表述为

$$\frac{U_c}{U_{c,e}}=f'(\eta), \qquad \frac{W_s}{W_{s,e}}=g(\eta) \qquad (3-12)$$

所以可得

$$U_c = f'(\eta)U_e\cos\varphi, \qquad W_s = g(\eta)U_e\sin\varphi$$

因此可得笛卡尔坐标系下沿流向和横向的速度分量：

$$U = U_c\cos\varphi + W_s\sin\varphi = U_e\left[f'(\eta)\cos^2\varphi + g(\eta)\sin^2\varphi\right] \qquad (3-13)$$

$$W = -U_c\sin\varphi + W_s\cos\varphi = U_e\left[-f'(\eta) + g(\eta)\right]\sin\varphi\cos\varphi \qquad (3-14)$$

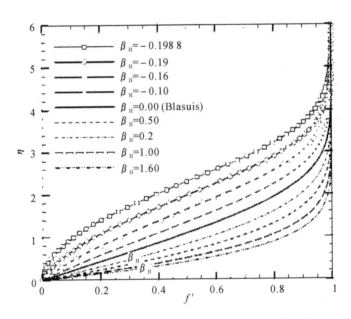

图 3-7　不同压力梯度下 FS 层流边界层相似速度型分布

因此，FSC 方程的解在笛卡尔坐标系下的无量纲表达式如下：

$$U(\eta) = \frac{U}{U_e} = f'(\eta) \cos^2\varphi + g(\eta) \sin^2\varphi \qquad (3-15)$$

$$W(\eta) = \frac{W}{U_e} = [-f'(\eta) + g(\eta)] \cos\varphi\sin\varphi \qquad (3-16)$$

后掠角为 $45°$ 时,针对四个压力梯度分别求解 FSC 方程,得到 FSC 三维边界层相似性解在笛卡尔坐标系下的速度型分布,如图 3-8 所示。

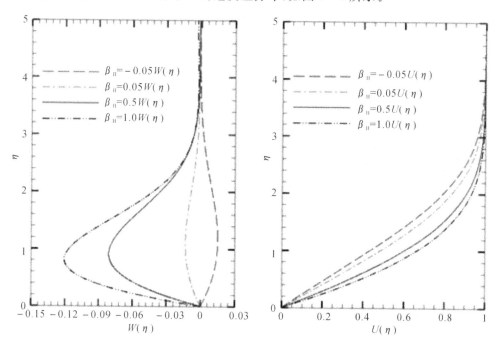

图 3-8　$45°$ 后掠角时 FSC 方程在不同压力梯度下的解

有了层流边界层速度型后,需要指出几个边界层特征厚度雷诺数。边界层位移厚度雷诺数和动量厚度雷诺数的定义分别是 $Re_{\delta 1} = \dfrac{U_e \delta_1}{v_e}$ 和 $Re_\theta = \dfrac{U_e \theta}{v_e}$。其中,$U_e$ 为边界层边缘速度,可以根据等熵关系式和边界层理论中总焓不变关系式获得:

$$\left(\frac{\gamma_H}{\gamma_H - 1}\right)\frac{P_\infty}{\rho_\infty} + \frac{U_\infty^2}{2} = \left(\frac{\gamma_H}{\gamma_H - 1}\right)\frac{P}{\rho_e} + \frac{U_e^2}{2} \qquad (3-17)$$

$$\rho_e = \left(\frac{\rho_\infty^{\gamma_H}}{P_\infty}P\right)^{\frac{1}{\gamma_H}} \qquad (3-18)$$

式中,γ_H 为比热比;$P_\infty, \rho_\infty, U_\infty$ 分别表示来流压力、密度和速度。

3.3.2 间歇因子模型

针对流体形态出现的层流和湍流相间的流动现象,提出间歇因子的概念来描述该特性。间歇因子 γ 的定义:统计时间 T_T 内,湍流脉动出现的时间为 t_T,由此统计出的湍流脉动的概率因子即为间歇因子[13],即

$$\gamma = \frac{t_T}{T_T} \tag{3-19}$$

在层流边界层中,间歇因子为 0;在全湍流区域,间歇因子为 1;在转捩区,间歇因子则为由 0 向 1 转变的过程。

经过对试验数据的分析和拟合,Dhawan 和 Narasimha[15] 在 1958 年提出了间歇因子沿流向的计算公式:

$$\gamma(x) = 1 - \exp\left[-\hat{n}\sigma \ (Re_x - Re_{x_t})^2\right] \tag{3-20}$$

式中,$Re_x = U_\infty x / \nu_\infty$,其中 x 为流向坐标,ν 为运动黏度;$\hat{n}$ 表示无量纲的湍斑生成速率;σ 是 Emmos 参数,用来描述湍斑的传播速度,由湍斑的形态和速度决定。湍斑生成参数的表达式为自由来流湍流度的函数,具体可以表示为

$$\hat{n}\sigma = 1.5 \times 10^{-11} Tu_\infty^{7/4} \tag{3-21}$$

式中,Tu_∞ 表示当地的来流湍流度。

1992 年 Cho 和 Chung 提出了三方程 k-ε-γ 转捩模式[16],对自由剪切流动进行转捩数值模拟,其具体形式见本章参考文献[16]。1996 年 Steelant 和 Dick[17,18] 对近壁边界层 bypass 转捩构造了一个间歇因子输运方程,其方程形式为

$$\frac{\partial(\rho\gamma)}{\partial t} + \frac{\partial(\rho u_j \gamma)}{\partial x_j} = (1-\gamma)\beta(x)\rho\sqrt{u_k u_k} \tag{3-22}$$

式中,$\beta(x) = 2f(x)f'(x)$。其中 $f(x)$ 是描述间歇因子函数 $\hat{n}\sigma \ (Re_x - Re_{x_t})^2$ 中湍斑生成速率等参数的多项式,x_t 为转捩起始位置,则有

$$f(x) = \frac{ax'^4 + bx'^3 + cx'^2 + dx' + e}{h_1 x' + h_2} \tag{3-23}$$

式中,$x' = x - x_t$,$a = 50\sqrt{n\sigma/u}$,$b = -0.4906$,$c = 0.204\sqrt{n\sigma/u}$($n$ 为湍斑生成速率),$d = 0$,$e = 0.04444 \ (n\sigma/u)^{-1.5}$,$h_1 = 50$,$h_2 = 10e$。该模式需要在流场中进行搜索操作,非当地化求解,且只包含了源项和对流项,并未考虑间歇因子的扩散作用。

2000 年,Suzen 和 Huang[19] 使用混合函数结合了 Cho 和 Chung,以及 Steelant 和 Dick 模式的优点,提出了新的间歇因子输运方程,具体如下:

$$\frac{\partial(\rho\gamma)}{\partial t} + \frac{\partial(\rho u_j \gamma)}{\partial x_j} = (1-\gamma)\left[(1-F)T_0 + F(T_1 - T_2)\right] + T_3 +$$

$$\frac{\partial}{\partial x_j}\left\{\left[(1-\gamma)\gamma\sigma_{\gamma_L}\mu+(1-\gamma)\gamma\sigma_{\gamma_T}\mu_T\right]\frac{\partial\gamma}{\partial x_j}\right\} \tag{3-24}$$

式中,$F=\tanh^4\left[\dfrac{k/(Sv)}{200(1-\gamma^{0.1})^{0.3}}\right]$ 为混合函数;$T_0=C_0\rho\sqrt{u_ku_k}\beta(x)$,$\beta(x)=2f(x)f'(x)$ 等参数均来自 Steelant 和 Dick 模式。参数 T_1,T_2 和 T_3 均来自于 Cho 和 Chung 的模式:

$$\left.\begin{aligned}T_1&=\frac{C_1\gamma}{k}\tau_{ij}\frac{\partial u_i}{\partial x_j}\\[2mm]T_2&=C_2\gamma\rho\frac{\sqrt{k}}{\beta^*\omega}\frac{u_i}{\sqrt{u_ku_k}}\frac{\partial u_i}{\partial x_j}\frac{\partial\gamma}{\partial x_j}\\[2mm]T_3&=C_3\rho\frac{k}{\beta^*\omega}\frac{\partial\gamma}{\partial x_j}\frac{\partial\gamma}{\partial x_j}\end{aligned}\right\} \tag{3-25}$$

模式系数详见本章参考文献[19],该模式为后续的间歇因子方程构造提供了良好的平台,具有重要意义。

3.3.3 $\gamma\text{-}\widetilde{Re}_{\theta t}$ 输运方程及其发展

关于经验关系式,需要提到 Mayle 等人 1991 年提出的转捩动量损失厚度雷诺数与来流湍流度的关系式:

$$Re_{\theta t}=400Tu_e^{-5/8} \tag{3-26}$$

该关系式对大量的高品质零压力梯度平板试验数据进行拟合,在转捩经验关系式研究初期具有重要意义,其中 Tu_e 为边界层边缘的来流湍流度。针对顺压梯度和逆压梯度工况,Abu-Ghannam 和 Shaw[20] 总结了大量的试验数据,给出了不同压力梯度、不同湍流度下的转捩动量损失厚度雷诺数的表达式:

$$Re_{\theta t}=163+\exp\left(F(\lambda_\theta)-\frac{F(\lambda_\theta)Tu_e}{6.91}\right) \tag{3-27}$$

$$F(\lambda_\theta)=\begin{cases}6.91+12.75\lambda_\theta+63.64\lambda_\theta^2, & \lambda_\theta<0\\6.91+2.48\lambda_\theta-12.27\lambda_\theta^2, & \lambda_\theta\geqslant0\end{cases} \tag{3-28}$$

式中,λ_θ 为 Thwaites 压力梯度因子,定义为 $\lambda_\theta=\dfrac{\theta^2}{v_\infty}\dfrac{\mathrm{d}U_\infty}{\mathrm{d}x}$,该因子小于 0 时为逆压梯度,大于 0 时为顺压梯度,其取值范围为 $[-0.1,0.1]$。

Langtry 和 Menter[21] 则在前人研究的基础上,再次对这些试验数据进行拟合,得到转捩动量厚度雷诺数与压力梯度 λ_θ 和边界层边缘处湍流度 Tu 的函数关系:

$$Re_{\theta t}=\begin{cases}\left(1\,173.51-589.428Tu+\dfrac{0.219\,6}{Tu^2}\right)F(\lambda_\theta), & Tu\leqslant1.3\\331.5(Tu-0.565\,8)^{-0.671}F(\lambda_\theta), & Tu>1.3\end{cases}$$

$$\tag{3-29}$$

$$F(\lambda_\theta) = \begin{cases} 1 - (-12.986\lambda_\theta - 123.66\lambda_\theta^2 - 405.689\lambda_\theta^3)e^{-\left(\frac{Tu}{1.5}\right)^{1.5}}, & \lambda_\theta \leqslant 0 \\ 1 + 0.275(1 - e^{-35.0\lambda_\theta})e^{-\frac{Tu}{0.5}}, & \lambda_\theta > 0 \end{cases}$$

$$(3-30)$$

该经验关系式需要应用到边界层内部的转捩动量厚度雷诺数预测,难度较大。λ_θ 的定义中包含了速度型边缘速度 U_e 和动量损失厚度 θ 这两个非当地的变量,Tu 也是边界层边缘的湍流度,不能使用边界层内部的湍流度来计算,否则是不准确的,而这些变量都可以在边界层外部和边缘进行较为精确的计算,因此如何找到层流边界层的边缘,就成了关键因素。Langtry 在 Menter 为 SST 湍流模型打造的 F_1 混合函数的基础上,发展了更为精确的边界层指示因子:

$$F_{\theta t} = \min\left\{\max\left[F_{\text{wake}}e^{-\left(\frac{y}{\delta}\right)^4}, 1.0 - \left(\frac{\gamma - 1/c_{e2}}{1.0 - 1/c_{e2}}\right)^2\right], 1.0\right\} \quad (3-31)$$

$$F_{\text{wake}} = e^{-\left(\frac{Re_\omega}{10^5}\right)^2} \quad (3-32)$$

该指示因子在边界层内部为 1,在边界层外部为 0。基于此,笔者想出了使用输运方程的形式来在边界层外部计算转捩动量厚度雷诺数,使用边界层指示因子控制源项,在边界层内部关闭源项,只向内扩散和输运,如下式所示:

$$\frac{\partial \widetilde{Re}_{\theta t}}{\partial t} + u_i \frac{\partial \widetilde{Re}_{\theta t}}{\partial x_i} = P_{\theta t} + \frac{1}{\rho}\frac{\partial}{\partial x_i}\left[\sigma_{\theta t}(\mu + \mu_t)\frac{\partial \widetilde{Re}_{\theta t}}{\partial x_i}\right] \quad (3-33)$$

$$P_{\theta t} = c_{\theta t}\frac{\rho}{t}(Re_{\theta t} - \widetilde{Re}_{\theta t})(1.0 - F_{\theta t}) \quad (3-34)$$

其中,动量损失厚度需要使用速度导数分解和迭代求解算法。如此数学处理之后,便可以得到边界层内部由边界层边缘压力梯度和湍流度计算出的当地转捩动量厚度雷诺数 $\widetilde{Re}_{\theta t}$,此时还需要知道当地精确的动量厚度雷诺数,便可以形成转捩判据。经过对边界层相似性解的分析,可以使用如下平板 Blasius 解的结论来近似计算其他压力梯度的解:

$$Re_\theta = \frac{\max(Re_V)}{2.193}$$

式中,Re_V 为涡量雷诺数,$Re_V = \frac{\rho y^2}{\mu}\left|\frac{\partial u}{\partial y}\right| = \frac{\rho y^2}{\mu}S$,其中 y 是到最近壁面的距离。

如此简化也有一定的道理:一方面,不同压力梯度下比值差距不是很大;另一方面,在二维边界层中,顺压梯度时,该比值比 2.193 小,使用 2.193 计算所得的动量厚度雷诺数偏小,与顺压时不易发生转捩的情况相符,而逆压梯度时,该比值比 2.193 大,使用 2.193 计算所得的动量厚度雷诺数偏大,与逆压时较易发生转捩的情况相符。最终转捩判据为

$$F_{\text{onset1}} = \frac{Re_V}{2.193 Re_{\theta c}} \tag{3-35}$$

为了控制转捩的合理触发,引入黏性比函数 R_T 来控制开关函数:

$$\left. \begin{aligned} F_{\text{onset}} &= \max(F_{\text{onset2}} - F_{\text{onset3}}, 0) \\ F_{\text{onset2}} &= \min\left[\max(F_{\text{onset1}}, F_{\text{onset1}}{}^4), 2.0\right] \\ F_{\text{onset3}} &= \max\left[1 - \left(\frac{R_T}{2.5}\right)^3, 0\right] \end{aligned} \right\} \tag{3-36}$$

这些公式即为间歇因子输运方程的触发函数,Langtry 和 Menter 的间歇因子输运方程模式为

$$\frac{\partial \gamma}{\partial t} + u_i \frac{\partial \gamma}{\partial x_i} = P_\gamma - E_\gamma + \frac{1}{\rho} \frac{\partial}{\partial x_i}\left[\left(\mu + \frac{\mu_t}{\sigma_f}\right)\frac{\partial \gamma}{\partial x_i}\right] \tag{3-37}$$

$$P_\gamma = c_{a1} S F_{\text{length}} (F_{\text{onset}} \gamma)^{0.5} (1 - c_{e1} \gamma) \tag{3-38}$$

$$E_\gamma = c_{a2} \rho \Omega F_{\text{turb}} (c_{e2} \gamma - 1) \tag{3-39}$$

式中,F_{length} 函数控制转捩区的长度;$Re_{\theta c}$ 是失稳动量厚度雷诺数。但是在该转捩模式中,经过很多学者[22]和笔者的研究发现,这两个参数并非单纯地各司其职,各自描述各自的特性,而是紧密耦合,互相影响。假设失稳动量厚度雷诺数不变,当 F_{length} 增加时,转捩区会增长,与此同时转捩位置也会提前;如果保持转捩位置固定,增加 F_{length} 需要同时增大失稳动量厚度雷诺数,此时转捩区的长度会减小[22]。Langtry 在 2009 年给出了根据大量试验数据拟合出的经验关系式:

$$Re_{\theta c} = \begin{cases} \widetilde{Re}_{\theta t} - \left[396.035 \times 10^{-2} - (120.656 \times 10^{-4})\widetilde{Re}_{\theta t}\right] + \\ \quad (868.230 \times 10^{-6})\widetilde{Re}_{\theta t}^2 + (-696.506 \times 10^{-9})\widetilde{Re}_{\theta t}^3 + \\ \quad (174.105 \times 10^{-12})\widetilde{Re}_{\theta t}^4, \qquad \widetilde{Re}_{\theta t} \leqslant 1\,870 \\ \widetilde{Re}_{\theta t} - \left[593.11 + (\widetilde{Re}_{\theta t} - 1870.0) \times 0.482\right], \quad \widetilde{Re}_{\theta t} > 1\,870 \end{cases} \tag{3-40}$$

$$F_{\text{length}} = \begin{cases} 398.189 \times 10^{-1} + (-119.270 \times 10^{-4})\widetilde{Re}_{\theta t} + \\ \quad (-132.567 \times 10^{-6})\widetilde{Re}_{\theta t}^2, \qquad \widetilde{Re}_{\theta t} < 400 \\ 263.404 + (-123.939 \times 10^{-2})\widetilde{Re}_{\theta t} + (-194.548 \times 10^{-5})\widetilde{Re}_{\theta t}^2 + \\ \quad (-101.695 \times 10^{-8})\widetilde{Re}_{\theta t}^3, \qquad 400 < \widetilde{Re}_{\theta t} < 596 \\ 0.5 - (\widetilde{Re}_{\theta t} - 596.0 \times 3.0 \times 10^{-4}), \qquad 596 < \widetilde{Re}_{\theta t} < 1\,200 \\ 0.318\,8, \qquad 1\,200 \leqslant \widetilde{Re}_{\theta t} \end{cases} \tag{3-41}$$

由于层流分离泡区域能量耗散较大,在分离泡再附着时需要提高湍流动能

的产生项,以使其完成再附着的数值模拟。需要对间歇因子进行修正,可得修正后的间歇因子 γ_{sep} 为

$$\gamma_{\text{sep}} = \min\left[s_1 \max\left(0, \frac{Re_\nu}{3.235 Re_{\theta c}} - 1\right) F_{\text{reattach}}, 2\right] F_{\theta t} \qquad (3-42)$$

式中

$$F_{\text{reattach}} = e^{-\left(\frac{R_T}{20}\right)^4} \qquad (3-43)$$

定义有效间歇因子 r_{eff} 如下:

$$\gamma_{\text{eff}} = \max(\gamma, \gamma_{\text{sep}}) \qquad (3-44)$$

最后,使用 γ_{eff} 控制 Menter $k-\omega$ SST 湍流模型中的湍动能源项:

$$\left.\begin{aligned}
&\frac{\partial}{\partial t}(\rho k) + \frac{\partial}{\partial x_j}(\rho u_j k) = \widetilde{P_k} - \widetilde{D_k} + \frac{\partial}{\partial x_j}\left[(\mu + \sigma_k \mu_t)\frac{\partial k}{\partial x_j}\right] \\
&\frac{\partial}{\partial t}(\rho \omega) + \frac{\partial}{\partial x_j}(\rho u_j \omega) = \alpha \frac{P_k}{v_t} - D_\omega + Cd_\omega + \frac{\partial}{\partial x_j}\left[(\mu + \sigma_k \mu_t)\frac{\partial \omega}{\partial x_j}\right] \\
&\widetilde{P_k} = \gamma_{\text{eff}} P_k \\
&\widetilde{D_k} = \min[\max(\gamma_{\text{eff}}, 0.1), 1.0] D_k
\end{aligned}\right\} \quad (3-45)$$

Langtry 和 Menter 转捩经验关系式构造巧妙、建模合理,在叶轮机械、航空流体计算等领域应用广泛,目前该方法还在进一步研究和改进当中。

之后的几年中,DLR 仿照二维边界层转捩判据的推导思路,基于三维边界层相似性解,发展了使用横流位移厚度雷诺数为核心的转捩判据[23],即

$$\frac{\max(Re_{dW_{\text{crosswise}}/dy})}{Re_{\delta_{2t}}} = f(\beta_H) \qquad (3-46)$$

式中,$Re_{dW_{\text{crosswise}}/dy}$ 为实际横流雷诺数,其定义基于牛顿流体假设,以混掺长度理论为基础,使用流体到物面的距离作为混掺长度假设的特征尺度,则横流雷诺数可以由当地湍流切应力与当地层流切应力的比值表示:

$$\frac{\tau_{\text{turb},z}}{\tau_{\text{lam},z}} = \frac{\rho y^2 \left(\dfrac{dW_{\text{crosswise}}}{dy}\right)^2}{\mu \dfrac{dW_{\text{crosswise}}}{dy}} = \left(\frac{\rho y^2}{\mu} \frac{dW_{\text{crosswise}}}{dy}\right)_{\text{trans}} \qquad (3-47)$$

该表达式可以类比涡量雷诺数的表达式来进行分析。其中 y 是流体单元到物面的最小距离,沿 y 向的导数是指沿着壁面法向求导。β_H 为 Hartree 压力梯度参数,该压力梯度沿垂直前缘方向分布,求解方法如下:

$$\beta_H = \frac{2m}{m+1} = \left(\frac{1}{2} - \frac{1 - C_p}{x_c \dfrac{dC_p}{dx_c}}\right)^{-1} \qquad (3-48)$$

式中,C_p 是压力系数。

由此构建针对横流不稳定性转捩的转捩开关函数 $F_{\text{onset\_CF}} = \dfrac{Re_{\delta_{2t}}}{Re_{\delta_{2t}}^*}$，临界转捩横流位移厚度雷诺数 $Re_{\delta_{2t}}^*$ 使用法宇航的 C1 准则[24-25]。

后来，韩国研究人员 Choi 和 Kwon[26] 使用势流方向的涡量分量构建雷诺数作为转捩判据核心参数，通过 FSC 方程计算出其比值函数；压力梯度的求解也使用曲面函数进行计算，最后重新标定了横流主导时的间歇因子方程转捩长度函数和失稳雷诺数函数，从而将其发展至任意三维构型计算，且取得了较高的精度。

2015 年，Langtry[27] 在 AIAA 会议上提出自己的横流驻涡不稳定性转捩经验关系式，首先构建了流向涡量 $\Omega_{\text{streamwise}}$ 计算公式：

$$\Omega_{\text{streamwise}} = \left| U_0 \cdot \Omega \right| \qquad (3-49)$$

式中，涡量 Ω 单位速度矢量的求解如下：

$$\Omega = \nabla \times U = \begin{vmatrix} i & j & k \\ \dfrac{\partial}{\partial x} & \dfrac{\partial}{\partial y} & \dfrac{\partial}{\partial z} \\ u & v & w \end{vmatrix} = \left(\dfrac{\partial w}{\partial y} - \dfrac{\partial v}{\partial z} \right) i + \left(\dfrac{\partial u}{\partial z} - \dfrac{\partial w}{\partial x} \right) j + \left(\dfrac{\partial v}{\partial x} - \dfrac{\partial u}{\partial y} \right) k$$

$$(3-50)$$

$$U_0 = \begin{bmatrix} \dfrac{u}{U} & \dfrac{v}{U} & \dfrac{w}{U} \end{bmatrix} \qquad (3-51)$$

接着构建无量纲的横流强度因子 $H_{\text{CF}} = \dfrac{y\Omega_{\text{streamwise}}}{U}$，该因子在三维后掠翼层流边界层中部取最值。当后掠角为 0 时，其最大值为 0；当后掠角逐渐增大时，其最大值近似线性增长。因此，该因子可以作为横流强度的指示因子，替代后掠角来描述横流强度。

文献[28]讨论了横流行波不稳定性和驻波不稳定性转捩临界 N 值与壁面粗糙度的关系，在自由来流湍流度较小时，主要关注横流驻涡不稳定性转捩。Langtry 为构造经验关系式，进行了几轮后掠翼的风洞试验，得到如图 3-9 所示的横流驻涡不稳定性转捩临界动量厚度雷诺数与无量纲化粗糙高度的关系式：

$$Re_{\text{SCF}} = \dfrac{\theta_t \rho \left(\dfrac{U}{0.82} \right)}{\mu} = -35.088 Ln\left(\dfrac{h}{\theta_t} \right) + 319.51 + f(+\Delta H_{\text{CF}}) - f(-\Delta H_{\text{CF}})$$

$$(3-52)$$

公式的计算采用牛顿迭代等方法便可快速计算出边界层内部的横流驻涡不稳定性转捩动量损失厚度 θ_t，从而求得边界层内部的临界转捩动量厚度雷诺数

Re_{SCF}。其他参数计算如下：

$$\Delta H_{CF} = H_{CF}\left[1.0 + \min\left(1.0\,\frac{\mu_t}{\mu}, 0.4\right)\right] \qquad (3-53)$$

$$+\Delta H_{CF} = \max(0.106\ 6 - \Delta H_{CF}, 0) \qquad (3-54)$$

$$f(+\Delta H_{CF}) = 6\ 200(+\Delta H_{CF}) + 50\ 000\ (+\Delta H_{CF})^2 \qquad (3-55)$$

$$-\Delta H_{CF} = \max(\Delta H_{CF} - 0.106\ 6, 0) \qquad (3-56)$$

$$f(-\Delta H_{CF}) = 75\tanh\left(\frac{-\Delta H_{CF}}{0.012\ 5}\right) \qquad (3-57)$$

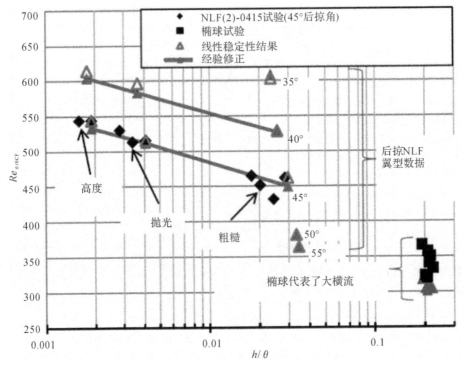

图 3-9　横流驻涡失稳动量厚度雷诺数与粗糙度的关系[27]

　　流向经验关系式主要在边界层外求解，然后输运到边界层内部，横流不稳定性转捩参数在边界层内部有效，并锁定在边界层内部计算，因此二者互不影响，则有

$$\frac{\partial \rho \widetilde{Re}_{\theta t}}{\partial t} + \frac{\partial \rho \widetilde{Re}_{\theta t} u_i}{\partial x_i} = P_{\theta t} + D_{SCF} + \frac{\partial}{\partial x_i}\left[\sigma_{\theta t}(\mu + \mu_t)\frac{\partial \widetilde{Re}_{\theta t}}{\partial x_i}\right] \qquad (3-58)$$

$$D_{SCF} = c_{\theta t}\frac{\rho}{t}c_{CF}\min(Re_{SCF} - \widetilde{Re}_{\theta t}, 0.0)F_{\theta t2} \qquad (3-59)$$

$$F_{\theta t 2} = \min\left[F_{\text{wake}} e^{-\left(\frac{y}{\delta}\right)^4}, 1.0\right] \tag{3-60}$$

$$t = \min\left[\frac{500\mu}{\rho U^2}, \frac{\rho L^2}{(\mu + \mu_t)}\right] \tag{3-61}$$

$$P_{\theta t} = \frac{c_{\theta t}}{t_{\text{scale}}}(Re_{\theta t} - \widetilde{Re}_{\theta t})(1 - F_{\theta t}) \tag{3-62}$$

源项 D_{SCF} 的构造就是为了将横流转捩判据局限在边界层内部,与流向经验关系式并行判断,分区输运。经过编程计算和数值模拟,该转捩模式预测效果较好。

2016 年,DLR 在 Langtry[29] 的思路基础上,构造了螺旋度雷诺数为核心的转捩判据:

$$Re_{\text{He}} = \frac{\rho y^2}{\mu} \frac{|\boldsymbol{U} \cdot \boldsymbol{\Omega}|}{U} \tag{3-63}$$

临界螺旋度雷诺数的经验关系式(见图 3-10)为

$$Re_{\text{He}}^+ = \max(-456.83 H_{12} + 1332.7, 150.0)$$

则形状因子的计算需要重新构造:

$$\lambda^+ = \frac{\rho l^2}{\mu} \frac{\mathrm{d}|\boldsymbol{U}_e|}{\mathrm{d}0} \quad l = \frac{1}{0.6944} \times \frac{2}{15} y \tag{3-64}$$

$$H_{12} = 4.02923 - \sqrt{-8838.4\lambda^{+4} + 1105.1\lambda^{+3} - 67.962\lambda^{+2} + 17.574\lambda^+ + 2.0593} \tag{3-65}$$

其他具体参数参见文献[29],此处不再赘述。

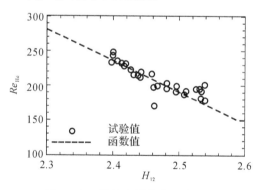

图 3-10　螺旋度雷诺数经验关系

下面将对这两种横流转捩预测方法做一个简单的算例分析,第一个是 NLF(2)-0415 无限展长后掠翼[30],试验条件为来流湍流度 0.09%,45°后掠角,攻角 $-4°$,雷诺数为 $1.9 \times 10^6 \sim 3.8 \times 10^6$。使用同样的网格进行计算,在同样的粗糙度高度下($h_{\text{rms}} = 3.3~\mu\text{m}$),在整个试验中,雷诺数区间内的预测结果对比如

图 3-11 所示;计算得在 $Re=3.72\times10^6$ 状态下,后掠翼上表面的摩擦阻力系数云图如图 3-12 所示。

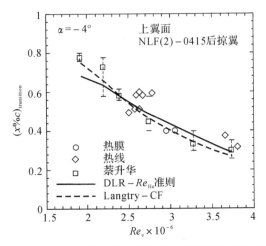

图 3-11　NLF(2)-0415 无限展长后掠翼的转捩预测和实验转捩位置对比

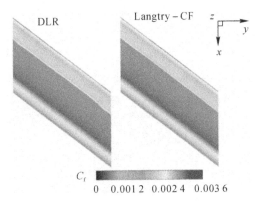

图 3-12　$Re=3.72\times10^6$ 时 DLR 和 Langtry-CF 横流预测模式计算所得摩擦阻力系数云图的对比

　　图 3-13 给出了 $Re=3.72\times10^6$ 状态下两种预测方法的边界层分析,当地螺旋度雷诺数和临界螺旋度雷诺数的对比如图 3-13(a)所示,可看出当地螺旋度雷诺数随着边界层发展的增长过程。而图 3-13(b)给出了边界层内部涡量雷诺数的发展变化云图和横流驻涡不稳定性转捩的临界动量厚度雷诺数,由图可知边界层外部根据流向经验关系式预测所得临界动量厚度雷诺数的数值较大,因此难以发生流向的转捩;而边界层内部由于横流的失稳以及临界动量厚度雷诺数的数值减小,当其小于当地动量厚度雷诺数时(涡量雷诺数可以反映该量

的变化),将触发转捩。

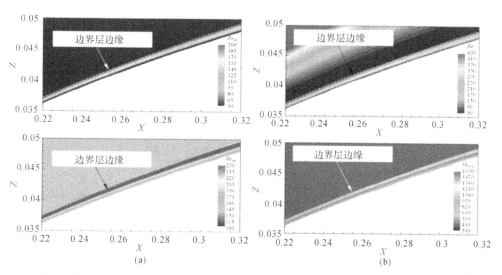

图 3 - 13　$Re＝3.72×10^6$ 时 DLR 和 Langtry - CF 方法计算所得关键流场变量云图
（a）Langtry - CF 横流模式；　（b）DLR - 准则

　　第二个算例是拐折翼,该机翼由 Petzold 和 Radespiel[31-32] 进行了风洞试验,试验来流速度为 55 m/s,来流湍流度为 0.71%,雷诺数为 $2.75×10^6$,迎角为 $-2.6°$,壁面粗糙度为 $9.78\ \mu m$。DLR 的螺旋度雷诺数准则和 Langtry 提出的经验关系式计算所得拐折翼上表面摩擦因数云图如图 3 - 14 所示。可以看出,在与试验数据的吻合方面,Langtry - CF 方法更具有优势。

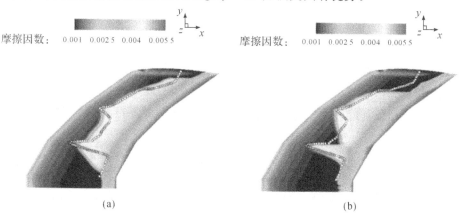

图 3 - 14　两种转捩模式对拐折翼的摩擦因数云图预测结果与试验数据的对比
（a）DLR - 准则；　（b）Langtry - CF 横流模式

尽管基于 $\gamma-\widetilde{Re_{\theta t}}$ 输运方程模型采用了不同的准则进行横流预测,但是这些经验关系式缺乏通用性,并没有在飞机工程应用中得到广泛的使用。但是,$\gamma-\widetilde{Re_{\theta t}}$ 在转捩发展史上有里程碑的意义,它提出的输运方程使得转捩模型完全依赖于当地变量,为后面发展大规模层流机翼优化设计方法提供了可能性。后续,亟待基于输运方程思想,发展出同时可以预测流向和横流转捩并完全基于当地变量的转捩预测方法。

3.4 e^N 方法原理及应用

相比输运方程的局限性,在工程中得到广泛应用的 e^N 方法可以预测常见的 TS 波和 CF 涡诱导的转捩。e^N 方法转捩预测模式主要包含三个部分:边界层信息求解、稳定性分析、转捩位置判断。本书采用求解准三维(包含二维翼型和无限展长后掠翼)的边界层方程来得到边界层速度型、温度、密度、压力及其一次和二次导数等参数。这些参数将作为稳定性分析方法的输入来进行稳定性判断[33]。稳定性分析常用方法主要有线性稳定性理论(linear stability theory,LST)以及线性或者非线性抛物化理论(linear or nonlinear parabolic stability equations,LPSE 或 NPSE)。目前工程上常用的主要是线性稳定性理论。

3.4.1   线性稳定性理论

对于层流边界层,最原始的线性稳定性理论是将流场的非定常变量假设为一个定常的时均流动和一个非定常的扰动,即

$$q(x,y,z,t)=\bar{q}(x,y,z,t)+q^{'}(x,y,z,t) \tag{3-66}$$

其中,(x,y,z) 是笛卡尔或者曲线坐标系,y 方向为物面法向;q 对应的是 (x,y,z) 方向的速度分量 (u,v,w) 以及 p,ρ 或者 T;$\bar{q}$ 为时均变量;$q^{'}(x,y,z,t)$ 为扰动速度变量,一般假设为一个正弦形式的小扰动 $q^{'}$,可以表达为

$$q^{'}(x,y,z,t)=\tilde{q}(y)\,e^{i(\alpha x+\beta y-\omega t)} \tag{3-67}$$

式中,$\tilde{q}$(复变量)仅依赖于法向方向;α 和 β 分别为 x 和 z 方向的波数;ω 为圆频率;t 为时间。当从时间角度分析时,波数 α 和 β 的虚部为 0,即为实数,原频率为复数;当从空间角度分析时,两个波数为复数,原频率为实数。本节将从时间角度来进行分析。原始的 NS 方程可表达为

$$\frac{\partial\rho}{\partial t}+\frac{\partial}{\partial x}(\rho u)+\frac{\partial}{\partial y}(\rho v)+\frac{\partial}{\partial z}(\rho w)=0 \tag{3-68}$$

$$\rho \frac{\mathrm{D}u}{\mathrm{D}t} = -\frac{\partial p}{\partial x} + \frac{\partial}{\partial x}\left[\frac{2}{3}(\lambda - \mu)\left(\frac{\partial u}{\partial x} + \frac{\partial v}{\partial y} + \frac{\partial w}{\partial z}\right)\right] + \frac{\partial}{\partial x}\left(2\mu\frac{\partial u}{\partial x}\right) +$$

$$\frac{\partial}{\partial y}\left[\mu\left(\frac{\partial u}{\partial y} + \frac{\partial v}{\partial x}\right)\right] + \frac{\partial}{\partial z}\left[\mu\left(\frac{\partial u}{\partial z} + \frac{\partial w}{\partial x}\right)\right] \tag{3-69}$$

$$\rho \frac{\mathrm{D}v}{\mathrm{D}t} = -\frac{\partial p}{\partial y} + \frac{\partial}{\partial y}\left[\frac{2}{3}(\lambda - \mu)\left(\frac{\partial u}{\partial x} + \frac{\partial v}{\partial y} + \frac{\partial w}{\partial z}\right)\right] + \frac{\partial}{\partial y}\left(2\mu\frac{\partial v}{\partial y}\right) +$$

$$\frac{\partial}{\partial z}\left[\mu\left(\frac{\partial w}{\partial y} + \frac{\partial v}{\partial z}\right)\right] + \frac{\partial}{\partial x}\left[\mu\left(\frac{\partial u}{\partial y} + \frac{\partial v}{\partial x}\right)\right] \tag{3-70}$$

$$\rho \frac{\mathrm{D}w}{\mathrm{D}t} = -\frac{\partial p}{\partial z} + \frac{\partial}{\partial z}\left[\frac{2}{3}(\lambda - \mu)\left(\frac{\partial u}{\partial x} + \frac{\partial v}{\partial y} + \frac{\partial w}{\partial z}\right)\right] + \frac{\partial}{\partial z}\left(2\mu\frac{\partial w}{\partial z}\right) +$$

$$\frac{\partial}{\partial x}\left[\mu\left(\frac{\partial u}{\partial z} + \frac{\partial w}{\partial x}\right)\right] + \frac{\partial}{\partial y}\left[\mu\left(\frac{\partial v}{\partial z} + \frac{\partial w}{\partial y}\right)\right] \tag{3-71}$$

$$\rho c_v \frac{\mathrm{D}T}{\mathrm{D}t} = \frac{\partial}{\partial x}\left(k\frac{\partial T}{\partial x}\right) + \frac{\partial}{\partial y}\left(k\frac{\partial T}{\partial y}\right) + \frac{\partial}{\partial z}\left(k\frac{\partial T}{\partial z}\right) - p\left(\frac{\partial u}{\partial x} + \frac{\partial v}{\partial y} + \frac{\partial w}{\partial z}\right) +$$

$$\frac{2}{3}(\lambda - \mu)\left(\frac{\partial u}{\partial x} + \frac{\partial v}{\partial y} + \frac{\partial w}{\partial z}\right)^2 + 2\mu\left[\left(\frac{\partial u}{\partial x}\right)^2 + \left(\frac{\partial v}{\partial y}\right)^2 + \left(\frac{\partial w}{\partial z}\right)^2\right] +$$

$$\mu\left(\frac{\partial u}{\partial y} + \frac{\partial v}{\partial x}\right)^2 + \mu\left(\frac{\partial w}{\partial y} + \frac{\partial v}{\partial z}\right)^2 + \mu\left(\frac{\partial w}{\partial x} + \frac{\partial u}{\partial z}\right)^2 \tag{3-72}$$

式中，$\mathrm{D}/\mathrm{D}t$ 代表

$$\frac{\mathrm{D}(\rho)}{\mathrm{D}t} = \frac{\partial(\rho)}{\partial t} + u\frac{\partial(\rho)}{\partial t} + v\frac{\partial(\rho)}{\partial t} + w\frac{\partial(\rho)}{\partial t} = \frac{\partial(\rho)}{\partial t} + \underset{\sim}{V}.\nabla(\rho) \tag{3-73}$$

$$\frac{\mathrm{D}(u)}{\mathrm{D}t} = \frac{\partial(u)}{\partial t} + u\frac{\partial(u)}{\partial t} + v\frac{\partial(u)}{\partial t} + w\frac{\partial(u)}{\partial t} = \frac{\partial(u)}{\partial t} + \underset{\sim}{V}.\nabla(u) \tag{3-74}$$

$$\frac{\mathrm{D}(v)}{\mathrm{D}t} = \frac{\partial(v)}{\partial t} + u\frac{\partial(v)}{\partial t} + v\frac{\partial(v)}{\partial t} + w\frac{\partial(v)}{\partial t} = \frac{\partial(v)}{\partial t} + \underset{\sim}{V}.\nabla(v) \tag{3-75}$$

$$\frac{\mathrm{D}(w)}{\mathrm{D}t} = \frac{\partial(w)}{\partial t} + u\frac{\partial(w)}{\partial t} + v\frac{\partial(w)}{\partial t} + w\frac{\partial(w)}{\partial t} = \frac{\partial(w)}{\partial t} + \underset{\sim}{V}.\nabla(w)$$

$$\tag{3-76}$$

$$\frac{\mathrm{D}(T)}{\mathrm{D}t} = \frac{\partial(T)}{\partial t} + u\frac{\partial(T)}{\partial t} + v\frac{\partial(T)}{\partial t} + w\frac{\partial(T)}{\partial t} = \frac{\partial(T)}{\partial t} + \underset{\sim}{V}.\nabla(T)$$

$$\tag{3-77}$$

时均流场和非定常流场都满足 NS 方程，结合两个 NS 方程以及正弦扰动，并忽略二阶项，假设为平行流流动，最终可以得到

$$\mathrm{i}\gamma_1\tilde{\rho} + \rho\left[\frac{\mathrm{d}\tilde{v}}{\mathrm{d}y} + \mathrm{i}(\alpha\tilde{u} + \beta\tilde{w})\right] + \frac{\mathrm{d}\rho}{\mathrm{d}y}\tilde{v} = 0 \tag{3-78}$$

$$\rho\left[\mathrm{i}\gamma_1(\alpha\tilde{u} + \beta\tilde{w}) + \left(\alpha\frac{\mathrm{d}\tilde{u}}{\mathrm{d}y} + \beta\frac{\mathrm{d}\tilde{w}}{\mathrm{d}y}\right)\tilde{v}\right] = -\mathrm{i}\gamma_2^2\frac{\tilde{p}}{\gamma M_e^2} +$$

$$\frac{\mu}{R}\left\{\left(\alpha\frac{\mathrm{d}^2\widetilde{u}}{\mathrm{d}y^2}+\beta\frac{\mathrm{d}^2\widetilde{w}}{\mathrm{d}y^2}\right)+\gamma_2^2\left[\mathrm{i}\frac{\mathrm{d}\widetilde{v}}{\mathrm{d}y}-2(\alpha\widetilde{u}+\beta\widetilde{w})\right]\right\}+$$

$$\frac{2}{3}\frac{\lambda-\mu}{R}\gamma_2^2\left[\mathrm{i}\frac{\mathrm{d}\widetilde{v}}{\mathrm{d}y}-(\alpha\widetilde{u}+\beta\widetilde{w})\right]+\frac{1}{R}\frac{\mathrm{d}\mu}{\mathrm{d}T}\left(\alpha\frac{\mathrm{d}^2u}{\mathrm{d}y^2}+\beta\frac{\mathrm{d}^2w}{\mathrm{d}y^2}\right)\widetilde{T}+$$

$$\frac{1}{R}\left[\left(\frac{\mathrm{d}\mu}{\mathrm{d}T}\frac{\mathrm{d}\widetilde{T}}{\mathrm{d}y}+\frac{\mathrm{d}^2\mu}{\mathrm{d}T^2}\frac{\mathrm{d}T}{\mathrm{d}y}\widetilde{T}\right)\left(\alpha\frac{\mathrm{d}u}{\mathrm{d}y}+\beta\frac{\mathrm{d}w}{\mathrm{d}y}\right)\right]+$$

$$\frac{1}{R}\frac{\mathrm{d}\mu}{\mathrm{d}T}\frac{\mathrm{d}T}{\mathrm{d}y}\left[\left(\alpha\frac{\mathrm{d}\widetilde{u}}{\mathrm{d}y}+\beta\frac{\mathrm{d}\widetilde{w}}{\mathrm{d}y}\right)+\mathrm{i}\gamma_2^2\widetilde{v}\right] \tag{3-79}$$

$$\rho\left[\mathrm{i}\gamma_1(\alpha\widetilde{w}-\beta\widetilde{u})+\left(\alpha\frac{\mathrm{d}w}{\mathrm{d}y}-\beta\frac{\mathrm{d}u}{\mathrm{d}y}\right)\widetilde{v}\right]=\frac{\mu}{R}\left[\left(\alpha\frac{\mathrm{d}^2\widetilde{w}}{\mathrm{d}y^2}-\beta\frac{\mathrm{d}^2\widetilde{u}}{\mathrm{d}y^2}\right)-\gamma_2^2(\alpha\widetilde{w}-\beta\widetilde{u})\right]+$$

$$\frac{1}{R}\left[\frac{\mathrm{d}\mu}{\mathrm{d}T}\frac{\mathrm{d}\widetilde{T}}{\mathrm{d}y}\left(\alpha\frac{\mathrm{d}\widetilde{w}}{\mathrm{d}y}-\beta\frac{\mathrm{d}\widetilde{u}}{\mathrm{d}y}\right)+\frac{\mathrm{d}\mu}{\mathrm{d}T}\left(\alpha\frac{\mathrm{d}^2w}{\mathrm{d}y^2}-\beta\frac{\mathrm{d}^2u}{\mathrm{d}y^2}\right)\widetilde{T}+\right.$$

$$\left.\left(\frac{\mathrm{d}\mu}{\mathrm{d}T}\frac{\mathrm{d}\widetilde{T}}{\mathrm{d}y}+\frac{\mathrm{d}^2\mu}{\mathrm{d}T^2}\frac{\mathrm{d}T}{\mathrm{d}y}\widetilde{T}\right)\left(\alpha\frac{\mathrm{d}w}{\mathrm{d}y}-\beta\frac{\mathrm{d}u}{\mathrm{d}y}\right)\right] \tag{3-80}$$

$$\mathrm{i}\rho\gamma_1\widetilde{v}=-\frac{1}{\gamma M_\mathrm{e}^2}\frac{\mathrm{d}\widetilde{p}}{\mathrm{d}y}+\frac{\mu}{R}\left[2\frac{\mathrm{d}^2\widetilde{v}}{\mathrm{d}y^2}+\mathrm{i}\left(\alpha\frac{\mathrm{d}\widetilde{u}}{\mathrm{d}y}+\beta\frac{\mathrm{d}\widetilde{w}}{\mathrm{d}y}\right)-\gamma_2^2\widetilde{v}\right]+$$

$$\frac{2}{3}\left(\frac{\lambda-\mu}{R}\right)\left[\frac{\mathrm{d}^2\widetilde{v}}{\mathrm{d}y^2}+\mathrm{i}\left(\alpha\frac{\mathrm{d}\widetilde{u}}{\mathrm{d}y}+\beta\frac{\mathrm{d}\widetilde{w}}{\mathrm{d}y}\right)\right]+\frac{1}{R}\left\{\mathrm{i}\frac{\mathrm{d}u}{\mathrm{d}y}\left(\alpha\frac{\mathrm{d}u}{\mathrm{d}y}+\beta\frac{\mathrm{d}w}{\mathrm{d}y}\right)\widetilde{T}+\right.$$

$$\left.2\frac{\mathrm{d}\mu}{\mathrm{d}T}\frac{\mathrm{d}T}{\mathrm{d}y}\frac{\mathrm{d}\widetilde{v}}{\mathrm{d}y}+\frac{2}{3}\frac{\mathrm{d}}{\mathrm{d}T}(\lambda-\mu)\frac{\mathrm{d}T}{\mathrm{d}y}\left[\frac{\mathrm{d}\widetilde{v}}{\mathrm{d}y}+\mathrm{i}(\alpha\widetilde{u}+\beta\widetilde{w})\right]\right\} \tag{3-81}$$

$$\rho\left(\mathrm{i}\gamma_1\widetilde{T}+\frac{\mathrm{d}T}{\mathrm{d}y}\widetilde{v}\right)=-(\gamma-1)\left[\frac{\mathrm{d}\widetilde{v}}{\mathrm{d}y}+\mathrm{i}(\alpha\widetilde{u}+\beta\widetilde{w})\right]+$$

$$\frac{\gamma\mu}{\mathrm{Pr}R}\left\{\frac{\mathrm{d}^2\widetilde{T}}{\mathrm{d}y^2}-\gamma_2^2\widetilde{T}+\frac{1}{k}\left[\frac{\mathrm{d}k}{\mathrm{d}T}\frac{\mathrm{d}^2T}{\mathrm{d}y^2}+\frac{\mathrm{d}^2k}{\mathrm{d}T^2}\left(\frac{\mathrm{d}T}{\mathrm{d}y}\right)^2\right]\widetilde{T}+\frac{2}{k}\frac{\mathrm{d}k}{\mathrm{d}T}\frac{\mathrm{d}T}{\mathrm{d}y}\frac{\mathrm{d}\widetilde{T}}{\mathrm{d}y}\right\}+$$

$$\gamma\frac{(\gamma-1)}{R}M_\mathrm{e}^2\left\{2\mathrm{i}\mu\left(\alpha\frac{\mathrm{d}u}{\mathrm{d}y}+\beta\frac{\mathrm{d}w}{\mathrm{d}y}\right)\widetilde{v}+\frac{\mathrm{d}\mu}{\mathrm{d}T}\left(\frac{\mathrm{d}^2u}{\mathrm{d}y^2}+\frac{\mathrm{d}^2w}{\mathrm{d}y^2}\right)\widetilde{T}+\right.$$

$$\left.\frac{2\mu}{\gamma_2^2}\left[\left(\alpha\frac{\mathrm{d}u}{\mathrm{d}y}+\beta\frac{\mathrm{d}w}{\mathrm{d}y}\right)\left(\alpha\frac{\mathrm{d}\widetilde{u}}{\mathrm{d}y}+\beta\frac{\mathrm{d}\widetilde{w}}{\mathrm{d}y}\right)+\left(\alpha\frac{\mathrm{d}w}{\mathrm{d}y}-\beta\frac{\mathrm{d}u}{\mathrm{d}y}\right)\left(\alpha\frac{\mathrm{d}\widetilde{w}}{\mathrm{d}y}-\beta\frac{\mathrm{d}\widetilde{u}}{\mathrm{d}y}\right)\right]\right\}$$

$$\tag{3-82}$$

为了简化方程的表达,在式(3-78)~式(3-82)中,时均流动去掉了'~',扰动部分由 $\widetilde{\rho},\widetilde{u},\widetilde{v},\widetilde{w},\widetilde{T}$ 组成,并仅与法向流场变量相关。线性稳定性方程可简化地表达为

$$\frac{\mathrm{d}}{\mathrm{d}z^2}\begin{Bmatrix}\widetilde{u}(y)\\\widetilde{v}(y)\\\widetilde{w}(y)\\0\\\widetilde{T}(y)\end{Bmatrix}+\boldsymbol{A}(\alpha,\beta)\frac{\mathrm{d}}{\mathrm{d}z}\begin{Bmatrix}\widetilde{u}(y)\\\widetilde{v}(y)\\\widetilde{w}(y)\\\widetilde{\rho}(y)\\\widetilde{T}(y)\end{Bmatrix}+\boldsymbol{B}(\alpha,\beta)\begin{Bmatrix}\widetilde{u}(y)\\\widetilde{v}(y)\\\widetilde{w}(y)\\\widetilde{\rho}(y)\\\widetilde{T}(y)\end{Bmatrix}=\omega\boldsymbol{C}(\alpha,\beta)\begin{Bmatrix}\widetilde{u}(y)\\\widetilde{v}(y)\\\widetilde{w}(y)\\\widetilde{\rho}(y)\\\widetilde{T}(y)\end{Bmatrix}$$

$$\tag{3-83}$$

式中,矩阵 $\boldsymbol{A},\boldsymbol{B},\boldsymbol{C}$ 由时均流场以及波数 α 和 β 决定,详细的方程推导见本章参考文献[34]。最终求得的线性稳定性理论方程是一个常见的特征值问题,并满足如下的常微分方程:

$$(\boldsymbol{A}_1 D^2 + \boldsymbol{B}_1 D + \boldsymbol{C}_1)\boldsymbol{\phi} = 0 \tag{3-84}$$

式中,D 代表 $\mathrm{D}/\mathrm{D}y$;$\boldsymbol{A}_1,\boldsymbol{B}_1,\boldsymbol{C}_1$ 由 $\boldsymbol{A},\boldsymbol{B},\boldsymbol{C}$ 得到。$\boldsymbol{\phi}$ 定义为

$$\boldsymbol{\phi}^{\mathrm{T}} = [\alpha\tilde{u} + \beta\tilde{w} \quad \tilde{v} \quad \tilde{p} \quad \tilde{\tau} \quad \alpha\tilde{u} - \beta\tilde{w}]^{\mathrm{T}} \tag{3-85}$$

式(3-85)的边界条件为

$$y = 0 \text{ 时,} \quad \phi_1 = \phi_2 = \phi_4 = \phi_5 = 0 \atop y \to \infty \text{ 时,} \quad \phi_1,\phi_2,\phi_4,\phi_5 \to 0 \right\} \tag{3-86}$$

3.4.2 可压缩的线性稳定方程的求解

式(3-84)~式(3-86)构造了关于 α,β 以及 ω 的可压缩三维特征值问题,对于给定的雷诺数 Re,该特征值问题求解得到波数与圆频率的关系:

$$\omega = \omega(\alpha,\beta) \tag{3-87}$$

针对该特征值问题,使用交错的二阶有限差分进行求解(见图3-15)。

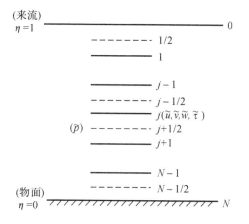

图3-15 线性稳定方程求解网格示意图

首先对边界层量的坐标进行无量纲化,即将 $y(0.0 \leqslant y \leqslant y_e$,其中 y_e 是边界层边界处)无量纲为 η:

$$\eta = \frac{gy}{L+y} \tag{3-88}$$

式中,$0.0 \leqslant \eta \leqslant 1.0$,且定义

$$g = 1 + \frac{L}{y_e} \tag{3-89}$$

式中,L 是一个用来修正计算精度的参数,一般取值为流向边界层速度达到势流速度的 1/2 的位置。计算域的法向网格点数为 N,因而动量方程、能量方程二阶差分的线性稳定性理论特征值方程可以表达为

$$f_i \boldsymbol{A}_j \left\{ \frac{\phi_{j+1} - 2\phi_j + \phi_{j-1}}{\Delta \eta^2} + d_1 \left[(f_2 \boldsymbol{A}_{1j} + f_3 \boldsymbol{B}_{1j}) \frac{\phi_{j+1} - \phi_{j-1}}{2\Delta \eta} + \boldsymbol{C}_{1j} \phi_j \right] + \right.$$
$$\left. d_2 \left[f_3 \boldsymbol{B}_{1j} \left(\frac{\phi_{j+1/2} - \phi_{j-1/2}}{\Delta \eta} \right) + \boldsymbol{C}_{1j} \left(\frac{\phi_{j+1/2} + \phi_{j-1/2}}{2} \right) \right] \right\} = \boldsymbol{0} \qquad (3-90)$$

式中,$j = 1, 2, \cdots, N-1$;而对于一阶的连续方程,可以表示为

$$f_3 \boldsymbol{B}_{1j+1/2} \frac{\phi_{j+1} - \phi_{j-1}}{2\Delta \eta} + \boldsymbol{C}_{1(j+1/2)} \phi_{j+1/2} = \boldsymbol{0} \qquad (3-91)$$

式中,$j = 0, 1, \cdots, N-1$。对于 $\widetilde{p}$ 分量,d_1 为 0,d_2 为 1;而对于其他四个分量,d_1 为 1,d_2 为 0。式(3-86),式(3-90)和式(3-91)构型了 $5N$ 个方程,组成了具有带状特性的方程组。求解该方程组可以分为全局方法和当地特征值搜索两种方法。本章主要介绍的是快速计算的当地求解算法。当地求解算法主要是利用 Reyleigh 商迭代求解,可以归纳为以下步骤:

$$(\overline{\boldsymbol{A}_1} - \omega_k \overline{\boldsymbol{B}_1}) \phi^{(k+1)} = \overline{\boldsymbol{B}_1} \phi^{(k)} \qquad (3-92)$$

$$(\overline{\boldsymbol{A}_1} - \omega_k \overline{\boldsymbol{B}_1})^{\mathrm{T}} \psi^{(k+1)} = \overline{\boldsymbol{B}_1}^{\mathrm{T}} \psi^{(k)} \qquad (3-93)$$

$$\omega_{k+1} = \frac{(\psi^{(k+1)}, \overline{\boldsymbol{A}_1} \phi^{(k+1)})}{(\psi^{(k+1)}, \boldsymbol{B}_1 \phi^{(k+1)})} \qquad (3-94)$$

第一次迭代求解需要提供一个猜测的 ω_0 值来给出 ϕ^0 以及其伴随向量 ψ^0。通常情况下,在求解过程中,第一个计算的流向位置的初值一般由转捩数据库提供,而其他流向位置的初值 ϕ^0 和 ψ^0 则可以来源于相邻的流向位置。在每次迭代过程中,ϕ^0 和 ψ^0 都会进行正交化计算,当圆频率的残差 $\varepsilon = \omega_{(k+1)} - \omega_{(k)}$ 降低到给定值时,特征值方程收敛。式(3-92)和式(3-93)可以通过 LU 分解得到,一般经过 4~10 次迭代可以使得 Reyleigh 求解收敛。最终,通过当地 Rayleigh 商求解,可以得到圆频率的实部以及虚部。线性稳定解与层流扰动的关系如图 3-16 所示。图中,中性曲线是圆频率 ω_i 为 0 时得到的;当 ω_i 大于 0 时,扰动衰减;当 ω_i 小于 0 时,扰动增大。定义雷诺数阈值 Re_{ind} 为开始有扰动增长的点对应的雷诺数。

前文的求解是基于时间求解的,在此基础上可以将圆频率 ω_i 转化为空间上的波数 α_i,其关系式为

$$\alpha_i = -\omega_i \bigg/ \sqrt{\left(\frac{\partial}{\partial \alpha_r} \omega_r\right)^2 + \left(\frac{\partial}{\partial \beta_r} \omega_r\right)^2} \qquad (3-95)$$

并定义合速度 v_g 为

$$\boldsymbol{v}_g = \left(\frac{\partial \omega}{\partial \alpha}, \frac{\partial \omega}{\partial \beta}\right) \tag{3-96}$$

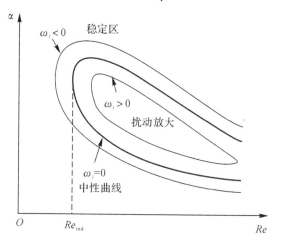

图 3-16　基于时间理论的中性曲线示意图

　　合速度是时间和空间扰动变量转化的主要影响参数,为了计算合速度,我们可以将可压缩的稳定三维方程写为

$$L(\alpha, \beta, \omega(\alpha, \beta))\phi = 0 \tag{3-97}$$

求导可得

$$\frac{\partial L}{\partial \alpha}\phi + \frac{\partial L}{\partial \omega}\frac{\partial \omega}{\partial \alpha}\phi + L\frac{\partial \phi}{\partial \alpha} = 0 \tag{3-98}$$

给式(3-98)乘以伴随向量 ψ 可得

$$\frac{\partial \omega}{\partial \alpha} = -\frac{\left(\psi, \dfrac{\partial L}{\partial \alpha}\phi\right)}{\left(\psi, \dfrac{\partial L}{\partial \omega}\phi\right)} \tag{3-99}$$

　　同样的方式可得 $\partial \omega / \partial \beta$,并最终得到合速度以及空间的波的大小。

3.4.3　N 放大因子积分方法

　　求解线性稳定方程后,我们得到了波数 α_i,但这并不能得到转捩位置。为了描述层流扰动增长,引入 N 方大因子积分法 e^N 方法。当地的扰动增长可以表示为函数 $F_a(x, z)$:

$$\frac{1}{F_a}\frac{\mathrm{d}F_a}{\mathrm{d}x} = -\alpha_i \tag{3-100}$$

对上式积分得

$$\frac{F_{a2}}{F_{a1}} = \exp\left(\int_{s_1}^{s_2} -\alpha_i \, \mathrm{d}x\right) \tag{3-101}$$

通过扰动放大率的定义，可以定义扰动放大因子 N_{factor}，即 $\ln\left(\dfrac{F_{a2}}{F_{a1}}\right)$，当该值达到转捩阈值 N_{crit} 时，对应的流向位置即为转捩点。图 3-17 显示了扰动放大因子 N_{factor} 与线性稳定理论解在不同扰动频率下的关系。

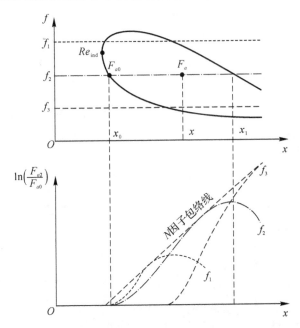

图 3-17　稳定性理论中性曲线和 e^N 方法关系示意图

针对三维构型，N_{factor} 积分主要有三种方式：①包络线方法；②固定频率 ω 以及固定波长 $\lambda = 2\pi/\sqrt{\alpha^2 + \beta^2}$，展向波数 β_r，或者波传播方向 $\psi = \arctan(\alpha_r/\beta_r)$；③$N_{\text{TS}}/N_{\text{CF}}$ 积分策略。包络线方法积分可以写为

$$N = \int \max_{\psi} (\alpha_i) \, \mathrm{d}s \tag{3-102}$$

包络线方法主要应用在二维流动中，但在三维流动中积分和实验相比有很大的差异[35]。在固定两参数方法中，其中一个参数是圆频率 ω 或者扰动频率 f，另外一个参数需要根据扰动波的性质来选择。对于流向 TS 波扰动，一般是选择固定扰动波的方向 ψ，而横流扰动涡一般选择固定展向的波数 β_r 或者波长 λ。这样，固定参数方法的 N_{factor} 最终由多条包络线决定，而最后一种计算 N_{factor} 的方式则是由 $N_{\text{TS}}, N_{\text{CF}}$ 决定的。在三维流动中，流向和横流转捩占主导作用，所以

一般在三维流动中选择第三种积分方式。

3.4.4 转捩阈值标定

在前文中,我们描述了在确定转捩位置的时候,需要确定对应的转捩阈值。根据 N_{TS} 及 N_{CF} 积分策略,一般需要确定两个转捩阈值,即 N_{LTS} 和 N_{LCF}。转捩位置的定义如图 3-18 所示。

图 3-18 中,扰动放大因子包络线分别由流向 TS 波和横向 CF 波决定。转捩阈值一般在一定范围内取值,不能确定为一个固定值,但是转捩位置的判断需要由准确的阈值进行确定,所以一般会取阈值带的平均值来进行判断。转捩阈值一般由很多因素(物面粗糙度、噪声、湍流度等)决定,不同的风洞、飞行条件会对应不同的转捩阈值。国际上根据大量的飞行试验以及风洞试验总结出一个转捩阈值的变化范围,如图 3-19 所示。

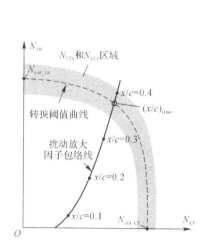

图 3-18 e^N 方法转捩位置定义示意图

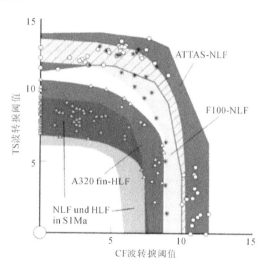

图 3-19 e^N 方法转捩阈值定义示意图

基于这些标定的转捩阈值,可以进行数值模拟以及层流设计研究,但是在进行新构型的设计时,还是需要进行新的试验标定。一般飞行状态下的转捩阈值高于风洞试验,而 TS 波转捩阈值高于 CF 波转捩阈值。

3.4.5 吸气边界条件

针对混合层流控制技术的数值模拟,需要在物面处设置吸气或者吹气边界条件。物面条件的设置是在边界层方程求解的过程中进行。由于混合层流控制的吸气面占孔比很小,所以在计算过程中主要是将吸气质量流量 $\dot{m}$ 和面吸气速

度 v_s 建立联系。定义吸气参数 C_q 为

$$C_q = \frac{v_s}{U_\infty} \qquad (3-103)$$

式中，U_∞ 为来流速度；v_s 为物面吸气速度，吸气时为负值。进而有

$$v_s = \frac{\dot{m}}{\rho S} \qquad (3-104)$$

式中，ρ 为密度；S 为吸气面面积。定义吸气孔的真实吸气速度为 v_h，它与面吸气速度有如下关系：

$$v_h = \frac{v_s}{\sigma} \qquad (3-105)$$

式中，σ 为孔隙率，可以表达为

$$\sigma = \frac{\pi d}{4 l^2} \qquad (3-106)$$

式中，d 为孔径；l 为孔间距。而孔的吸气速度在实验过程中可以由吸气腔体的内、外压差决定，即

$$p_{\text{out}} - p_{\text{plenum}} = \Delta p = \frac{1}{2} a \rho (w_h)^2 + \frac{1}{32} b \mu \frac{t}{d^2} (w_h) \qquad (3-107)$$

式中，ρ 为空气密度；μ 为动力学黏性系数；t 为吸气壁板厚度；系数 a, b 需要根据实验进行标定，本书中会采用实验手段对这两个参数进行标定。

3.4.6 e^N 耦合 RANS 求解器

e^N 方法和 RANS 求解器进行松耦合迭代的求解流程如图 3-20 所示。

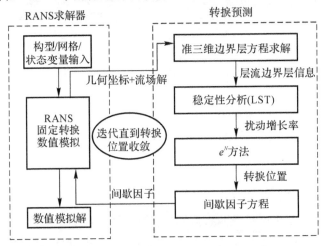

图 3-20 e^N 转捩预测方法耦合 RANS 求解器数值模拟流程

当前，e^N 转捩预测方法主要和 RANS 求解器耦合来进行考虑转捩条件下的气动力计算。RANS 求解器得到的压力分布数据以及计算状态将作为边界层方程求解的输入，边界层信息将作为线性稳定性分析的输入，进而通过建立的 e^N 方法，计算得到转捩位置，并返回到 RANS 求解器中。

e^N 法预测得机翼不同剖面的转捩位置，每计算一次需要将转捩位置返回 RANS 求解器。在 RANS 求解中，首先需要找到翼面物面准确的转捩位置。这些转捩位置在机翼上下翼面形成转捩线，结合转捩线，在物面法向方向通过叉乘值的正负可以判断层流区和湍流区域。

3.4.7 捩预测验证算例

1. NLF(2)-0415 无限展长后掠翼

针对 NLF(2)-0415 无限展长后掠机翼，Dahenhart[36] 在 Arizona 大学非定常风洞中进行了横流涡试验。该模型的剖面翼型（见图 3-21）是典型的层流翼型。使用 ICEM CFD 生成结构网格，表面网格如图 3-21 所示，流向布置了 281 个点，法向需要保证网格的增长率小于 1.1，同时 y^+ 保证小于 1。对于该构型的基于线性稳定性理论的 RANS 模拟采用周期性边界条件，使展向不同位置的流场重合。在后掠角为 45°时，横流涡扰动最大。同时，为了充分地发展横流涡的扰动，试验中选取了 $-4°$ 攻角进一步放大横流涡的扰动，从而研究横流驻涡的转捩现象。风洞试验马赫为 0.1，雷诺数分别为 1.92×10^6，2.19×10^6，2.37×10^6，2.73×10^6，3.27×10^6，3.73×10^6。

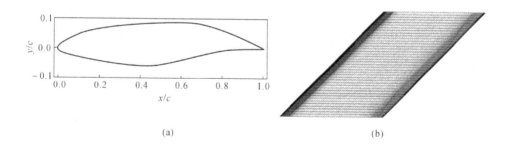

(a)   (b)

图 3-21　NLF(2)-0415 翼型剖面及计算网格

（a）翼型剖面；　（b）计算网格

图 3-22 给出了数值模拟在雷诺数为 $2.37×10^6$ 时得到的压力分布与试验压力分布的对比结果,数值模拟得到的结果与试验符合较好。图 3-23 给出了不同雷诺数下的 CF 涡和 TS 波的放大因子沿流线的分布,同时给出了试验标定的横流(灰色实线)和流向转捩(灰色虚线)对应的转捩阈值,即 $N_{LCF}=8.14$,$N_{LTS}=9.0$。扰动增长因子曲线与转捩阈值交点即为转捩起始点,可以看到转捩位置随着雷诺数的增大而更趋近于上游。同时,计算结果显示,横流涡主导了转捩过程,流向扰动几乎被抑制,仅在压力最小点有较小的扰动。图 3-24 给出了试验转捩位置和数值模拟的对比,图中实线代表的是转捩起始位置,虚线代表数值模拟得到的发展到全湍状态的流向位置。可以看出,红线标注的范围基本都在试验的转捩范围内,因而针对 NLF(2)-0415 无限展长后掠机翼,基于线性稳定性理论得到的转捩位置是可靠的。

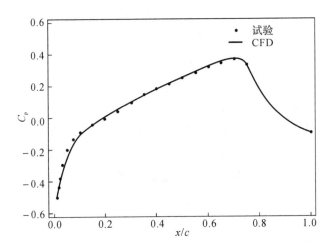

图 3-22　NLF(2)-0415 上翼面翼型剖面压力分布数值与试验对比

2. M6 机翼

基于 M6 机翼的转捩计算是另一个经典的验证算例。试验马赫数为 0.2,雷诺数为 $3.5×10^6$。M6 机翼前缘后掠角为 30°,后缘后掠角为 10°。试验进行了 3 个攻角下的转捩研究,分别为 0°、5°、15°。使用 ICEM CFD 生成结构网格,流向分布了 281 个网格点,法向保证网格增长率小于 1.1,第一层网格的高度保证 y^+ 小于 1,表面网格图如图 3-25 所示。

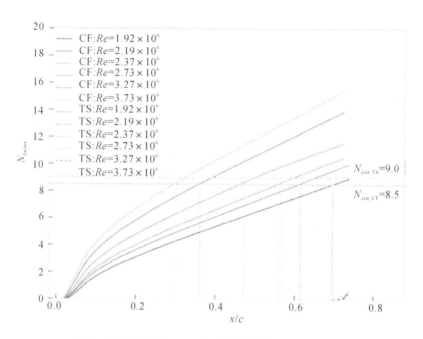

图 3-23　NLF(2)-0415 在不同雷诺数下扰动波的增长

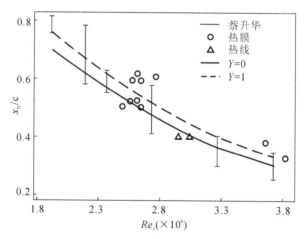

图 3-24　NLF(2)-0415 在不同雷诺数下转捩位置与试验值对比

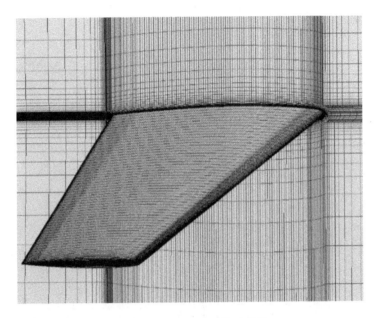

图 3 - 25   M6 表面网格示意图

试验得到的机翼上下表面的转捩位置如图 3 - 26 所示,试验中采用了萘升华来显示层流到湍流的转捩过程。边界层内,由于湍流边界的传热系数 κ 远远大于层流边界层的,所以在试验中当温度变化时,湍流边界层的温度变化远大于层流边界层的温度变化,因而在层流和湍流交界处形成温度差,即图中浅色区域代表层流区,而深色区域代表湍流区,交界处定义为转捩线。

图 3 - 26(a)所示为上翼面试验结果,图 3 - 26(b)所示为下翼面试验结果。当攻角为 0°时,由于翼型为对称翼型,所以上下转捩位置基本相同,试验的结果中,上下翼面的转捩位置也基本相同。当攻角为 5°和 15°时,攻角的增大使得 TS 波扰动被放大,在上翼面前缘处即发生了转捩,而下翼面转捩位置向后缘移动。同时,试验中的萘升华转捩示意图显示转捩线沿展向位置在下翼面(5°和 15°)变化较大。前面在建立边界层方程时,采用的是准三维假设,而 M6 展弦比较小,这对建立边界层方程是一个挑战。同时,当展弦比较小时,流动在展向有分量,因而对线性稳定理论中的平行流假设也有一定的预测难度。根据试验状态,利用建立的 e^N 转捩预测方法进行数值模拟。数值模拟得到的间歇因子分布如图 3 - 27 所示,类似地,浅色区域代表层流区,而深色区代表湍流区。对比试验的萘升华图,基于线性稳定理论的数值模拟结果与试验结果符合较好,同时捕捉到了转捩位置沿展向的变化趋势。

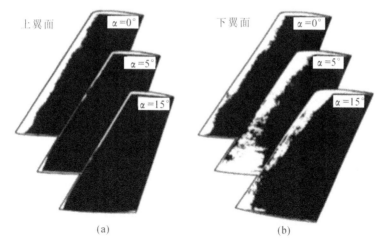

图 3-26 M6 机翼实验的萘升华示意图

图 3-27 M6 机翼数值模拟间歇因子分布示意图

图 3-28～图 3-30 所示为不同攻角下对应的压力分布和扰动增长曲线沿流向的分布,图中选择的站位是上面间歇因子云图中浅色站位。当攻角为 0°时,上下翼面结果基本重合,所以在图中只展示上翼面的扰动曲线。由扰动曲线可以得出该状态下的转掕主要是由 TS 波导致的,对比压力分布,在驻点之后存在强逆压梯度,使得 TS 扰动波放大,切向增长迅速,在 10% 弦长处就达到流向的转掕阈值,从而导致转掕。同时,图 3-28(a)显示了从机翼内部到机翼外面逆压梯度的强度增加,而逆压梯度会放大 TS 波的扰动,因而从内翼到外翼,转

捩位置向上游移动。扰动波的增长与压力分布的变化趋势符合。

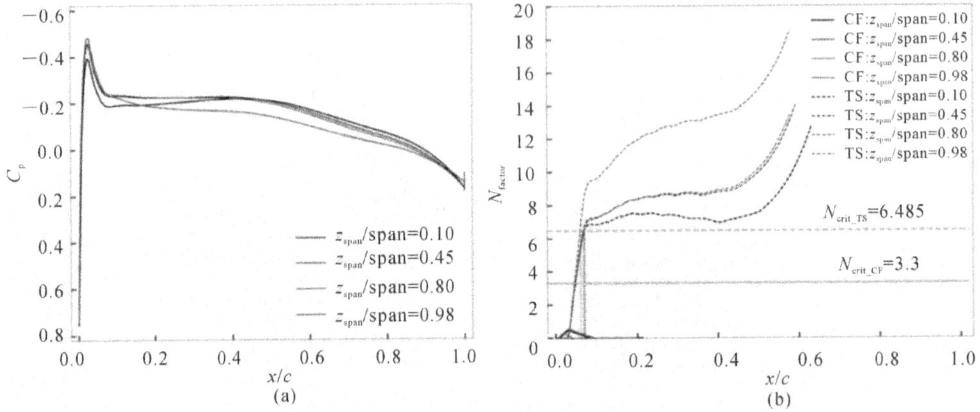

图 3-28 M6 机翼 0°攻角下的压力分布以及对应的扰动波增长曲线

(a) 压力分布； (b) 扰动波增长曲线

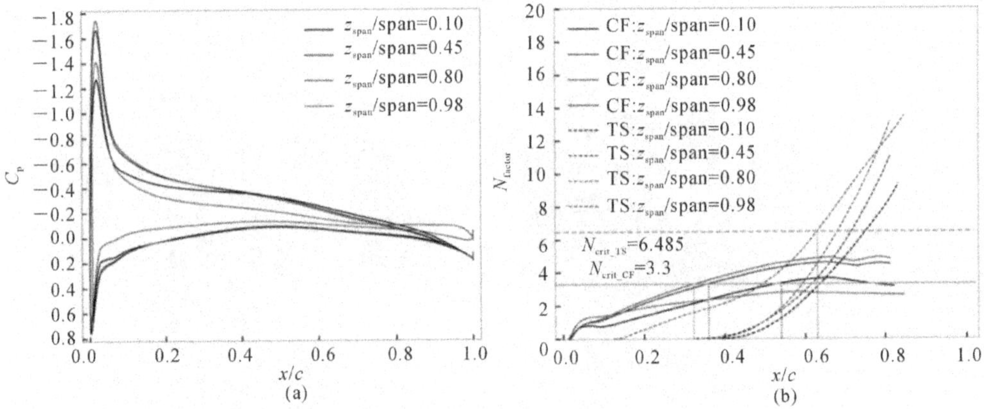

图 3-29 M6 机翼 5°攻角下的压力分布以及对应的扰动波增长曲线

(a) 上翼面； (b) 下翼面

当攻角为 5°时，上翼面靠近前缘附近有很强的逆压梯度，这直接诱导了分离流转捩，因而图 3-29 所示的扰动曲线只展示了下翼面的 TS 波和 CF 涡扰动。下翼面的压力分布维系了一个较长的顺压梯度，因而 CF 涡占主导作用。扰动曲线图给出了从内翼到外翼不同站位的不稳定性分析，在内翼，转捩位置较为靠后，与试验中萘升华图和间歇因子的分布相一致。随着展向方向顺压梯度的增加，CF 涡的扰动因子增大，因而转捩位置向前移动。在翼梢附近，顺压梯度较小，CF 涡的放大因子减小，最终导致在翼梢附近的站位处，TS 波引起了转掉。随着攻角的继续增加,下翼面逆压梯度更强,分离流转捩靠近机翼前缘。但是在上翼面,顺压梯度增大,这使得扰动放大因子的值比攻角为 $5°$ 时的更大。在该状态下,沿展向的转捩都是由 CF 涡导致的。

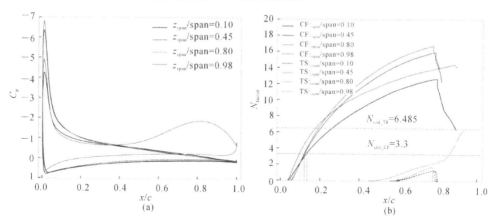

图 3-30 M6 机翼 $15°$ 攻角下的压力分布以及对应的扰动波增长曲线

(a)上翼面; (b)下翼面

3. CRM 翼身组合体

目前,基于 RANS 方程,主要有两大类转捩预测方法:基于稳定性理论的 e^N 方法;基于经验方法的转捩模式。在工程上常用主要是基于线性稳定性理论的 e^N 方法和 $\gamma - \widetilde{Re}_{\theta t}$ 方程。基于线性稳定性理论的 e^N 方法目前主要缺陷是计算流程复杂,对于复杂的三维流动有局限性,而输运方程转捩模型完全基于当地变量,适用于当代结构/非结构网格的并行计算。但是,目前航空领域内,主要需要捕捉两种转捩,即 TS 波诱导转捩和 CF 涡转捩。基于线性稳定性理论的 e^N 方法可以可靠地预测这两类转捩,但是目前发展的输运方程并不能有效地预测 CF 涡转捩,因而限制了输运方程的发展。选择 CRM 跨声速翼身组合体同时进行 e^N 方法和 $\gamma - \widetilde{Re}_{\theta t}$ 方程的转捩预测,并进行对比。CRM 构型的计算状态为 $Ma = 0.85, Re = 5.0 \times 10^6, C_L = 0.5$。表面计算网格如图 3-31 所示。

图 3-32 给出了 CRM 上、下翼面使用不用转捩预测模式的数值结果,图 3-33 给了不同站位处两种方法得到的压力分布的对比。可以看到,上翼面是典型的跨声速压力分布,在较小雷诺数下,不会引起横流涡的扰动;而下翼面有较长的顺压区,这会放大 CF 涡的扰动。间歇因子云图显示的是 $\gamma - \widetilde{Re}_{\theta t}$ 方程得到的结果,而点画线代表的是基于线性稳定性理论的 e^N 方法。上翼面两种转捩预测得到的转捩位置基本一致,这主要是因为上翼面是由 TS 波或者分离流主导

转捩。两种方法都具备流向扰动波的预测能力,同时得到了相近的结果,也相互验证两个方法。而在下翼面,我们看到两个方法得到的转捩位置在机翼内侧有较大差异:e^N 方法在内侧机翼预测到 CF 涡占主导作用,而 $\gamma-\widetilde{Re}_\theta$ 方程不具备 CF 涡的预测能力,依旧得到的是后缘的 TS 波扰动诱导的转捩现象。在机翼内侧,由压力分布对比可以知道,机翼内侧的顺压梯度大于机翼外侧的,同时机翼内侧基于弦长的雷诺数远大于机翼外侧的,因而机翼内侧更容易诱导 CF 涡转捩。两种方法得到的压力分布基本相似,由于两种方法计算得到的转捩长度差异以及对分离流转捩处理的差异,导致在激波附近压力分布有差异。

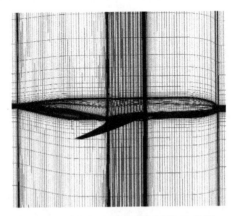

图 3-31　CRM 构型表面网格示意图

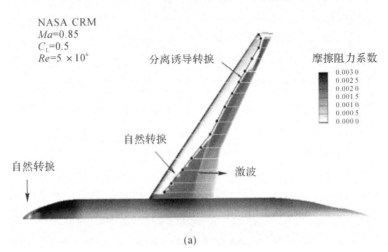

(a)

图 3-32　CRM 构型上、下翼面转捩线对比图

(a)上翼面

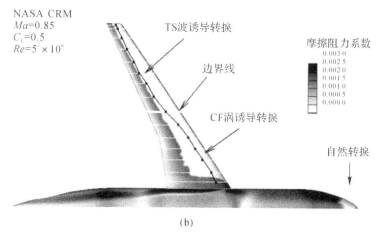

(b)

续图 3-32　CRM 构型上、下翼面转捩线对比图

(b)下翼面

通过对 CRM 翼身组合体的数值模拟，可以看出对于 TS 波扰动，$\gamma\text{-}\widetilde{Re}_{\theta t}$ 方程可以得到与 e^N 方法相近的转捩预测结果，但是当存在横流转捩时，$\gamma\text{-}\overline{Re}_{\theta t}$ 转捩预测方法得到的层流区比真实的层流区更长，从而无法给出可靠的气动力。因而，本书在后续的验证与设计优化中都采用可靠的 e^N 转捩方法。

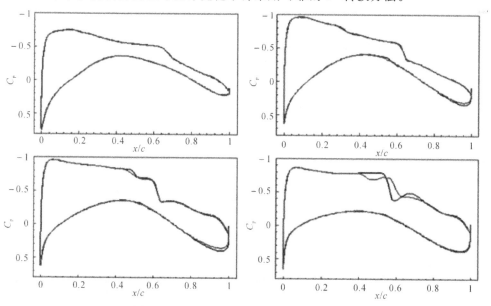

图 3-33　CRM 沿不同站位的压力分布对比

（黑色为 e^N 转捩预测结果，而蓝色为输运方程预测结果）

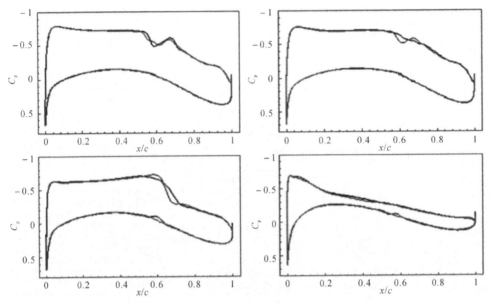

续图 3-33　CRM 沿不同站位的压力分布对比

（黑色为 e^N 转捩预测结果，而蓝色为输运方程预测结果）

3.5　本章小结

RANS 方程的精度与效率在工程应用中得到了广泛的认可。为了考虑飞机在真实飞行中的转捩现象，基于此发展了多种转捩预测模式。本章根据目前航空领域内常见的转捩机制，主要介绍了两类转捩预测模型：①输运方程类转捩预测方法；②稳定性理论转捩预测模式。虽然输运方程具备完全依赖于当地变量，可以用于复杂流场的优势，但是都不能够很好地预测横流转捩。而稳定性理论虽然计算流程复杂，在三维流动中有局限，但是在民用大型客机上仍然可以可靠地进行转捩预测。本章分别对两类方法的原理及优缺点进行了对比，并指出稳定性方法仍为目前航空领域转捩预测的主要应用方法。

参 考 文 献

[1] SCHUBAUER G B, SKRAMSTAD H K. Laminar boundary layer oscillations and transition on a flat plate [R]. NACA Rept, 1948.

[2] ARNAL , CASALIS G. Laminar-turbulent transition prediction in

three-dimensional flows[J]. Progress in Aerospace Sciences, 2000, 36 (2):173 – 191.

[3] KRUMBEIN A, KRIMMELBEIN N, SCHRAUF G. Automatic transition prediction in hybrid flow solver, part 1: methodology and sensitivities[J]. Journal of Aircraft, 2009, 46(4): 1176 – 1190.

[4] GRAY W E. The Effect of Wing Sweep on Laminar Flow [R]. Farnborough:Royal Aircraft Establishment,1952.

[5] SARIC W S, REED H L. Toward practical laminar flow control— remaining challenges [C]//2nd AIAA Flow Control Conference, Portland, OR, 2004.

[6] SARIC W S, YEATES L G. Experiments on the stability of crossflow vortices in swept-wing flows [C]//23rd AIAA Aerospace Sciences Meeting, Reno, NV, 1985.

[7] SARIC W S, YEATES L G. Generation of crossflow vortices in a three-dimensional flat-plate flow[C]//Conference Paper/International Union of Theoretical and Applied Mechanics, Laminar-Turbulent Transition, Springer,1985.

[8] SARIC W S. Görtler Vortices[J]. Annual Review of Fluid Mechanics, 1994, 26(1): 379 – 409.

[9] MAYLE R E. The role of laminar-turbulent transition in gas turbine engines[C]//International Gas Turbine and Aeroengine Congress and Exposition, Oriando, FL, 1991.

[10] LANGTRY R B, MENTER F R. Correlation-based transition modeling for unstructured parallelized computational fluid dynamics codes[J]. AIAA Journal, 2009, 47(12):2894 – 2906.

[11] FALKNER V M, SKAN S W. Some approximate solutions of the boundary-layer equations[J]. Philosophical Magazine, 1931(12):865 – 896.

[12] AZIZ A, NA T Y. New approach to the solution of Falkner-Skan equation[J]. AIAA Journal, 1981, 19(9):1242 – 1244.

[13] 章梓雄,董曾南,等.黏性流体力学[M].北京:清华大学出版社,1998.

[14] COOKE J C. The boundary layer of a class of infinite yawed cylinders [J]. Mathematical Proceedings of the Cambridge Philosophical Society, 1950, 46(4):4.

[15] DHAWAN S, NARASIMHA R. Some properties of boundary layer

flow during the transition from laminar to turbulent motion[J]. Journal of Fluid Mechanics Digital Archive, 1958, 3(4):19.

[16] CHO J R, CHUNG M K. A k − ε − γ equation turbulence model[J]. Journal of Fluid Mechanics, 1992(237):301 − 322.

[17] STEELANT J, DICK E. Modeling of laminar-turbulent transition for high freestream turbulence[J]. Journal of Fluids Engineering, 2001, 123(1): 22 − 30.

[18] STEELANT J, DICK E. Modelling of bypass transition with conditioned Navier-Stokes equations coupled to an intermittency transport equation[J]. International Journal for Numerical Methods in Fluids, 1996, 23(3): 193 − 220.

[19] SUZEN Y, HUANG P. An intermittency transport equation for modeling flow transition[C]//Aerospace Sciences Meeting & Exhibit, 2006.

[20] ABU-GHANNAM B J, SHAW R. Natural transition of boundary layers—the effects of turbulence, pressure gradient, and flow history[J]. Journal of Mechanical Engineering Science, 1980, 22(5): 213 − 228.

[21] MENTER F R, LANGTRY R, VÖLKER S. Transition modelling for general purpose CFD codes[J]. Flow, Turbulence and Combustion, 2006, 77(1 − 4): 277 − 303.

[22] 张玉伦,王光学,孟德虹,等. $\gamma − Re_{\theta}$ 转捩模型的标定研究 [J]. 空气动力学学报,2011, 29(3): 295 − 301.

[23] GRABE C, KRUMBEIN A. Correlation-based transition transport modeling for three-dimensional aerodynamic configurations[J]. Journal of Aircraft, 2013, 50(5):1533 − 1539.

[24] ARNAL D, HABIBALLAH M, COUSTOLS E. Théorie de l'instabilité laminaire et critères de transition en écoulement bi et tridimensionnel [J]. La Recherche Aérospatiale, 1984 (2): 125 − 143.

[25] ARNAL D, JUILLEN J. Three-dimensional transition studies at ONERA/CERT[C]//19th AIAA, Fluid Dynamics, Plasma Dynamics, and Lasers Conference, 1987.

[26] CHOI J H, KWON O J. Enhancement of a correlation-based transition turbulence model for simulating crossflow instability[C]. Aerospace Sciences Meeting, 2015.

[27] LANGTRY R. Extending the $\gamma\text{-}Re_{\theta}$ correlation based transition model

for crossflow effects[C]//AIAA Fluid Dynamics Conference, 2015.

[28] CROUCH J D. Variable N-factor method for transition prediction in three-dimensional boundary layers[J]. AIAA Journal, 2000, 38(2): 211 - 216.

[29] PAPP J, DASH S. A rapid engineering approach to modeling hypersonic laminar to turbulent transitional flows for 2D and 3D geometries[J]. Journal of Spacecraft & Rockets, 2013, 42(3):18.

[30] RADEZTSKY J R, REIBERT M, SARIC W, et al. Effect of micron-sized roughness on transition in swept-wing flows[C]. 31st Aerospace Sciences Meeting, 1993.

[31] PETZOLD R, RADESPIEL R. Transition on a wing with spanwise varying crossflow evaluated with linear stability theory [C]//43rd Fluid Dynamics Conference, San Diego, CA, 2013.

[32] PETZOLD R, RADESPIEL R. Transition on a wing with spanwise varying crossflow and linear stability analysis[J]. AIAA Journal, 2015, 53(2):321 - 335.

[33] MALIK M R, ORSZAG S A. Linear stability analysis of three-dimensional compressible boundary layers[J]. Journal of Scientific Computing, 1987, 2(1):77 - 97.

[34] CEBECI T. Stability and Transition: Theory and Application. Efficient Numerical Methods with Computer Programs [M]. Heidelberg: Springer-Verlag, 2004.

[35] SCHRAUF G. Status and perspectives of laminar flow [J]. The Aeronautical Journal, 2005, 109(1102): 639 - 644.

[36] DAGENHART J R, Saric W S. Crossflow stability and transition experiments in swept - wing flow[R]. Washington:NASA,1999.

第4章
层流机翼气动特性与设计理论

4.1 引 言

采用数值模拟手段揭示自然/混合层流机翼的气动设计理论,一方面通过参数影响分析,量化并阐明压力分布形态、吸气控制参数以及雷诺数等因素对自然/混合层流机翼层流保持以及减阻能力影响的作用机制;另一方面借助最优设计理论,从工程角度出发,深入理解层流控制减阻原理,形成减阻流动控制气动设计指南。本章首先基于无限展长后掠层流翼,研究雷诺数、后掠角、吸气控制强度以及压力分布形态等因素对自然/混合层流机翼气动特性的影响作用;之后,基于具有25°机翼前缘后掠角的翼身组合体构型,分析层流机翼气动特性随雷诺数以及吸气控制参数变化的演化规律。

4.2 无限展长后掠层流机翼气动特性与设计理论

4.2.1 压力分布形态、吸气控制参数对层流机翼气动特性的影响

压力分布形态以及吸气控制参数等,对层流机翼层流保持和气动减阻能力影响显著。以图4-1所示的无限展长后掠翼为对象,通过变参分析揭示压力分布形态特征、吸气控制强度以及吸气控制位置对层流机翼气动特性的影响规律。相比二维翼型,无限展长后掠翼具有明显的后掠角能够引入横流效应,可以借此研究 CF 涡失稳参与的转捩现象。除此之外,与传统的三维有限展长机翼相比,无限展长后掠机翼由一个翼型成型,其构型简单,非常适合用于自然/混合层流机翼气动特性和设计原理的研究。

层流流动控制技术对形面的光滑性具有较为苛刻的要求,形面的不连续很有可能诱导层流提前转捩。大型客机需要借助增升装置系统获得满足设计要求的低速气动性能,而增升装置的存在会破坏机翼前缘形面的光滑连续性。因此,在大型客机机翼上应用层流流动控制技术,需要采用 Krueger 襟翼这种特殊的

增升装置系统。Krueger 襟翼以牺牲机翼下翼面的方式保证上翼面形面的光滑连续。因此,进行层流机翼气动特性的数值模拟分析时,仅考虑上翼面层流区的变化即可,下翼面按全湍流流动处理。

图 4-1　具有 35°前缘后掠角的无限展长后掠翼

选择图 4-2 和图 4-3 所示的具有两种不同压力分布形态特征的无限展长后掠翼,进行变吸气控制强度和控制区域的数值分析。图中,C_p 为压力系数,两个构型分别记为 b 构型和 h 构型。计算状态为雷诺数为 6×10^6,马赫数为 0.78,来流湍流度 $Tu = 2‰$,采用线性稳定性理论 e^N 法进行转捩预测。理论上,e^N 法的转捩阈值 N 需要在给定条件下(温度、湍流度、物面光洁度等),通过风洞或者飞行试验进行标定。此处,参考国内外的相关文献,将 TS 波以及 CF 涡的转捩阈值 N 都保守地取为 6.48。阈值 N 取值的准确程度会影响 e^N 法的转捩预测精度,但不会改变吸气控制参数对转捩抑制效果的影响规律。

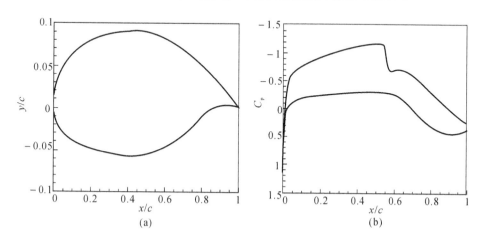

图 4-2　上翼面压力分布形态具有明显顺压力梯度特征的 b 构型
(a) b 构型翼型剖面;　(b) b 构型压力分布

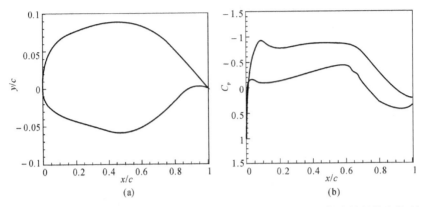

图 4 - 3　上翼面压力分布形态呈现先小逆压力梯度后小顺压力梯度特征的 h 构型
(a) h 构型翼型剖面；　(b) h 构型压力分布

　　图 4 - 4 所示为吸气控制强度对混合层流机翼转捩抑制效果的影响结果。其中吸气控制区域固定在机翼前缘前 10％弦长部分，吸气控制强度 C_q 在 $0.0 \sim -5.0 \times 10^{-4}$（负号表示进行吸气控制）之间变化。对于 b 构型，转捩位置随着吸气控制强度的增大以近乎线性的关系向后移动，直到转捩位置推迟至激波所在位置附近时，转捩位置不再随吸气控制强度的变化而发生改变。对于 h 构型，随着吸气控制强度的增大，转捩位置缓慢后移，当吸气控制强度 C_q 达到 $-0.000\,25$ 时，转捩位置陡然后移至 63％弦长位置，之后便不再发生变化。对比结果显示，吸气控制可以有效地推迟层流转捩，但是无法改变诸如激波、分离等导致的转捩，转捩抑制效果受机翼的压力分布形态特征影响较大。

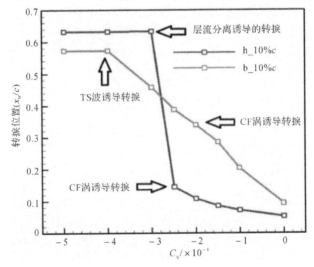

图 4 - 4　不同构型在 $Re = 6 \times 10^6$ 下的吸气量和转捩位置关系

图 4-5 所示为不同吸气控制强度下,吸气控制区域分别为机翼前缘 10%
弦长和 15%弦长时,吸气控制对混合层流机翼转捩抑制效果的影响结果。为了
保证不同吸气控制大小的结果具有可比性,当吸气控制区域从 10%弦长增大到
15%弦长后,按照总吸气质量流量不变原则对吸气控制系数 C_q 进行变换。结果
显示,无论是 b 构型还是 h 构型,在相同的总吸气质量流量条件下,吸气控制区
域越大,转捩抑制效果越明显。

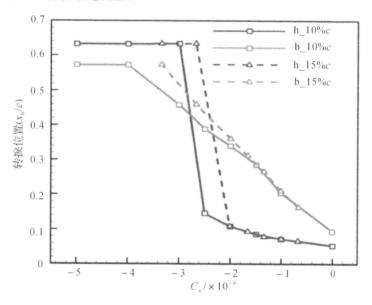

图 4-5　吸气区域扩大后不同构型在 $Re=6\times10^6$ 下的吸气控制强度和转捩位置关系

4.2.2　单因素影响下的层流机翼气动设计理论

1. 以气动阻力和吸气控制强度权重之和最小为设计目标

混合层流控制技术的吸气控制的实现需要借助吸气控制系统,吸气控制系
统的运转会消耗额外的功率,吸气控制强度越大,消耗的功率也越大。因此,对
于混合层流控制技术,需要综合权衡吸气控制带来的气动减阻收益和系统运转
需要的功率消耗。选取后掠角为 25°的无限展长后掠翼作为研究对象,以气动
阻力和吸气控制强度权重之和最小为目标,综合考虑机翼形面以及吸气控制强
度变化的气动设计,借助最优设计理论揭示设计目标对层流机翼气动设计的影
响。几何外形参数化方法为 FFD(free-form deformation),机翼平面形状以及
FFD 控制框的布置如图 4-6 所示。

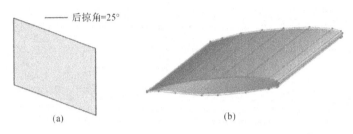

图 4-6 无限展长后掠机翼平面形状及 FFD 控制框的布置

(a) 机翼平面形状；(b) FFD 控制框的布置

机翼上翼面前 15% 弦长位置设置为吸气控制区域，整个吸气控制区域沿弦向方向被均匀划分成 7 段，每段吸气控制区域各有一个独立的吸气控制强度 C_q，以此在整个吸气控制区域实现非均匀吸气控制，如图 4-7 所示。

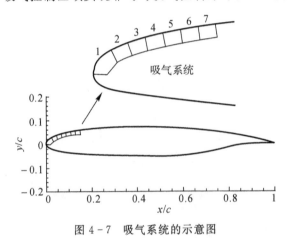

图 4-7 吸气系统的示意图

设计状态为马赫数 $Ma = 0.78$，雷诺数 $Re = 20 \times 10^6$，定升力系数 $C_L = 0.59$，e^N 方法的 TS 波以及 CF 涡的转捩阈值 N_{crit} 设定为 6.48。每个吸气控制区间的吸气控制强度可在 $-0.000\,6 \sim 0$ 之间（负值代表吸气）变化。优化目标为阻力系数 C_D 和吸气控制强度 C_q 的加权和最小。优化数学模型为

$$
\left.
\begin{aligned}
\min \quad & k_1 C_D + k_2 \left| \sum_{i=1}^{7} C_{q_i} \right| \\
\text{s.t.} \quad & \bar{t} \geqslant 12\% \\
& |C_M| \leqslant |-0.136| \\
& \frac{1}{7} \sum_{i=1}^{7} |C_{q_i}| \leqslant |-0.000\,3|
\end{aligned}
\right\} \quad (4-1)
$$

式中,权重系数 $k_1 = 1, k_2 = 0.5$;$\bar{t}$ 为翼型相对厚度;C_M 为低头力矩。优化结果命名为"design1"。初始构型"original"采取吸气控制强度 $C_q = -0.000\,3$ 的均匀吸气控制。为了对比混合层流技术相比自然层流技术的优势,同样基于初始构型进行自然层流翼的优化,设计结果命名为"design2"。

初始构型与优化设计结果对比见表 4-1,图 4-8 所示为翼型和压力分布对比,图 4-9 和图 4-10 所示为吸气分布以及扰动波放大因子曲线的包络线。对比结果显示,基于混合层流控制机翼的设计结果 design1 相比初始构型 original,转捩位置从 2.20% 弦长推迟到 57.10% 弦长,总阻力减小了 40.74%,其中压差阻力减小了 51.93%,摩擦阻力减小了 29.24%。

表 4-1 优化设计构型 design1,design2 与初始构型 original 气动特性对比

参　数	original	design1	$\Delta\%$	design2	$\Delta\%$
C_D	0.010 63	0.006 30	-40.74%	0.009 69	-8.88%
C_{Dp}	0.005 39	0.002 59	-51.93%	0.004 55	-15.62%
C_{Df}	0.005 24	0.003 71	-29.24%	0.005 14	-1.94%
转捩位置 x_{tr}/c	2.20%	57.10%	—	1.59%	—

注:C_{Dp} 表示压差阻力系数;C_{Df} 表示摩擦阻力系数。

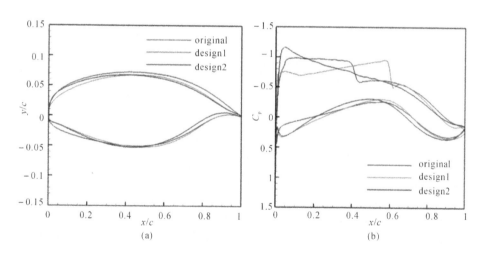

图 4-8　优化设计构型 design1,design2 与初始构型 original 翼型几何以及压力分布对比
(a)翼型几何;　(b)压力分布

图 4-9 显示,design1 的吸气控制强度远小于 original 构型,但是 design1 的层流区依然较长,这得益于 design1 的压力分布更有利于抑制 CF 涡、TS 波的

发展。图 4-8 表明,original 的压力分布是一个近似"平顶"状的压力分布,头部峰值以后至 40％弦长位置是一个平缓的压力平台,之后以一道弱激波进行压力恢复。design1 的压力分布的头部峰值较低,头部峰值之后,5％～13％弦长位置是一个小的逆压梯度,在此之后的 13％～57％弦长位置为一段均匀稳定的顺压力梯度,并以一道激波进行压力恢复。从上翼面的激波强度来看,design1 的激波强度比 original 的激波强度稍大一些,结合图 4-10 所示的扰动波增长可以解释 design1 的压力分布形态特征。构型 design1 的头部峰值较低,位于约 5％当地弦长位置,且头部峰值后 5％～13％弦长范围内是一段小的逆压力梯度,再加上吸气控制,这使得 design1 的 CF 涡在约 5％弦长位置达到极大值但并没有超过阈值,如图 4-10(a)所示。13％～57％弦长位置的均匀稳定的顺压力梯度能够在没有吸气控制的情况下,对 TS 波的发展起到一定的抑制作用。如图 4-10(b)所示,TS 波直到激波强制转捩之前都没有达到阈值。为了维持这样的压力分布,翼型的几何形状也表现出了一些特点,如图 4-8 所示。翼型 design1 上表面的头部更尖,且 y 值最大点相对靠后,用于实现较长的顺压区,下表面出现了明显的前加载,用于减小低头力矩。初始构型 original 虽然吸气强度较高,但压力分布不够合理,CF 涡在头部达到了阈值,转捩发生。

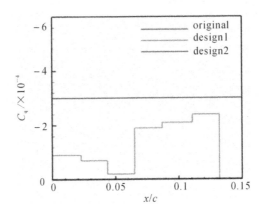

图 4-9　优化设计构型 design1,design2 与初始构型 original 吸气分布对比

由于自然层流设计结果 design2 没有采取吸气控制措施,扰动波的发展更为迅速,同时受激波强度不能过强、低头力矩不能过大等因素影响,机翼上表面无法维持很长的层流段,因此最后优化得到的压力分布是一个典型的跨声速的无激波形态,如图 4-8 所示。由表 4-1 可知,design2 相比 original 的阻力降低了 8.88％,其中压差阻力降低了 15.62％,摩擦阻力降低了 1.94％。

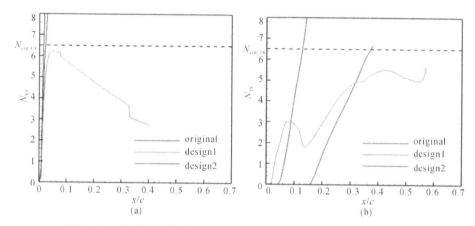

图 4-10 优化设计构型 design1、design2 与初始构型 original 扰动波
　　　　放大因子曲线的包络线对比

（a)CF 扰动涡； (b)TS 扰动波

2. 以层流区最长为设计目标

混合层流控制技术可通过推迟转捩、显著增大层流区长度来大幅降低气动阻力，但层流区最长是否意味着气动性能最优，是需要进一步研究的问题。同样基于具有 25°后掠角的无限展长后掠翼，以上表面层流区最长为目标，进行优化设计，并将设计结果与 1. 中的 design1 构型进行对比分析。除了优化目标不同外，其余计算状态、设计变量以及约束与 design1 保持一致。优化数学模型可表示为

$$
\left.
\begin{array}{ll}
\max & x_{\mathrm{tr}}/c \\
\text{s. t.} & \bar{t} \geqslant 12\% \\
& |C_{\mathrm{M}}| \leqslant |-0.136| \\
& \dfrac{1}{7}\sum_{i=1}^{7}|C_{q_i}| \leqslant |-0.000\ 3|
\end{array}
\right\}
\quad (4-2)
$$

优化结果命名为"design3"。表 4-2 显示，以层流区最长为目标的 design3 的层流区长度为 63.61%弦长，比 design1 的 57.10%弦长多出 6.51%弦长。然而，design3 的阻力系数相比 design1 却增加了 5.56%，其中压差阻力增加了 20.81%(5.4 counts)，摩擦阻力降低了 5.09%(1.9 counts)。摩擦阻力的降低归功于层流区的增加。图 4-11 给出的压力分布对比图显示，design3 的激波强度明显大于 design1 构型的，这是导致压差阻力增加的重要原因。为了维持更长的层流区，design3 使用了更大的吸气控制强度，延长了激波前的顺压梯度范围。由图 4-11 的翼型几何对比可以看出，为了增加顺压梯度的长度，翼型上表

面的后部变得更加饱满，上翼面最大厚度点进一步后移。由图 4 - 12 所示的吸气部分对比，以及图 4 - 13 所示的扰动波放大因子曲线包络线对比可知，"design 3"是具有更大的吸气控制强度抑制扰动波的发展。

表 4 - 2　优化设计构型 design1，design3 气动特性对比

构型	C_D	C_{Dp}	C_{Df}	转捩位置 x_{tr}/c
design1	0.006 30	0.002 59	0.003 71	57.10%
design3	0.006 65	0.003 13	0.003 52	63.61%
$\Delta\%$	5.56%	20.81%	-5.09%	—

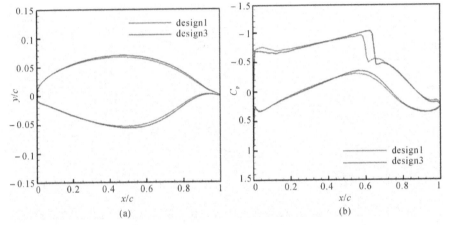

图 4 - 11　优化设计构型 design1、design3 翼型几何和压力分布对比

(a)翼型几何；　(b)压力分布

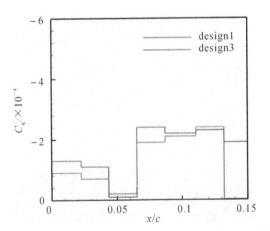

图 4 - 12　优化设计构型 design1、design3 吸气分布对比

总之,以层流区最长为目标的设计虽然可获得更长的层流区,但需要更大的吸气控制强度。激波强度增大,总阻力相比 design1 不降反升,见表 4 - 2。因此,层流区最长并不意味着气动阻力最小。一个气动性能优异的混合层流控制机翼应是综合考虑摩擦阻力、压差阻力、激波强度和配平阻力(低头力矩)后的结果。

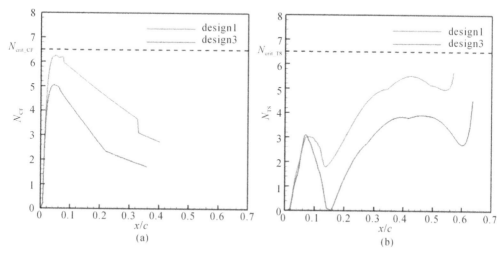

图 4 - 13   优化设计构型 design1、design3 扰动波放大因子曲线的包络线对比

(a)CF 扰动涡;   (b)TS 扰动波

3. 雷诺数的影响作用

雷诺数的变化会极大地影响层流机翼层流保持能力,一般而言,雷诺数越大,层流维持难度越大。同样基于具有 25°后掠角的无限展长后掠机翼,进行变雷诺数的优化设计,并将设计结果与 1. 中的 design1 进行对比,揭示雷诺数变化对混合层流机翼压力分布形态以及吸气控制强度设计的影响作用。设计状态雷诺数从 design1 的 $Re=20\times10^6$ 提高到 $Re=25\times10^6$,其他设计状态与 design1 构型保持一致。优化数学模型可表示为

$$\left.\begin{array}{ll} \min & k_1C_D+k_2\Big|\sum_{i=1}^{7}C_{q_i}\Big| \\ \text{s.t.} & \bar{t}\geqslant12\% \\ & |C_M|\leqslant|-0.136| \\ & \dfrac{1}{7}\sum_{i=1}^{7}|C_{q_i}|\leqslant|-0.000\ 3| \end{array}\right\} \tag{4-3}$$

式中,权重系数 $k_1=1$,$k_2=0.5$。优化结果命名为"design4"。表 4 - 3 给出了

design1 和 design4 设计构型的气动特性对比,翼型几何和压力分布对比如图 4-14所示。图 4-15、图 4-16 分别给出了吸气控制分布和扰动波放大因子曲线包络线的对比。由表 4-3 可以看出,雷诺数增加显著地增大了维持层流的难度,design4 的层流区长度为 51.84% 弦长,比 design1 的 57.10% 弦长减小了 5.26% 弦长,阻力系数增大了 3.69%。图 4-14 所示的压力分布对比显示,design4 上表面前缘的压力分布与 design1 几乎相同,但 design4 的顺压区长度更短,激波位置更靠前。图 4-16 显示,design1 构型的 CF 扰动涡在机翼前缘非常接近转捩阈值,但雷诺数更高的 design4 的 CF 扰动涡的发展在机翼前缘依旧得到了有效的抑制。这主要得益于 design4 在机翼前缘显著增大了吸气控制强度,如图 4-15 所示。更大的吸气控制强度抑制了 CF 扰动涡的发展,使得 design4 没有在前缘就发生转捩。

表 4-3　优化设计构型 design1、design4 气动特性对比

构型	C_D	C_{Dp}	C_{Df}	转捩位置 x_{tr}%c
design1	0.006 30	0.002 59	0.003 71	57.10%
design4	0.006 53	0.002 66	0.003 87	51.84%
Δ%	3.69%	2.78%	4.32%	—

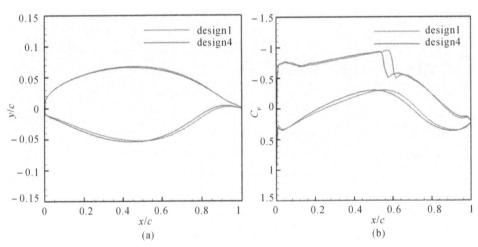

图 4-14　优化设计构型 design1,design4 翼型几何和压力分布对比
(a)翼型几何；　(b)压力分布

　　总之,雷诺数增大会增加层流保持的难度,但仍然可以通过调整压力分布形态特征和增大吸气控制强度的方式获得可观的层流区长度。

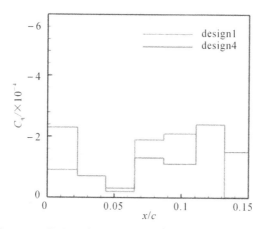

图 4 - 15　优化设计构型 design1、design4 吸气分布对比

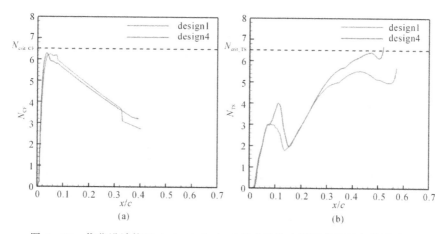

图 4 - 16　优化设计构型 design1,design4 扰动波放大因子曲线的包络线对比
(a)CF 扰动涡；　(b)TS 扰动波

4. 吸气控制分布的影响作用

对于混合层流控制技术而言,吸气控制的实现需要消耗额外的功率,吸气控制质量流量越大,消耗的功率也越大。但是,基于相同的吸气质量流量可以有多种不同的吸气控制分布形式,比如均匀吸气以及非均匀吸气控制。因此,何种吸气控制分布形式最有利于转捩抑制,是需要进一步研究的问题。

设计构型 design1 采用非均匀吸气控制的方式,整个吸气控制区域内的平均吸气控制强度为 $C_q = -1.17 \times 10^{-4}$。为了揭示给定吸气控制强度下吸气控制的分布形式对层流机翼气动设计的影响作用,采用吸气控制强度 $C_q =$

-1.17×10^{-4} 的均匀吸气控制方式,仅仅以机翼形面为设计变量进行优化设计,并与 design1 构型进行对比。优化目标及其他设置与 design1 构型保持一致,以阻力系数最小为目标进行优化(由于吸气控制强度设置为常值,亦可视为以阻力系数和平均吸气控制强度的加权和最小为目标进行优化)。优化数学模型可表示为

$$
\begin{aligned}
\min \quad & C_D \\
\text{s.t.} \quad & \bar{t} \geqslant 12\% \\
& |C_M| \leqslant |-0.136|
\end{aligned}
\right\}
\tag{4-4}
$$

优化结果命名为"design5"。表 4-4 给出了 design1 和 design5 构型的气动特性对比,翼型几何和压力分布对比如图 4-17 所示,吸气分布和扰动波放大因子曲线包络线的对比如图 4-18、图 4-19 所示。表 4-4 表明,design5 的层流区长度为 52.94% 弦长,比 design1 的 57.10% 弦长少了 4.16% 弦长,阻力系数增加了 2.68%,其中压差阻力系数 C_{Dp} 增加了 0.69%,摩擦阻力系数 C_{Df} 增加了 4.07%。图 4-17 给出的压力分布对比显示,design5 和 design1 构型相似,都是前缘压力分布基本保持不变,顺压区范围减小,激波位置前移。由图 4-19 的 TS 扰动波可以看到,design5 的 TS 扰动波在激波前已接近阈值。图 4-18 给出的吸气控制分布显示,design1 的吸气分布成"凹"字形。前部较大的吸气控制强度可抑制 CF 涡在机翼前缘的快速发展,后部较大的吸气控制强度可在吸气区域将 CF 扰动涡、TS 扰动波的发展抑制到一个较低的水平。

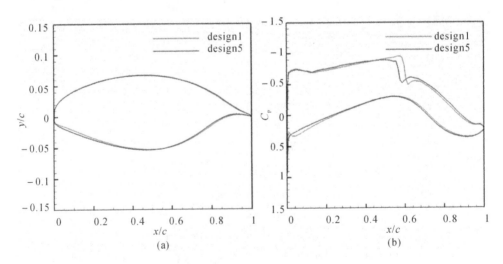

图 4-17　优化设计构型 design1,design5 翼型几何和压力分布对比
(a)翼型几何;　(b)压力分布

表 4 - 4　优化设计构型 design1, design5 气动特性对比

构型	C_D	C_{Dp}	C_{Df}	转捩位置 $x_{tr}\%c$
design1	0.006 30	0.002 59	0.003 71	57.10%
design5	0.006 47	0.002 61	0.003 86	52.94%
$\Delta\%$	2.68%	0.69%	4.07%	—

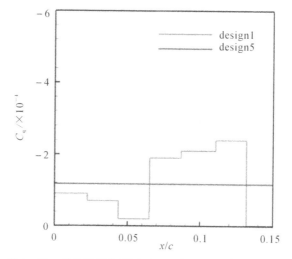

图 4 - 18　优化设计构型 design1, design5 吸气分布对比

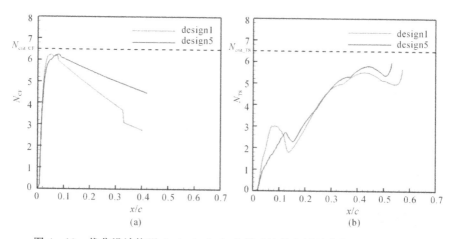

图 4 - 19　优化设计构型 design1, design5 扰动波放大因子曲线的包络线对比
（a）CF 扰动波；　（b）TS 扰动波

总之,相比均匀吸气控制方式,合理的非均匀吸气控制分布形式能够以较小的吸气质量流量有效抑制 TS 扰动波及 CF 扰动涡的发展,获得更长的层流区。

4.2.3 稳健的层流机翼气动设计理论

1.升力系数变化的影响作用

对于诸如 B787 等跨洋喷气式客机,航空燃油重量往往可接近起飞总重量的 50%,因此这类飞行器的巡航升力系数会出现明显的变化。只有在整个巡航升力系数范围内都具有较高的升阻比,飞机的经济性才能得到可靠的保证。

基于 4.2.2 节中具有 25°后掠角的无限展长后掠机翼,进行考虑升力系数变化的多点鲁棒的优化设计,并将设计结果与 4.2.2 节 1.的 design1 构型进行对比分析,揭示升力系数变化对混合层流机翼压力分布形态以及吸气控制参数设计的影响作用。优化设计过程中,吸气控制分布不随升力系数的变化而变化。除了设计升力系数外,其余的计算状态、设计变量以及转捩阈值与 design1 保持一致。选取 0.53,0.59 和 0.65 这三个不同的升力系数进行设计研究,优化数学模型可表示为

$$
\left.
\begin{aligned}
&\min \quad a_1 C_{D1} + a_2 C_{D2} + a_3 C_{D3} + b \sum_{i=1}^{7} \left| C_{q_i} \right| \\
&\text{s. t.} \quad \bar{t} \geqslant 12\% \\
&\qquad \left| C_M \right| \leqslant \left| -0.136 \right|, \quad \text{当 } C_L = 0.59 \text{ 时} \\
&\qquad \frac{1}{7} \sum_{i=1}^{7} \left| C_{q_i} \right| \leqslant \left| -0.000\ 3 \right|
\end{aligned}
\right\}
\qquad (4-5)
$$

式中,C_{D1},C_{D2} 和 C_{D3} 分别为升力系数 0.53,0.59 和 0.65 时的气动阻力系数,加权系数 a_1,a_2,a_3 和 b 分别为 1,2,1 和 1。设计结果命名为"design6"。

图 4-20 所示为构型 design1 和 design6 的翼型对比,表 4-5 为多点优化设计结果 design6 与单点设计结果 design1 的气动特性的对比。设计结果表明,相比于 design1,design6 虽然 $C_L = 0.59$ 时阻力系数略有增加(增加了2.6%),但是 $C_L = 0.65$ 时阻力系数减小了 31.6%,升阻比得到了大幅度的提升。

表 4 - 5   design1 与 design6 构型的气动特性对比

C_L	构型	C_D	C_{Dp}	C_{Df}
0.53	design1	0.006 36	0.002 40	0.003 96
	design6	0.006 36	0.002 37	0.003 99
	$\Delta\%$	0.0%	−1.3%	0.8%
0.59	design1	0.006 30	0.002 59	0.003 71
	design6	0.006 56	0.002 70	0.003 86
	$\Delta\%$	4.1%	4.3%	4.0%
0.65	design1	0.010 52	0.005 45	0.005 07
	design6	0.007 20	0.003 48	0.003 72
	$\Delta\%$	−31.6%	−36.1%	−26.6%

图 4 - 21 显示,design6 构型在 0.53~0.65 的升力系数范围内升阻比都在 82 以上,升阻比随升力系数改变的变化较为和缓,鲁棒性较好。而 design1 构型在升力系数从 0.59 到 0.65 的变化过程中,升阻比从 92.3 骤降到 61.8。design1 构型升阻比的急剧改变是由于转捩位置的突然变化。当 $C_L=0.65$ 时,上翼面几乎无法再维持明显的层流区。

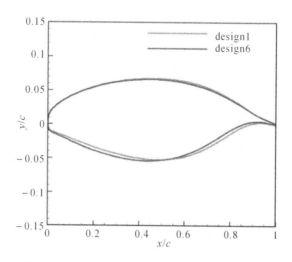

图 4 - 20   design1 与 design6 构型的翼型几何对比

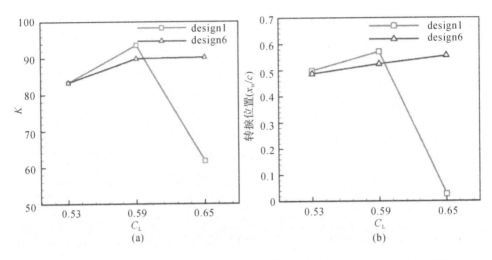

图 4-21 design1 和 design6 构型升阻比与转捩位置随升力系数变化的对比图

(a)升阻比随升力系数的变化；　(b)转捩位置随升力系数的变化

图 4-22 和图 4-23 分别为 design6 和 design1 构型的吸气控制强度分布以及不同升力系数下的压力分布对比。压力分布对比图显示,升力系数为 0.53以及 0.59 时,design6 和 design1 构型上表面压力分布除了激波位置有所不同外几乎完全重合,这使得两者在对应的升力系数下的扰动波放大因子增长曲线的包络线的发展趋势极为相似,如图 4-24 所示。由于 design6 构型的吸气强度要大于 design1 的(见图 4-22),所以虽然两者扰动波的发展趋势相似,但是在量值上存在明显差别。在激波位置以前,design6 构型的 N 因子的值都要小于 design1 的。当升力系数为 0.65 时,design1 构型由于 CF 扰动涡在头部附近没有得到有效的控制而超过阈值导致转捩。design6 构型无论是 CF 扰动涡还是 TS 扰动波都得到了及时、有效的抑制。

相比于 design1 构型,design6 构型主要通过两方面的改进去抑制扰动波的发展。第一,design6 构型提高了吸气强度,从而抑制扰动波的发展。通过图4-25(a)的扰动波放大因子曲线可以看出,design6 构型前 5%弦长区域的吸气强度的提高是为了更有效的抑制 CF 扰动涡,避免 CF 扰动涡因头部失稳造成转捩。design6 构型在 7%~13%弦长区域内的吸气强度的提高是为了抑制 TS 扰动波在该区域的过快发展。由图 4-25(b)所示的 design1 和 design6 构型的 TS扰动波发展对比图可以看出,在 7%~13%区域内 design1 构型的 TS 扰动波放大因子持续增长并很快接近临界阈值 N_{crit_TS}，而 design6 构型的 TS 扰动波却得到了有效的抑制；第二，design6 构型将上翼面峰值之后的逆压力梯度范围从 25％弦长位置减小到了 20％弦长位置，并适当增大了顺压力梯度的大小，如图 4-23(c) 的压力分布对比所示。由于逆压力梯度易造成 TS 波失稳，因此 design6 构型压力分布的改变更有利于抑制 TS 扰动波的失稳，如图 4-25(b) 所示。

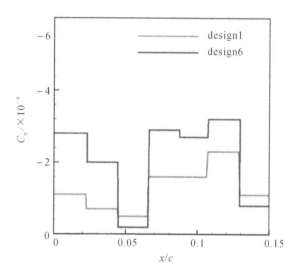

图 4-22　design1 和 design6 构型吸气分布对比

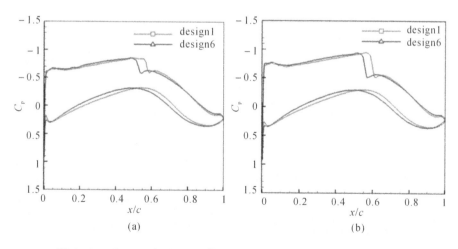

图 4-23　design1 与 design6 构型在不同升力系数下的压力分布对比

(a) $C_L = 0.53$；　(b) $C_L = 0.59$

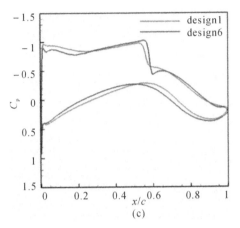

续图 4-23 design1 与 design6 构型在不同升力系数下的压力分布对比

(c) $C_L = 0.65$

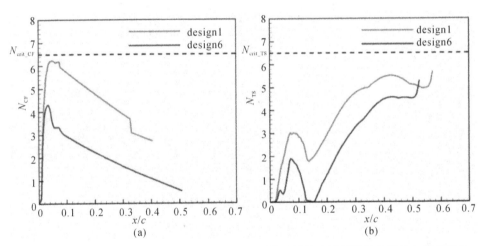

图 4-24 $C_L = 0.59$ 时 design1 与 design6 构型的扰动波放大因子增长曲线的包络线对比

(a)CF 扰动波； (b)TS 扰动波

总之,为了提高混合层流机翼气动特性对升力系数变化的鲁棒性,混合层流机翼不仅需要更大的吸气控制强度和合理的吸气分布,还需要鲁棒的压力分布形态与之相匹配。

2. 马赫数和升力系数变化的影响作用

受航空管制以及变高度巡航策略等因素的影响,民用客机难以在整个巡航阶段内都以一个固定的设计马赫数进行巡航,其巡航马赫数往往会在设计马赫数附近小幅变化。相同升力系数条件下,机翼压力分布形态,尤其是头部附近的压力分布形态,会随着马赫数的变化而变化。对于层流机翼而言,头部附近的压力分布形态的变化可能会对转捩位置造成一定的影响,进而改变层流机翼的气动特性。

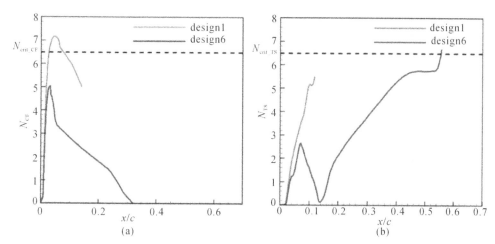

图 4-25 $C_L = 0.65$ 时 design1 与 design6 构型的扰动波放大因子增长曲线的包络线对比
(a)CF 扰动涡;   (b)TS 扰动波

同样基于具有 25°后掠角的无限展长后掠翼,综合考虑马赫数以及升力系数的变化进行优化设计,并将设计结果与 design6 构型进行对比分析,揭示马赫数以及升力系数变化对混合层流机翼压力分布形态以及吸气控制参数设计的影响作用。设计升力系数为 0.53,0.59 和 0.65,设计马赫数为 0.77,0.78 和 0.79。优化数学模型可表示为

$$
\begin{aligned}
\min \quad & a_1 C_{D1} + a_2 C_{D2} + a_3 C_{D3} + a_4 C_{D4} + a_5 C_{D5} + b \sum_{i=1}^{7} |C_{qi}| \\
\text{s.t.} \quad & \bar{t} \geqslant 12\% \\
& |C_M| \quad \leqslant |-0.136|, \text{当 } C_L = 0.59 \text{ 时} \\
& \frac{1}{7} \sum_{i=1}^{7} |C_{qi}| \leqslant |-0.000\ 3|
\end{aligned}
\quad\quad (4-6)
$$

式中,C_{D1},C_{D2} 和 C_{D3} 是马赫数为 0.78,升力系数分别为 0.53,0.59 和 0.65 时的气动阻力系数;C_{D4} 是马赫数为 0.77,升力系数为 0.65 时的气动阻力系数;C_{D5} 是马赫数这 0.79,升力系数 0.53 时的气动阻力系数。权重系数 $a_1 \sim a_5$ 及 b 分别为 1,2.5,1,1,1。设计结果命名为"design7"。

图 4-26 显示,design7 构型的上翼面相比于 design6 构型在前缘略有突起,

在 60％弦长位置处略有凹陷。design6 与 design7 转捩位置的对比结果见表 4-6，图4-27 和图 4-28 别为转捩位置和升阻比随马赫数以及升力系数变化的对比云图，其中图 4-27 的色例表示转捩位置，图 4-28 的色例表示升阻比。表 4-6 显示（"Δ"表示 design7 构型相对于 design6 构型的层流区长度的增量，其中"一"表示层流区减小），design7 构型相对于 design6 构型虽然在 0.78 马赫和 0.79 马赫的个别升力系数状态下，层流区有 2％～7％弦长的减少，但是在 0.77马赫升力系数为0.59和0.65，以及 0.79 马赫升力系数为 0.53 的条件下，层流区长度都增加了 28％弦长以上。图 4-27 和图 4-28 表明，相比于 design6 构型，design7 构型的转捩位置以及升阻比随马赫数和升力系数的变化更为和缓，具有更强的鲁棒性。

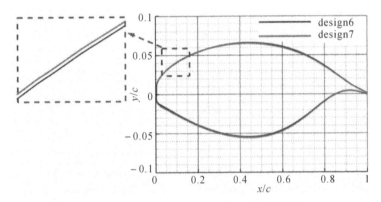

图 4-26　design6 与 design7 构型的翼型对比

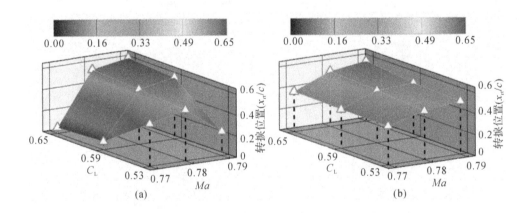

图 4-27　design6 与 design7 构型的转捩位置对比

(a) design6；　(b) design7

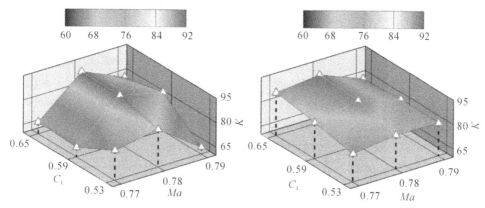

图 4 - 28   design6 与 design7 构型的升阻比对比

(a) design6； (b) design7

表 4 - 6   design6 与 design7 构型的转捩位置对比

Ma	C_L	转捩位置 x_{tr}/c		
		design6	design7	$\Delta\%$
0.77	0.53	0.40	0.38	−0.02
	0.59	0.08	0.37	0.29
	0.65	0.06	0.37	0.31
0.78	0.53	0.49	0.46	−0.03
	0.59	0.52	0.50	−0.02
	0.65	0.55	0.52	−0.03
0.79	0.53	0.23	0.51	0.28
	0.59	0.59	0.52	−0.07
	0.65	0.61	0.57	−0.04

图 4 - 29 为不同马赫数和升力系数状态下 design6 与 design7 构型的压力分布对比图，图 4 - 30～图 4 - 32 为对应状态下的扰动波放大因子增长曲线的包络线对比图。图 4 - 29(a)的压力分布对比图显示，design7 构型的激波位置前移了 3%弦长左右。因此，相比于 design6 构型，design7 构型的转捩位置在 0.78马赫有 2%～3%弦长减少，其原因在于激波位置略有前移。在激波之前 CF 扰动涡和 TS 扰动波并没有达到阈值（见图 4 - 30），因此造成转捩的原因为激波强制转捩。在 0.77 马赫和 0.79 马赫的部分升力系数状态下，design7 构型的层流

区长度得到大幅增加,其原因在于 design7 构型通过增加吸气量,优化吸气分布并小幅调整压力分布形态,这有效地抑制了由于 TS 扰动波以及 CF 扰动涡的失稳造成的转捩。当 $Ma=0.77,C_L=0.65$ 时,design6 构型由于头部附近逆压力梯度过大[见图 4-29(c)]加速了 TS 扰动波的发展,而吸气控制强度又不足以对 TS 扰动波的增长产生有效的抑制,使得 TS 扰动波在头部 4% 弦长区域快速发展,最终达到阈值导致转捩,如图 4-32 所示。相比之下,design7 构型在压力分布形态上适当减小了头部附近的逆压力梯度的大小,并显著地增大了 2%～4% 弦长区域的吸气控制强度(见图 4-33),这使得在避免 CF 扰动涡失稳的情况下,抑制了 TS 扰动波的过快发展,推迟了转捩的发生,如图 4-32(b)所示。当 $Ma=0.79,C_L=0.53$ 时,design6 构型为 CF 扰动波在头部附近失稳导致的转捩。相比之下,design7 构型由于在 2%～4% 弦长区域显著增大了吸气控制强度,所以 CF 扰动涡的发展在头部附近得到了有效的抑制,如图 4-31(a)所示。最终 design7 构型为激波强制转捩。

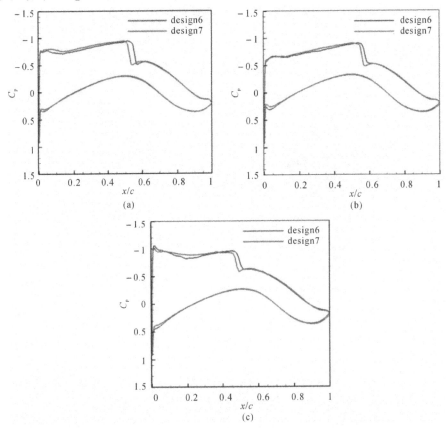

图 4-29 不同马赫数和升力系数下的 design6 和 design7 构型的压力分布对比
(a)$Ma=0.78,C_L=0.59$; (b)$Ma=0.79,C_L=0.53$; (c)$Ma=0.77,C_L=0.65$

总之,为了提高混合层流机翼对马赫数以及升力系数变化的鲁棒性,混合层流机翼需要更大的吸气控制强度、合理的吸气控制分布以及更为鲁棒的压力分布形态。

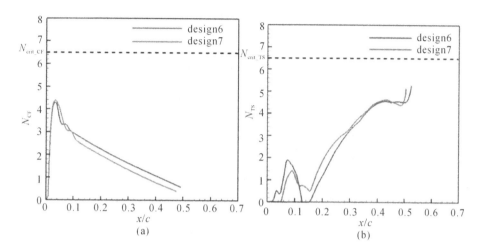

图 4 - 30　$Ma=0.78,C_L=0.59$ 时,design6 与 design7 构型的扰动波
放大因子增长曲线的包络线对比
(a)CF 扰动涡;　(b)TS 扰动波

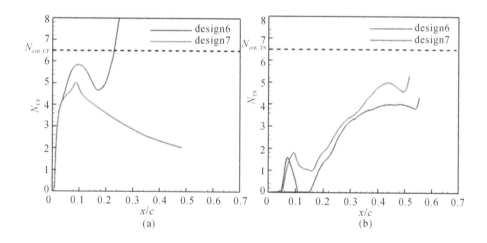

图 4 - 31　$Ma=0.79,C_L=0.53$ 时,design6 与 design7 构型的扰动波
放大因子增长曲线的包络线对比
(a)CF 扰动涡;　(b)TS 扰动波

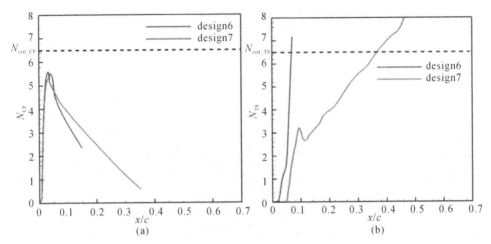

图 4 - 32　$Ma=0.77, C_L=0.65$ 时, design6 与 design7 构型的扰动波

放大因子增长曲线的包络线对比

(a)CF 扰动涡；　(b)TS 扰动波

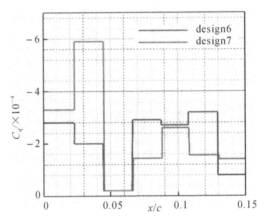

图 4 - 33　design6 与 design7 构型的吸气控制分布对比

4.3　翼身组合体构型层流机翼气动特性演化规律

基于翼身组合体构型, 首先在 $8.7×10^6 \sim 30×10^6$ 雷诺数变化范围内进行自然层流机翼的转捩数值模拟, 分析转捩位置和转捩机制随雷诺数变化的演化规律。在此基础上, 于 $22×10^6$ 雷诺数条件下施加吸气控制, 揭示不同吸气控制强度的转捩抑制效果和层流机翼气动特性的演化规律。

4.3.1 随雷诺数变化的演化规律

以图 4-34 所示的翼身组合体为对象。机翼后掠角为 $20°$,展弦比为 8.9,尖梢比为 0.34,上反角为 $2°$,半展长为 9.558 m,半模面积为 20.556 m^2,参考弦长是 2.325。0.78 马赫定攻角条件下进行变雷诺数的数值模拟,雷诺数包括 8.7×10^6,15×10^6,18×10^6,20×10^6,22×10^6 和 25×10^6。来流湍流度为 0.2%,e^N 方法的 TS 波以及 CF 波的转捩阈值 N 均设为 6.46。

图 4-35 和图 4-36 所示分别为 8.7×10^6 雷诺数下,机翼上、下翼面转捩位置分布以及摩擦阻力系数云图。显然,在 8.7×10^6 雷诺数下,机翼上、下翼面都能够维持较长的层流段。机翼上翼面除翼梢附近的转捩是由于 TS 波失稳引起的,其余区域都是激波诱导的转捩。

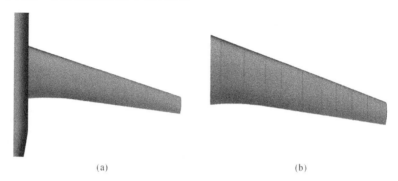

(a)   (b)

图 4-34　翼身组合体构型平面及机翼展向剖面截取位置示意图

(a)平面形状；　(b)剖面截取位置

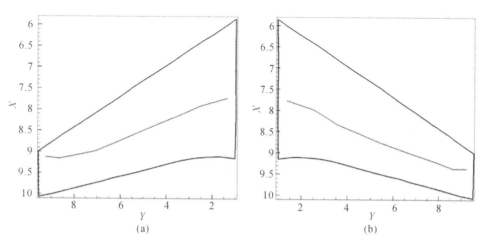

(a)   (b)

图 4-35　8.7×10^6 雷诺数下自然层流机翼转捩位置分布

(a)下翼面转捩线；　(b)上翼面转捩线

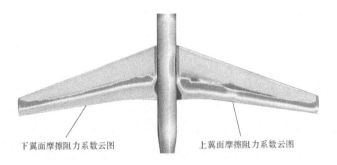

下翼面摩擦阻力系数云图　　　　　　上翼面摩擦阻力系数云图

图 4 - 36　8.7×10⁶ 雷诺数下自然层流机翼摩擦阻力系数云图

　　图 4 - 37 所示为不同雷诺数下自然层流机翼各站位处压力分布的对比,图 4 - 38所示为不同雷诺数下自然层流机翼上、下翼面转捩位置分布对比。压力分布对比图显示,小雷诺数条件下,压力分布形态随雷诺数的变化比较明显,当雷诺数接近 20×10⁶ 以后,压力分布形态基本不再变化。在转捩位置方面,随着雷诺数增大,上、下翼面的转捩位置都不断前移,内翼段对雷诺数的变化更为敏感。

　　由于上翼面是混合层流设计的研究重点,所以对不同雷诺数下,上翼面的扰动波发展进行分析。图 4 - 39 所示为不同雷诺数下自然层流机翼上翼面各站位扰动波放大因子增长曲线包络线的对比。结果显示,15×10⁶ 雷诺数下,内翼段为 CF 涡失稳导致的转捩中,外翼转捩机制为激波强制转捩,翼梢附近的转捩为 TS 波失稳导致。当雷诺数增大到 18×10⁶ 时,CF 扰动涡和 TS 扰动波都得到了快速发展,其中 CF 扰动涡的增长最为明显,最终整个上翼面均为 CF 失稳导致的转捩。当雷诺数为 20×10⁶,22×10⁶,25×10⁶ 时,CF 涡在机翼前缘很快达到阈值导致转捩。

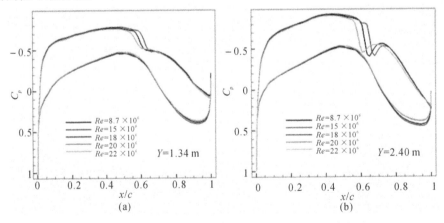

图 4 - 37　不同雷诺数下自然层流机翼各站位处压力分布对比

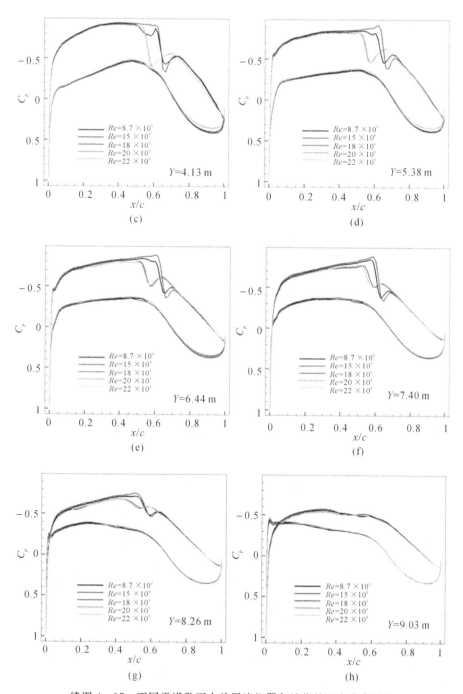

续图 4-37　不同雷诺数下自然层流机翼各站位处压力分布对比

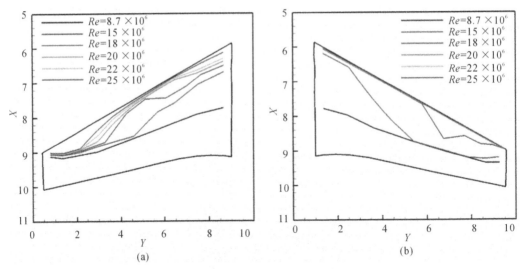

图 4-38　不同雷诺数下自然层流机翼转捩位置分布

(a)下翼面转捩线；　(b)上翼面转捩线

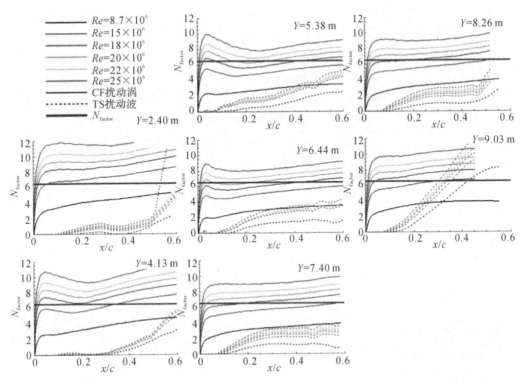

图 4-39　不同雷诺数下自然层流机翼上翼面各站位处扰动波放大因子增长曲线包络线对比

4.3.2 随吸气控制强度变化的演化规律

$22×10^6$ 雷诺数条件下,在机翼前缘 12% 弦长区域内施加均匀吸气控制,分析不同吸气控制强度的转捩抑制效果。图 4-40 所示为吸气控制强度 C_q 分别为 −0.000 2,−0.000 25 以及 −0.000 3 时,机翼上翼面转捩位置分布对比。显然,当吸气控制强度为 −0.000 2 和 −0.000 25 时,内翼段转捩没有得到有效抑制,外翼段转捩位置被推迟到激波位置附近。当吸气控制强度进一步增大到 −0.000 3时,内、外翼转捩都得到了有效抑制。

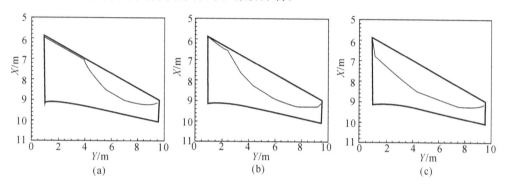

图 4-40 雷诺数为 $22×10^6$ 时,不同吸气控制强度下机翼上翼面转捩位置分布对比
(a)C_q=−0.000 2; (b)C_q=−0.000 25; (c)C_q=−0.000 3

图 4-41 为 $22×10^6$ 雷诺数时,不同吸气控制强度下机翼上翼面扰动波放大因子增长曲线包络线的对比图。相同的吸气控制强度下,由于不同的展向位置的压力分布形态不同,所以吸气控制对扰动波的抑制效果也不尽相同。因此如果想要达到较好的抑制效果,有两种方式:一是控制压力分布形态,借助有利的压力分布形态特征抑制扰动波的快速增长;二是控制展向吸气控制强度分布,不同展向位置采用不同的吸气控制强度。图 4-42 给出了展向不同剖面位置,吸气控制前后边界层厚度变化对比。显然,吸气控制使得边界层厚度变薄,吸气控制强度越大,边界层厚度越薄。

图 4-43 给出了 $22×10^6$ 雷诺数下,内、外翼前缘 12% 区域采用具有不同强度的均匀吸气控制时,上翼面转捩位置分布的情况。其中内翼段(50% 半展长以内区域)吸气控制强度 C_q=−0.000 3,外翼段(50% 半展长以外区域)吸气控制强度 C_q=−0.000 25。结果显示,内、外翼的转捩都得到了较好的抑制。因此,通过在沿展向采用不同的吸气控制强度,可在保证吸气控制效果的条件下,降低所需吸气控制质量流量。

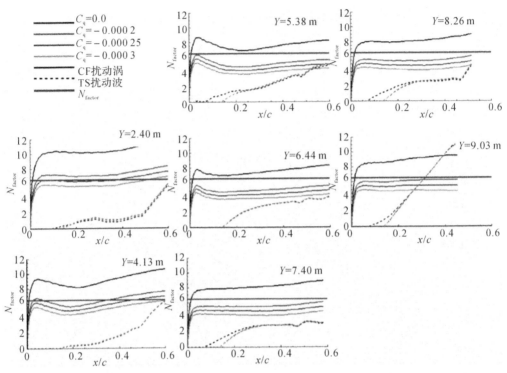

图 4 - 41　雷诺数为 22×10^6 时，不同吸气控制强度下，机翼上翼面扰动波的抑制情况对比

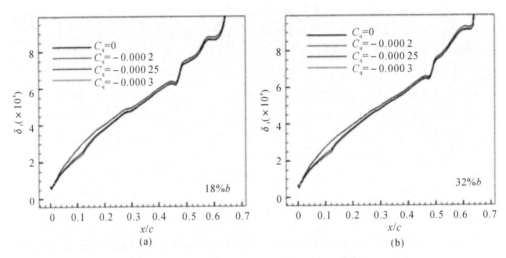

图 4 - 42　雷诺数为 22×10^6 时，不同吸气控制强度下边界层位移厚度对比

（a）18% 站位处边界层厚度对比；　（b）32% 站位处边界层厚度对比

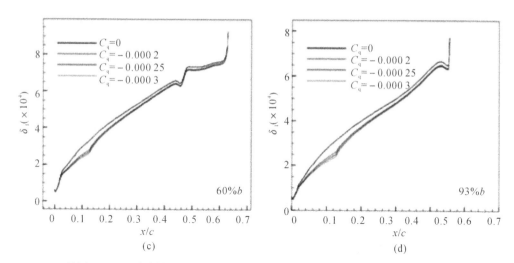

续图 4-42　雷诺数为 $22×10^6$ 时,不同吸气控制强度下边界层位移厚度对比

（c）60％站位处边界层厚度对比；　（d）93％站位处边界层厚度对比

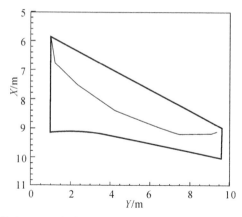

图 4-43　雷诺数为 $22×10^6$,内外翼分别采用 -0.0003 和 -0.00025 吸气控制
强度时,上翼面的转捩位置分布

4.4　本 章 小 结

　　本章基于数值模拟和最优控制理论手段,揭示了层流机翼的气动设计特点和设计原理,量化阐明了压力分布形态、吸气控制参数以及雷诺数等因素对自然/混合层流机翼层流保持以及减阻能力影响的作用机制,给出了自然/混合层

流后掠机翼的气动设计指南。

（1）混合层流控制技术通过对边界层进行微吸气控制，能够有效抑制 TS 扰动波以及 CF 扰动涡的发展，显著地推迟转捩，大幅降低气动阻力系数。

（2）雷诺数的升高会加速 TS 扰动波以及 CF 扰动涡的发展，增加层流保持难度，但是借助混合层流控制技术，在高雷诺数下依然维持可观的层流区长度。

（3）非均匀吸气通过改变吸气控制分布，提高吸气控制效率。在同等吸气质量流量下，相比于均匀吸气控制，非均匀吸气控制抑制扰动波增长的效果更好。

（4）适用于混合层流机翼的有利压力分布形态特征为具有大小适宜的头部峰值，避免峰值过高造成 CF 扰动涡在头部附近过快地增长，峰值之后为一定的逆压力梯度（可抑制 CF 扰动涡的发展），之后为具有一定大小的顺压力梯度（可抑制 TS 扰动波的发展），最后以弱激波的形式进行压力恢复。

（5）气动性能优良的混合层流机翼应当综合考虑摩擦阻力、压差阻力、激波强度和配平阻力（低头力矩）等因素，层流区最长不一定意味着气动阻力最小。

（6）马赫数以及升力系数的变化，通过显著改变机翼压力分布形态特征，极大地影响混合层流机翼气动特性的鲁棒性。通过改善压力分布形态的鲁棒性并增强吸气控制的强度（尤其是吸气区域首、尾部分的吸气控制强度）可有效增强混合层流机翼气动特性的鲁棒性。

（7）通过沿机翼展向采用不同的吸气控制强度，可在保证吸气控制效果的条件下，降低所需吸气控制质量流量，以最小的功率消耗，得到最佳的转捩抑制控制效果。

第5章
层流机翼风洞试验与数值模拟

5.1 引　　言

　　先进自然/混合层流机翼的层流控制方法、气动设计理论以及转捩预测方法,需要通过风洞/飞行试验进行验证。本章对自然/混合层流机翼风洞试验进行详细介绍,包括试验模型参数、数据采集技术、风洞试验结果以及基于 e^N 的 CFD 数值方法的转捩预测和风洞试验结果的对比等。层流机翼风洞试验的目的包括:利用风洞试验手段研究压力分布形态、吸气质量流量对层流机翼层流保持能力的影响;建立描述吸气腔内外压力差、吸气质量流量、多孔板物理属性以及吸气速度之间影响的关系式,并对关系式中的参数进行标定、验证;采集包括风洞试验环境、剖面型阻以及转捩位置等在内的可靠的试验数据,构建可用于自然/混合层流控制理论以及 CFD 数值模拟方法验证的数据库。针对层流机翼的转捩预测问题,标定 e^N 方法的转捩阈值 N,验证基于 e^N 法的 CFD 数值模拟方法的计算精度。

5.2　层流机翼风洞试验

5.2.1　试验模型与数据采集技术

1.风洞模型

　　自然/混合层流机翼风洞试验在英国 Aircraft Research Association(ARA)的 2.74 m×2.44 m 跨声速风洞中进行。图 5-1 所示为混合层流机翼试验模型的 CATIA 电子数模。图 5-2 给出了风洞模型的具体尺寸。机翼前缘后掠角为 35°,半展长为 1.63 m,弦长为 0.526 m,尖梢比为 1。图中阴影部分为可更换的前缘壁板。该区域展向长度为 0.35 m,展向起始和终了位置分别为 0.7 m 和 1.05 m,弦向长度 0.105 m(20% 当地弦长)。进行自然层流机翼风洞试验时,可更换前缘采用普通的无吸气孔的钛合金壁板(本章用"Solid"壁板标识);

进行混合层流风洞试验时,采用激光打孔的钛合金多孔板(本章用"Porous"壁板标识)。钛合金多孔板(Porous 壁板)的孔参数如下:孔径为 $45~\mu m$,吸气孔均匀分布,孔间距为 12 倍孔径。采用单吸气腔体进行吸气控制。

图 5-1　混合层流机翼风洞模型 CATIA 数模

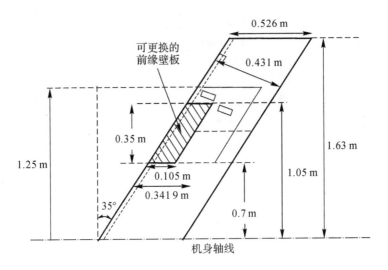

图 5-2　混合层流机翼风洞模型尺寸

　　图 5-3 为试验模型在风洞中的安装示意图。图中蓝色实线表示吸气管道,吸气管道将吸气腔体与流量计、流量控制阀和吸气泵相连。图 5-4 显示的是试验模型在风洞中的具体安装情况。整个模型垂直安装于风洞,以消除模型自重

的影响。其中,机翼直接与风洞底座相连,左右两半机身相互扣合,将裸露在外的风洞底座及连接装置包裹于机身内部。吸气泵位于风洞底部。图 5-5 所示为已经安装完毕的风洞试验模型。

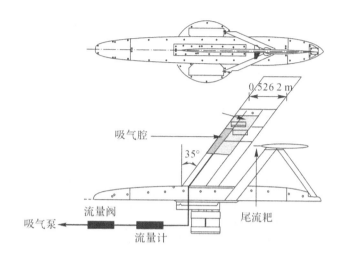

图 5-3   混合层流机翼风洞模型在风洞中的安装示意图

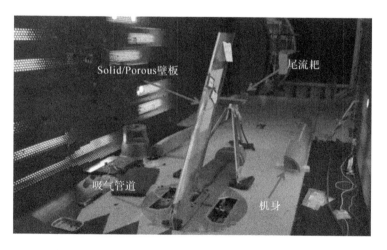

图 5-4   层流机翼试验模型在 ARA 跨声速风洞中的安装

2.数据采集技术

风洞试验中用到的测量技术有:

（1）红外热相附面层转捩探测技术；

（2）机翼表面压力测量技术（测压孔）；

（3）机翼剖面型阻测量技术（尾流耙）；

（4）吸气质量流量和吸气腔体静压采集技术；

（5）热线传感器测量技术；

（6）模型弹性形变测量技术。

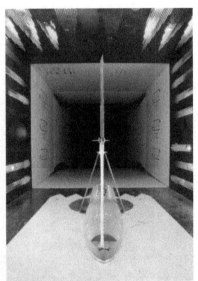

图 5-5　安装于风洞试验段的层流机翼试验模型

　　自然/混合层流机翼风洞试验的试验模型平面参数以及传感器布置如图 5-6 所示。层流转捩通过红外热相附面层转捩探测技术（IR）进行测量，图 5-6 中红线区域即为用于 IR 测量的绝热涂层喷涂区。Solid 以及 Porous 壁板上不喷涂绝热涂层，测压孔所在区域附近不喷涂绝热涂层，如图 5-7 所示。绿色虚线为测压孔的开孔位置，三个测压剖面的展向位置分别为 0.7 m，0.875 m 和 1.05 m。蓝色矩形表示热线传感器。尾流耙位于展向 0.875 m 处，用于测量剖面型阻，如图 5-8 所示。机翼前缘的紫色虚线表示粗糙带，其目的在于使下翼面强制转捩为湍流，以确保测量得到的阻力变化是由上翼面转捩位置的改变以及吸气控制本身引起的。混合层流机翼的风洞试验中，通过与吸气管道相连的流量计测量总吸气质量流量，流量计的安装如图 5-9 所示。吸气腔体内部，沿着展向选取 4 处位置（见图 5-10）对吸气腔体内部静压数据进行监测、采集。风洞模型内部的温度通过如图 5-11 所示的三处温度传感器进行测量。

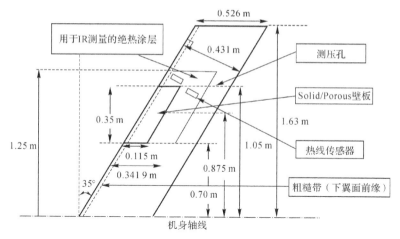

图 5-6 试验数据采集技术及传感器布置

图 5-7 用于 IR 测量的绝热
涂层喷涂区域

图 5-8 尾流耙安装位置

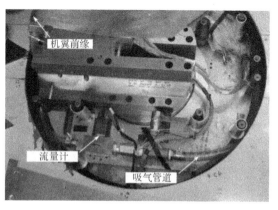

图 5-9 流量计的安装位置

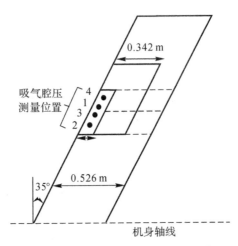

图 5 - 10　吸气腔内部静压监测、测量位置

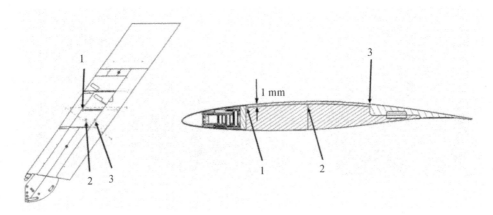

图 5 - 11　温度传感器位置

5.2.2　自然层流机翼风洞试验

本节研究马赫数分别为 $Ma=0.7$, $Ma=0.78$ 时,部分典型状态下自然层流机翼风洞试验(机翼可更换区域采用 Solid 壁板)的结果,包括反映层流区分布情况的 IR 图像,三个测压剖面的压力分布以及尾流耙测得的剖面型阻。

1. $Ma=0.7$

表 5 - 1 给出了自然层流机翼在 $Ma=0.7$ 条件下的风洞试验状态及对应的编号(表中用"Serial"标识风洞试验状态编号)。图 5 - 12～图 5 - 19 所示为

$Ma=0.7$,气动攻角 α 在 $-3.69°\sim3.07°$ 范围内变化的 IR 图像数据;图 5 - 20 $\sim$ 图 5 - 27 所示为 $Ma=0.7$,气动攻角 α 在 $-3.69°\sim3.07°$ 范围内变化,三个测压剖面测得的压力分布;图 5 - 28 所示为 $Ma=0.7$,气动攻角 α 在 $-3.69°\sim3.07°$ 范围内变化,尾流耙测得的剖面阻力。IR 图像显示,随着气动攻角的增大,层流区范围呈现出先增大后减小的变化趋势。当 $\alpha=-0.1°$ 时,机翼表面层流区范围最大,剖面型阻最大可以获得 10 counts 以上的减小量。

表 5 - 1　自然层流机翼(采用 Solid 壁板)在 $Ma=0.7$ 时的风洞试验状态

Ma	Serial	Re ($\times10^6$)	$\alpha/(°)$
0.7	113	6.55	-3.69
0.7	123	6.50	-1.45
0.7	125	6.49	-0.99
0.7	127	6.49	-0.55
0.7	129	6.49	-0.10
0.7	136	6.47	1.44
0.7	138	6.46	1.98
0.7	143	6.44	3.07

图 5 - 12　自然层流机翼在 $Ma=0.7$,$\alpha=-3.69°$ 状态下(Serial=113)的 IR 图像

图 5-13　自然层流机翼在 $Ma=0.7$，$\alpha=-1.45°$状态下(Serial=123)的 IR 图像

图 5-14　自然层流机翼在 $Ma=0.7$，$\alpha=-0.99°$状态下(Serial=125)的 IR 图像

图 5-15　自然层流机翼在 $Ma=0.7$，$\alpha=-0.55°$状态下(Serial=127)的 IR 图像

图 5 - 16　自然层流机翼在 $Ma=0.7$，$\alpha=-0.1°$状态下(Serial＝129)的 IR 图像

图 5 - 17　自然层流机翼在 $Ma=0.7$，$\alpha=1.44°$状态下(Serial＝136)的 IR 图像

图 5 - 18　自然层流机翼在 $Ma=0.7$，$\alpha=1.98°$状态下(Serial＝138)的 IR 图像

图 5 - 19　自然层流机翼在 $Ma=0.7$，$\alpha=3.07°$ 状态下(Serial＝143)的 IR 图像

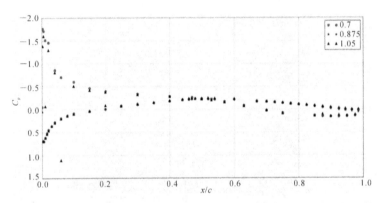

图 5 - 20　自然层流机翼在 $Ma=0.7$，$\alpha=-3.69°$ 状态下(Serial＝113)的
三个测压剖面处的压力分布

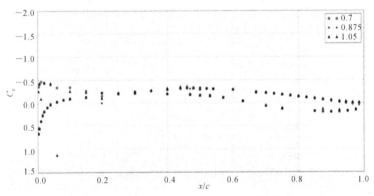

图 5 - 21　自然层流机翼在 $Ma=0.7$，$\alpha=-1.45°$ 状态下(Serial＝123)的
三个测压剖面处的压力分布

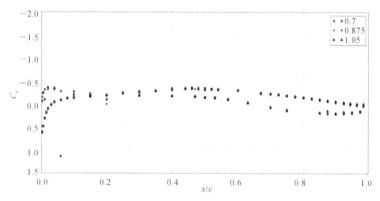

图 5 - 22 自然层流机翼在 $Ma=0.7$，$\alpha=-0.99°$状态下（Serial＝125）的
三个测压剖面处的压力分布

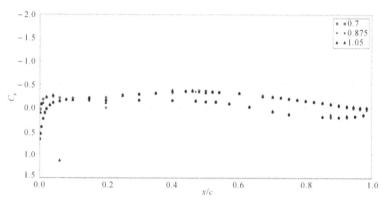

图 5 - 23 自然层流机翼在 $Ma=0.7$，$\alpha=-0.55°$状态下（Serial＝127）的
三个测压剖面处的压力分布

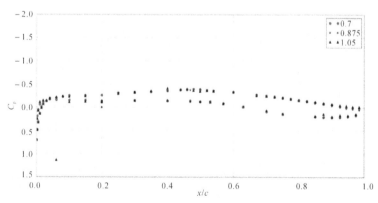

图 5 - 24 自然层流机翼在 $Ma=0.7$，$\alpha=-0.1°$状态下（Serial＝129）的
三个测压剖面处的压力分布

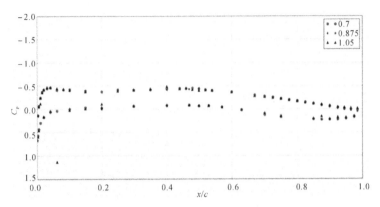

图 5-25　自然层流机翼在 $Ma=0.7$，$\alpha=1.44°$状态下（Serial=136）的
　　　　三个测压剖面处的压力分布

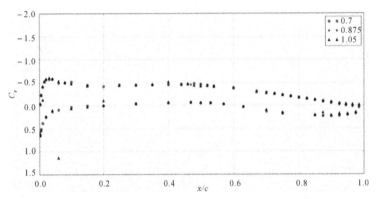

图 5-26　自然层流机翼在 $Ma=0.7$，$\alpha=1.98°$状态下（Serial=138）的
　　　　三个测压剖面处的压力分布

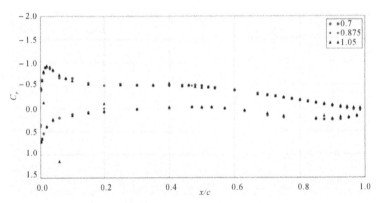

图 5-27　自然层流机翼在 $Ma=0.7$，$\alpha=3.07°$状态下（Serial=143）的
　　　　三个测压剖面处的压力分布

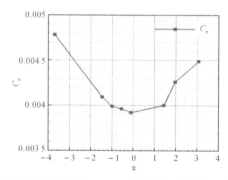

图 5-28　自然层流机翼在 $Ma=0.7$,不同攻角下尾流耙测得的剖面型阻

2. $Ma = 0.78$

表 5-2 给出了自然层流机翼在 $Ma=0.78$ 条件下的风洞试验状态以及对应的编号(表中用"Serial"标识风洞试验状态编号)。图 5-29~图 5-36 所示为 $Ma=0.78$,气动攻角在 $-3.62°$~$1.59°$ 范围内变化的 IR 图像;图 5-37~图 5-44 所示为 $Ma=0.78$,气动攻角在 $-3.62°$~$1.59°$ 范围内变化,三个测压剖面测得的压力分布;图 5-45 所示为 $Ma=0.78$,气动攻角在 $-3.62°$~$1.59°$ 范围内变化,尾流耙测得的剖面阻力。IR 图像显示,随着气动攻角的增大,层流区范围呈现出先增大后减小的变化趋势。当 $\alpha=0.28°$ 时,机翼表面层流区范围最大,剖面型阻最大可以获得 11 counts 以上的减小量。

表 5-2　自然层流机翼(采用 Solid 壁板)在 $Ma=0.78$ 时的风洞试验状态

Ma	Serial	Re（$\times10^6$）	$\alpha/(°)$
0.78	144	6.85	-3.62
0.78	154	6.80	-1.46
0.78	157	6.79	-0.76
0.78	159	6.79	-0.41
0.78	160	6.78	-0.15
0.78	162	6.77	0.28
0.78	164	6.76	0.72
0.78	168	6.74	1.59

图 5 - 29　自然层流机翼在 $Ma=0.78$，$\alpha=-3.62°$状态下（Serial＝144）的 IR 图像

图 5 - 30　自然层流机翼在 $Ma=0.78$，$\alpha=-1.46°$状态下（Serial＝154）的 IR 图像

图 5 - 31　自然层流机翼在 $Ma=0.78$，$\alpha=-0.76°$状态下（Serial＝157）的 IR 图像

图 5-32　自然层流机翼在 $Ma=0.78$，$\alpha=-0.41°$状态下(Serial=159)的 IR 图像

图 5-33　自然层流机翼在 $Ma=0.78$，$\alpha=-0.15°$状态下(Serial=160)的 IR 图像

图 5-34　自然层流机翼在 $Ma=0.78$，$\alpha=0.28°$状态下(Serial=162)的 IR 图像

图 5-35　自然层流机翼在 $Ma=0.78$，$\alpha=0.72°$状态下（Serial=164）的 IR 图像

图 5-36　自然层流机翼在 $Ma=0.78$，$\alpha=1.59°$状态下（Serial=168）的 IR 图像

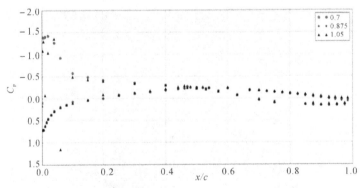

图 5-37　自然层流机翼在 $Ma=0.78$，$\alpha=-3.62°$状态下（Serial=144）的
三个测压剖面处的压力分布

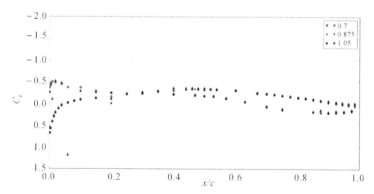

图 5 - 38　自然层流机翼在 $Ma=0.78$，$\alpha=-1.46°$状态下（Serial=154）的
三个测压剖面处的压力分布

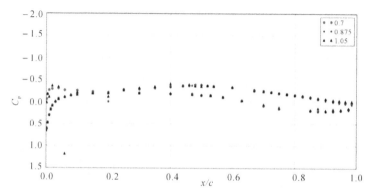

图 5 - 39　自然层流机翼在 $Ma=0.78$，$\alpha=-0.76°$状态下（Serial=157）的
三个测压剖面处的压力分布

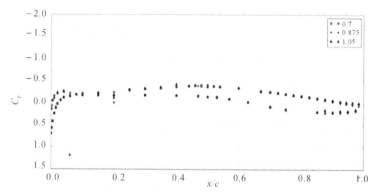

图 5 - 40　自然层流机翼在 $Ma=0.78$，$\alpha=-0.41°$状态下（Serial=159）的
三个测压剖面处的压力分布

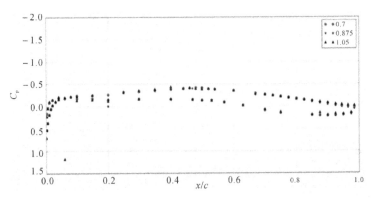

图 5 - 41　自然层流机翼在 $Ma=0.78$，$\alpha=-0.15°$状态下（Serial＝160）的
三个测压剖面处的压力分布

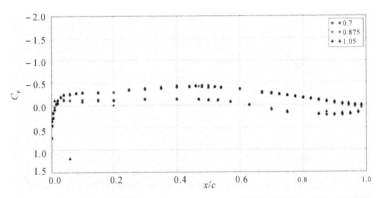

图 5 - 42　自然层流机翼在 $Ma=0.78$，$\alpha=0.28°$状态下（Serial＝162）的
三个测压剖面处的压力分布

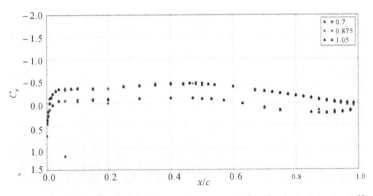

图 5 - 43　自然层流机翼在 $Ma=0.78$，$\alpha=0.72°$状态下（Serial＝164）的
三个测压剖面处的压力分布

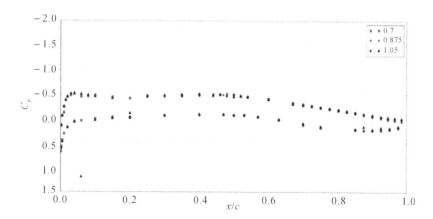

图 5 - 44　自然层流机翼在 $Ma=0.78$，$\alpha=1.59°$ 状态下（Serial＝168）的三个测压剖面处的压力分布

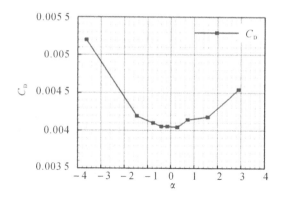

图 5 - 45　自然层流机翼在 $Ma=0.78$，不同攻角下尾流耙测得的剖面型阻

5.2.3　混合层流机翼风洞试验

本节研究马赫数分别为 $Ma=0.7$，$Ma=0.78$ 时，不同攻角下混合层流机翼风洞试验（机翼前缘可更换壁板采用 Porous 壁板）结果，包括反映层流区分布的 IR 图像、吸气质量流量、三个测压剖面的压力分布以及尾流耙测得的剖面型阻。

1. $Ma=0.7$

表 5 - 3 给出了混合层流机翼在 $Ma=0.7$ 条件下的风洞试验状态、吸气质

量流量以及对应的编号（用"Serial"标识风洞试验状态编号）见表 5-3。图 5-46 所示为 $Ma=0.7,\alpha=-3.39°$ 时,不同吸气质量流量下的 IR 图像数据;图 5-47 ～图 5-49 所示为 $Ma=0.7,\alpha=-3.39°$ 时,三个测压剖面测得的压力分布在不同吸气质量流量下的对比图;图 5-50 为 $Ma=0.7,\alpha=-3.39°$ 时,尾流耙测得的在不同吸气质量流量下的剖面阻力对比图。图 5-51 为 $Ma=0.7,\alpha=-3.03°$ 时,不同吸气质量流量的 IR 图像;图 5-52～图 5-54 为 $Ma=0.7,\alpha=-3.03°$ 时,三个测压剖面测得的压力分布在不同吸气质量流量下的对比图;图 5-55 为 $Ma=0.7,\alpha=-3.03°$ 时,尾流耙测得的在不同吸气质量流量下的剖面阻力对比图。图 5-56 为 $Ma=0.7,\alpha=-1.23°$ 时,不同吸气质量流量下的 IR 图像;图 5-57～图 5-59 为 $Ma=0.7,\alpha=-1.23°$ 时,三个测压剖面测得的压力分布在不同吸气质量流量下的对比图;图 5-60 为 $Ma=0.7,\alpha=-1.23°$ 时,尾流耙测得的在不同吸气质量流量下的剖面型阻对比图。不同攻角以及吸气质量流量下的 IR 图像显示,在所有攻角下,机翼表面层流区范围都随着吸气质量流量的增加而逐步变大,最大可以获得 50% 当地弦长以上的层流段。

表 5-3　混合层流机翼(采用 Porous 壁板)在 $Ma=0.7$ 时的风洞试验状态

Ma	Serial	Re ($\times 10^6$)	$\alpha/(°)$	$\dot{m}/(g \cdot s^{-1})$
0.7	494	6.61	−3.39	1.804
0.7	496	6.51	−3.39	7.271
0.7	497	6.46	−3.39	5.948
0.7	499	6.24	−3.39	4.924
0.7	503	6.35	−3.03	7.110
0.7	504	6.26	−3.03	6.920
0.7	506	6.16	−3.03	6.390
0.7	508	6.06	−3.03	5.927
0.7	561	6.27	−1.23	6.584
0.7	563	6.15	−1.23	5.948
0.7	564	6.10	−1.23	5.704
0.7	565	5.98	−1.23	5.445

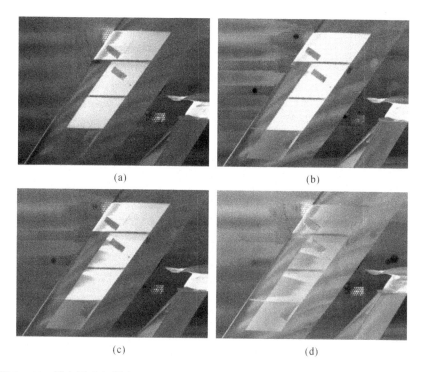

图 5-46　混合层流机翼在 $Ma=0.7$，$\alpha=-3.39°$时,不同吸气控制强度下的 IR 图像
　　　　　(a)$\dot{m}=1.804$ g/s (Serial=494)；　(b)$\dot{m}=4.924$ g/s (Serial=499)；
　　　　　(c)$\dot{m}=5.948$ g/s (Serial=497)；　(d)$\dot{m}=7.271$ g/s (Serial=496)

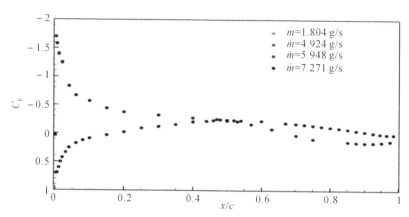

图 5-47　混合层流机翼在 $Ma=0.7$，$\alpha=-3.39°$时,不同吸气控制强度下
　　　　　测压剖面为 $Y=0.7$ m 处的压力分布对比

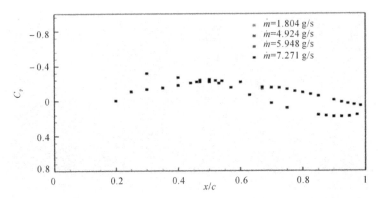

图 5-48　混合层流机翼在 $Ma=0.7$，$\alpha=-3.39°$时，不同吸气控制强度下
测压剖面为 $Y=0.875$ m 处的压力分布对比

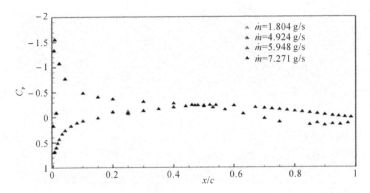

图 5-49　混合层流机翼在 $Ma=0.7$，$\alpha=-3.39°$时，不同吸气控制强度下
测压剖面为 $Y=1.05$ m 处的压力分布对比

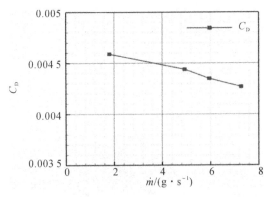

图 5-50　混合层流机翼在 $Ma=0.7$，$\alpha=-3.39°$时，不同吸气控制强度下
尾流耙测得的剖面型阻

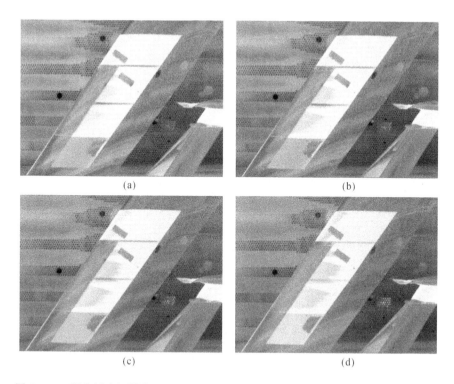

图 5-51　混合层流机翼在 $Ma=0.7$，$\alpha=-3.03°$时，不同吸气控制强度下的 IR 图像
(a)$\dot{m}=5.927$g/s (Serial=508)；　(b)$\dot{m}=6.390$ g/s (Serial=506)
(c)$\dot{m}=6.920$g/s (Serial=504)；　(d)$\dot{m}=7.110$ g/s　(Serial=503)

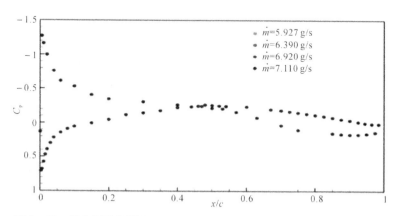

图 5-52　混合层流机翼在 $Ma=0.7$，$\alpha=-3.03°$时，不同吸气控制强度下
测压剖面为 $Y=0.7$ m 处的压力分布对比

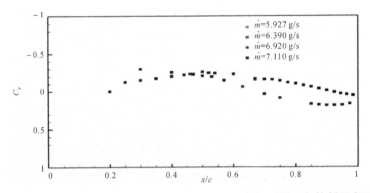

图 5-53　混合层流机翼在 $Ma=0.7$，$\alpha=-3.03°$时，不同吸气控制强度下
测压剖面为 $Y=0.875$ m 处的压力分布对比

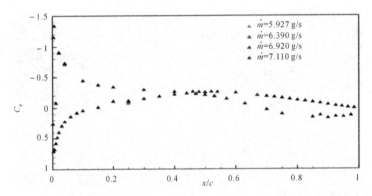

图 5-54　混合层流机翼在 $Ma=0.7$，$\alpha=-3.03°$时，不同吸气控制强度下
测压剖面为 $Y=1.05$ m 处的压力分布对比

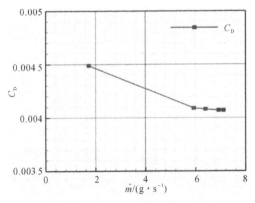

图 5-55　混合层流机翼在 $Ma=0.7$，$\alpha=-3.03°$时，不同吸气控制强度下
尾流耙测得的剖面型阻

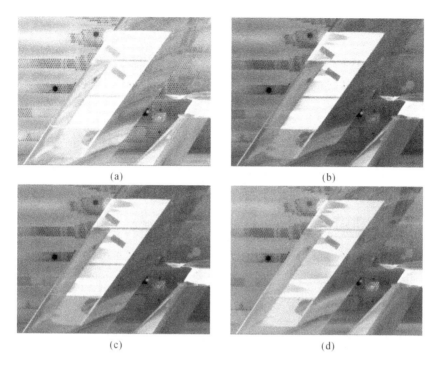

(a) (b) (c) (d)

图 5-56 混合层流机翼在 $Ma=0.7$，$\alpha=-1.23°$时，不同吸气控制强度下的 IR 图像
(a)$\dot{m}=5.445$ g/s（Serial＝565）；（b)$\dot{m}=5.704$ g/s（Serial＝564）
(c)$\dot{m}=5.948$ g/s（Serial＝563）；（d)$\dot{m}=6.584$ g/s（Serial＝561）

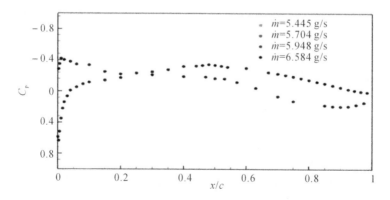

图 5-57 混合层流机翼在 $Ma=0.7$，$\alpha=-1.23°$时，不同吸气控制强度下
测压剖面为 $Y=0.7$ m 处的压力分布对比

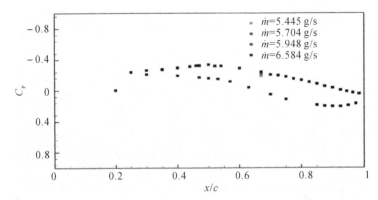

图 5 - 58　混合层流机翼在 $Ma=0.7$，$\alpha=-1.23°$时，不同吸气控制强度下
　　　　　测压剖面为 $Y=0.875$ m 处的压力分布对比

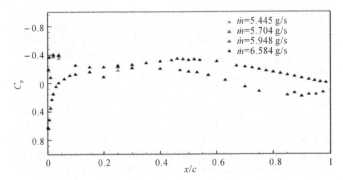

图 5 - 59　混合层流机翼在 $Ma=0.7$，$\alpha=-1.23°$时，不同吸气控制强度下
　　　　　测压剖面为 $Y=1.05$ m 处的压力分布对比

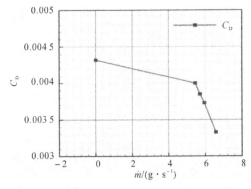

图 5 - 60　混合层流机翼在 $Ma=0.7$，$\alpha=-1.23°$时，不同吸气控制强度下
　　　　　尾流耙测得的剖面型阻

2. $Ma = 0.78$

混合层流机翼在 $Ma=0.78$ 条件下的风洞试验状态、吸气质量流量以及对应的编号(表中用"Serial"标识风洞试验状态编号)见表 5-4。图 5-61 为 $Ma=0.78$，$\alpha=-3.3°$，不同吸气质量流量下的 IR 图像；图 5-62～图 5-64 为 $Ma=0.78$，$\alpha=-3.3°$，三个测压剖面测得的压力分布在不同吸气质量流量下的对比图；图 5-65 所示为 $Ma=0.78$，$\alpha=-3.3°$ 时，尾流耙测得的不同吸气质量流量下的剖面阻力对比。图 5-66 为 $Ma=0.78$，$\alpha=-2.98°$ 时，不同吸气质量流量下的 IR 图像；图 5-67～图 5-69 为 $Ma=0.78$，$\alpha=-2.98°$，三个测压剖面测得的压力分布在不同吸气质量流量下的对比图；图 5-70 为 $Ma=0.78$，$\alpha=-2.98°$，尾流耙测得的在不同吸气质量流量下的剖面型阻对比。不同攻角以及吸气质量流量下的 IR 图像显示，在所有攻角，机翼表面层流区范围都随着吸气质量流量的增加而逐步变大，最大可以获得 40% 当地弦长以上的层流段。

表 5-4　Porous 壁板在 $Ma=0.78$ 时的风洞试验状态

Ma	Serial	Re（$\times10^{6}$）	$\alpha/(°)$	$\dot{m}/(\mathrm{g \cdot s^{-1}})$
0.78	535	6.79	-3.30	2.047
0.78	536	6.66	-3.30	6.620
0.78	537	6.52	-3.30	6.392
0.78	539	6.34	-3.30	5.894
0.78	541	6.62	-2.98	6.536
0.78	542	6.52	-2.98	6.190
0.78	543	6.45	-2.98	5.929
0.78	544	6.42	-2.98	5.799

(a)　　　　　　　　　　　(b)

图 5-61　混合层流机翼在 $Ma=0.78$，$\alpha=-3.30°$ 时，不同吸气控制强度下的 IR 图像
(a)$\dot{m}=2.047\mathrm{g/s}$（Serial=535）；　(b)$\dot{m}=5.894\ \mathrm{g/s}$（Serial=539）

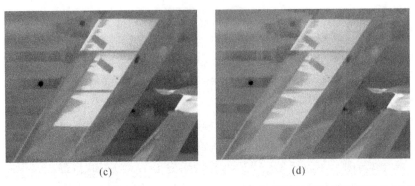

续图 5-61　混合层流机翼在 $Ma=0.78$，$\alpha=-3.30°$时,不同吸气控制强度下的 IR 图像

(c)$\dot{m}=6.392$ g/s (Serial$=537$)；　(d)$\dot{m}=6.620$ g/s (Serial$=536$)

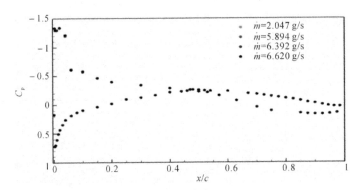

图 5-62　混合层流机翼在 $Ma=0.78$，$\alpha=-3.30°$时,不同吸气控制强度下

测压剖面为 $Y=0.7$ m 处的压力分布对比

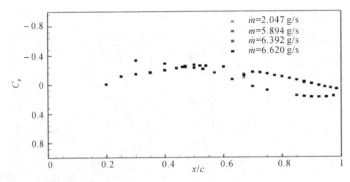

图 5-63　混合层流机翼在 $Ma=0.78$，$\alpha=-3.30°$时,不同吸气控制强度下

测压剖面为 $Y=0.875$ m 处的压力分布对比

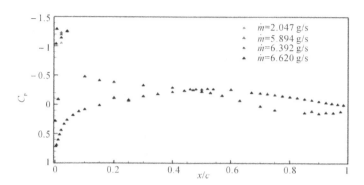

图 5-64 混合层流机翼在 $Ma=0.78$，$\alpha=-3.30°$时，不同吸气控制强度下
测压剖面为 $Y=1.05$ m 处的压力分布对比

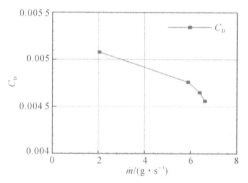

图 5-65 混合层流机翼在 $Ma=0.78$，$\alpha=-3.30°$时，不同吸气控制强度下
尾流耙测得的剖面型阻

图 5-66 混合层流机翼在 $Ma=0.78$，$\alpha=-2.98°$时，不同吸气控制强度下的 IR 图像
(a)$\dot{m}=5.799$ g/s (Serial=544)；　(b)$\dot{m}=5.929$ g/s(Serial=543)；

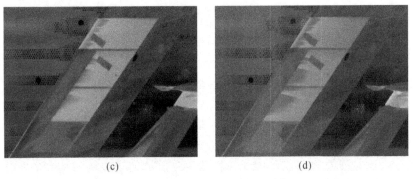

续图 5 - 66　混合层流机翼在 Ma＝0.78，α＝－2.98°时，不同吸气控制强度下的 IR 图像

(c)$\dot{m}$＝6.190 g/s（Serial＝542）；　(d)$\dot{m}$＝6.536 g/s（Serial＝541）

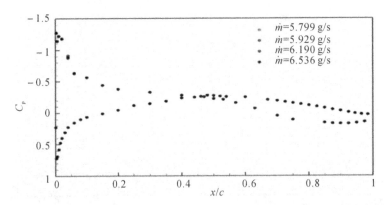

图 5 - 67　混合层流机翼在 Ma＝0.78，α＝－2.98°时，不同吸气控制强度下

测压剖面为 Y＝0.7 m 处的压力分布对比

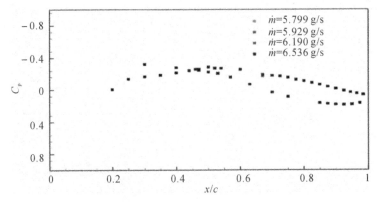

图 5 - 68　混合层流机翼在 Ma＝0.78，α＝－2.98°时，不同吸气控制强度下

测压剖面为 Y＝0.875 m 处的压力分布对比

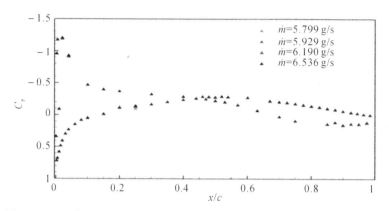

图 5 - 69　混合层流机翼在 $Ma=0.78$，$\alpha=-2.98°$时，不同吸气控制强度下
测压剖面为 $Y=1.05$ m 处的压力分布对比

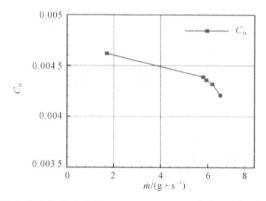

图 5 - 70　混合层流机翼在 $Ma=0.78$，$\alpha=-2.98°$时，不同吸气控制强度下
尾流耙测得的剖面型阻

5.2.4　理论与试验结果分析

本节对风洞试验数据进行分析,包括:压力分布形态对层流转捩的影响,吸
气控制对压力分布形态的影响,吸气控制对层流转捩的影响,吸气控制和压力分
布的耦合作用对层流转捩的影响以及吸气控制带来的减阻收益。

1.压力分布形态对层流转捩的影响

图 5 - 71 所示为自然层流机翼在 $Ma=0.7$,攻角在$-3.69°\sim3.07°$变化的
IR 图像数据对比,图 5 - 72~图 5 - 74 所示为对应的,分别在展向 0.7 m,
0.875 m和 1.05 m 三个测压剖面处的压力分布对比。显然,当 $\alpha=-3.69°$时,

机翼表面的层流段很短,不超过 10%当地弦长。随着攻角的增大,层流段呈现出先增大后较小的趋势。当攻角在$-0.1°\sim1.44°$时,机翼表面层流段最长,基本都在 50%当地弦长以上。层流段这种随着攻角的持续增大呈现出先增大后减小的变化趋势的原因在于,机翼压力分布形态随着气动攻角的改变产生了显著的变化。对于自然层流机翼而言,压力分布形态的变化通过对 CF 和 TS 扰动波的发展产生显著的影响,进而明显地改变层流段的长度。

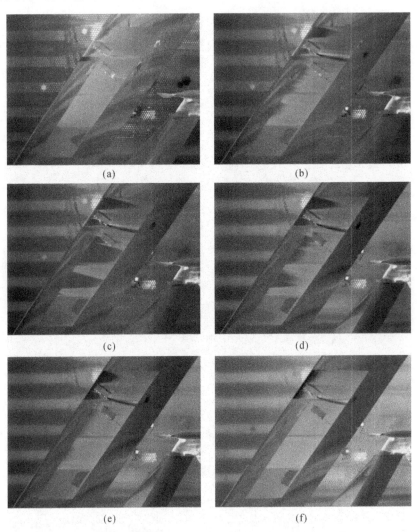

图 5-71　自然层流机翼在 $Ma=0.7$,不同攻角下的 IR 图像数据对比
(a) $\alpha=-3.69°$(Serial=113)；　(b) $\alpha=-0.99°$(Serial=125)
(c) $\alpha=-0.1°$(Serial=129)；　(d) $\alpha=1.44°$(Serial=136)
(e) $\alpha=1.98°$(Serial=138)；　(f) $\alpha=3.07°$(Serial=143)

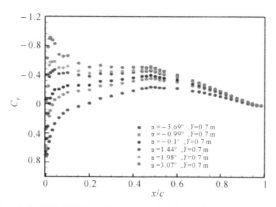

图 5-72　自然层流机翼在 $Ma=0.7$ 不同攻角下，$Y=0.7$ m 测压剖面，
　　　　上翼面压力分布对比

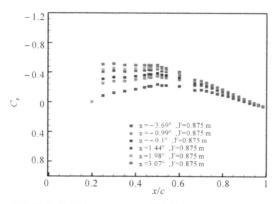

图 5-73　自然层流机翼在 $Ma=0.7$ 不同攻角下，$Y=0.875$ m 测压剖面，
　　　　上翼面压力分布对比

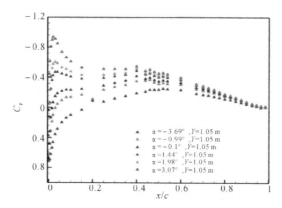

图 5-74　自然层流机翼在 $Ma=0.7$ 不同攻角下，$Y=1.05$ m 测压剖面，
　　　　上翼面压力分布对比

图 5-72 和图 5-74 所示的机翼展向 0.7 m 和 1.05 m 处上翼面压力分布的对比结果显示,在 $\alpha=-3.69°$ 处,压力分布形态呈现出典型的传统自然层流机翼(小后掠角机翼,仅仅考虑 TS 扰动波失稳导致的转捩)的压力分布形态,即压力分布在前 45% 当地弦长的整个区域内维持明显的顺压力梯度。顺压力梯度有利于抑制 TS 波的失稳,但是会加速 CF 涡的发展,使得 CF 涡在机翼前缘附近快速失稳,导致转捩。当攻角在 $-0.1°\sim1.44°$ 时,上翼面压力分布形态特征为头部峰值相对较低,峰值之后没有明显的顺压力梯度,压力分布形态较为平坦甚至是梯度较小的逆压力梯度,之后为具有大小适宜的顺压力梯度。较低的头部峰值以及之后的小逆压力梯度,在不明显恶化 TS 波稳定性的情况下,可极大地抑制 CF 涡的发展。之后的顺压力梯度有利于抑制 TS 波的过快发展。因此,在 $-0.1°\sim1.44°$ 的攻角范围内,上翼面几乎都可以维持 50% 当地弦长以上的层流段。最终在压力恢复段,由于较大的逆压力梯度导致 TS 波失稳发生转捩。随着攻角进一步增大($\alpha>1.44°$),机翼头部峰值较高,峰值之后的逆压力梯度也逐步增大,逆压力梯度会加速 TS 波的失稳,最终过大的逆压力梯度导致 TS 波快速失稳,造成转捩点迅速前移。当攻角增大到 3.07° 时,头部峰值之后较强的逆压力梯度诱使 TS 波很快便在头部附近失稳导致转捩(层流段小于 10% 当地弦长)。

图 5-75 所示为自然层流机翼在 $Ma=0.78$,攻角在 $-3.62°\sim1.59°$ 变化的 IR 图像对比,图 5-76~图 5-78 所示为对应的三个测压剖面处的压力分布对比。试验结果显示,0.78 马赫下的现象与 0.70 马赫下的现象一致,即当攻角从小到大逐步增加时,层流区范围呈现出先增大后减小的变化趋势。

(a)　　　　　　　　　　　　　(b)

图 5-75　自然层流机翼在 $Ma=0.78$,不同攻角下的 IR 图像数据对比
(a) $\alpha=-3.62°$(Serial=144);　(b) $\alpha=-0.41°$(Serial=159)

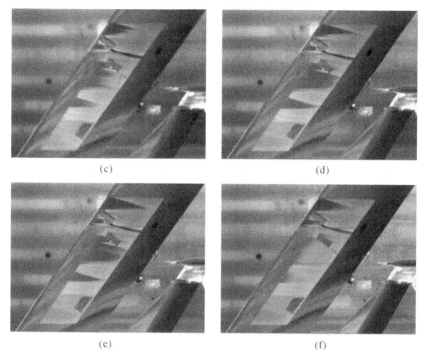

(c)　　　　　　　　　　　　　(d)

(e)　　　　　　　　　　　　　(f)

续图 5-75　自然层流机翼在 $Ma=0.78$,不同攻角下的 IR 图像数据对比

(c) $\alpha=-0.15°$(Serial$=160$)；　(d) $\alpha=0.28°$(Serial$=162$)

(e)$\alpha=0.72°$(Serial$=164$)；　(f) $\alpha=1.59°$(Serial$=168$)

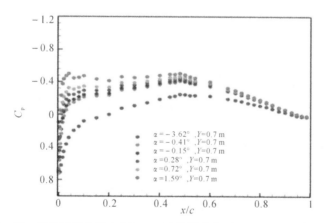

图 5-76　自然层流机翼在 $Ma=0.78$ 不同攻角下,$Y=0.7$ m 测压剖面,

上翼面压力分布对比

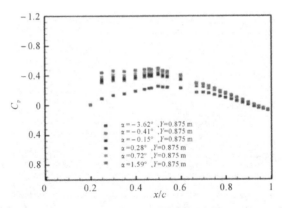

图 5-77　自然层流机翼在 $Ma=0.78$ 不同攻角下,$Y=0.875$ m 测压剖面,
　　　　　上翼面压力分布对比

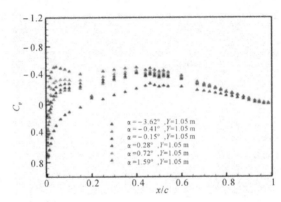

图 5-78　自然层流机翼在 $Ma=0.78$ 不同攻角下,$Y=1.05$ m 测压剖面,
　　　　　上翼面压力分布对比

　　总之,对于层流转捩由 TS 波以及 CF 涡共同主导的后掠层流机翼而言,最佳的压力分布形态特征为头部峰值相对较低,峰值之后压力分布较为平坦甚至具有一定的小逆压力梯度,之后为梯度大小适宜的顺压力梯度,最终以弱激波的形式进行压力恢复。

　　2.吸气控制对压力分布形态的影响

　　图 5-79 为混合层流机翼在 $Ma=0.7$,$\alpha=-3.39°$,不同吸气控制强度下三个测压剖面处的压力分布对比图。结果显示,当吸气质量流量从 1.804 g/s 逐渐增大到 7.271 g/s 时,测压孔所测得的三个测压剖面处的压力分布基本重合。这说明在进行微吸气流动控制(混合层流机翼用于抑制层流转捩的吸气控

制属于微吸气控制)时,吸气控制本身对压力分布形态的影响较小。因此,当不关心吸气控制区域内的流场细节时,甚至可以忽略吸气控制本身对压力分布形态带来的影响。

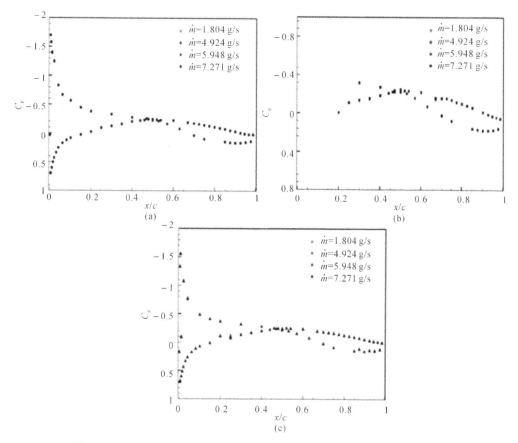

图 5-79 混合层流机翼在 $Ma=0.7$,$\alpha=-3.39°$时,不同吸气控制强度下
测压剖面处的压力分布对比

(a) $Y=0.7$ m; (b) $Y=0.875$ m; (c)$Y=1.05$ m

3.吸气控制对层流转捩抑制的影响

图 5-80 为混合层流机翼在 $Ma=0.7$,$\alpha=-3.39°$不同吸气控制质量流量下的 IR 图像。该图显示,在不进行吸气控制时,机翼上翼面只能维持将近13%当地弦长的层流段。进行吸气控制以后,随着吸气控制强度的增加,转捩点逐步后移,层流段范围相应增大。当吸气质量流量达到 5.948 g/s 时,机翼上表面可以维持40%当地弦长的层流区。当吸气质量流量增加到 7.271 g/s 时,层流区

范围进一步扩大,可达55%当地弦长以上。图5-81为混合层流机翼在 $Ma=$ 0.78, $\alpha=-3.30°$时,不同吸气控制质量流量下的IR图像,该图显示出与图 5-80相似的现象。总之,吸气控制可以有效地抑制TS扰动波以及CF扰动涡 失稳主导的转捩,当吸气控制强度足够大时,可以获得大小范围可观的层流区。

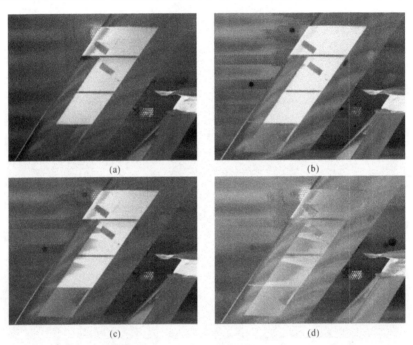

图5-80 混合层流机翼在 $Ma=0.7$, $\alpha=-3.39°$时,吸气控制质量流量在 1.804~7.271 g/s 范围内变化的 IR 图像

(a)$\dot{m}=1.804$ g/s (Serial=494); (b)$\dot{m}=4.924$ g/s (Serial=499)

(c)$\dot{m}=5.948$ g/s (Serial=497); (d)$\dot{m}=7.271$ g/s (Serial=496)

图5-81 混合层流机翼在 $Ma=0.78$, $\alpha=-3.30°$时,不同吸气控制强度下的 IR 图像

(a)$\dot{m}=2.047$ g/s (Serial=535); (b)$\dot{m}=5.894$ g/s (Serial=539)

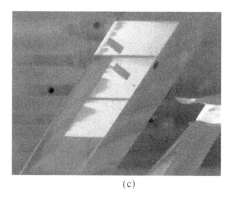

(c) (d)

续图 5-81　混合层流机翼在 $Ma=0.78$，$\alpha=-3.30°$时,不同吸气控制强度下的 IR 图像

(c)$\dot{m}=6.392$ g/s（Serial=537）；　(d)$\dot{m}=6.620$ g/s（Serial=536）

4.吸气控制和压力分布的耦合作用对层流转捩抑制的影响

图 5-82～图 5-84 为混合层流机翼在 $Ma=0.7$,攻角分别为$-3.39°$、$-1.23°$和 0.83°时,不同吸气控制强度下的 IR 图像。对这三幅图呈现的数据结果进行对比分析可以发现,不同攻角下,采用近乎相同的吸气控制质量流量,所能实现的层流转捩抑制效果是不一样的。当 $\alpha=0.83°$时,仅仅采用 4.958 g/s 的吸气质量流量就可获得 60％当地弦长以上的层流段。相比之下,$\alpha=-1.23°$时,当吸气质量流量增大到 6.584 g/s 时才能获得长度相近的层流段。而当 $\alpha=-3.39°$时,即使吸气质量流量达到了 7.271 g/s,机翼表面也只能够维持 50％～55％当地弦长的层流段。在相同马赫数、不同攻角下,采用近乎相同的吸气控制强度所能实现的转捩抑制效果不一样的原因在于,不同攻角下的机翼压力分布形态特征区别明显。图 5-85～图 5-87 为混合层流机翼在 0.7 马赫,攻角分别为$-3.39°$,$-1.23°$和 0.83°时,三个测压剖面处上翼面的压力分布对比图。当 $\alpha=0.83°$时,机翼压力分布具有典型的适用于混合层流机翼的压力分布形态特征,即头部峰值相对较低,峰值之后压力分布较为平坦甚至具有一定逆压力梯度,最后为具有梯度大小适宜的顺压力梯度。这种压力分布形态有利于同时抑制 CF 以及 TS 扰动波的发展,因此只需较小的吸气控制强度即可显著地推迟转捩。而当攻角为$-1.23°$以及$-3.39°$时,机翼上翼面压力分布呈现出典型的传统自然层流机翼的压力分布形态特征,即在前 50％当地弦长的整个区域内维持明显的顺压力梯度。这种压力分布形态有利于抑制 TS 波的发展,但是会显著加速 CF 扰动涡的失稳。因此,相比于 $\alpha=0.83°$,当 $\alpha=-1.23°$时需要更大的吸

气控制强度才能达到相近的转捩抑制效果。对于 $\alpha=-3.39°$ 的状态,由于其顺压力梯度最大,因此需要的吸气控制强度也最大。总之,如果能够合理地利用压力分布形态对转捩的抑制效果,凭借较小的吸气控制强度便可显著地推迟转捩的发生,极大地降低吸气控制本身带来的功率消耗。

    (a)   (b)   (c)

图 5 - 82　混合层流机翼在 $Ma=0.7$,$\alpha=-3.39°$ 时,不同吸气控制强度下的 IR 图像
(a) $\dot{m}=4.929$ g/s;　(b) $\dot{m}=5.948$ g/s;　(c) $\dot{m}=7.271$ g/s

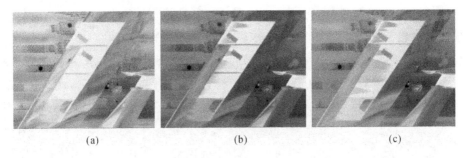

    (a)   (b)   (c)

图 5 - 83　混合层流机翼在 $Ma=0.7$,$\alpha=-1.23°$ 时,不同吸气控制强度下的 IR 图像
(a) $\dot{m}=5.445$ g/s;　(b) $\dot{m}=5.948$ g/s;　(c) $\dot{m}=6.584$ g/s

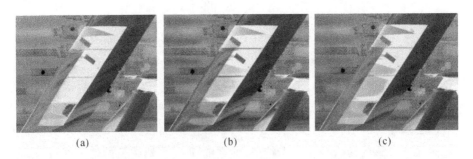

    (a)   (b)   (c)

图 5 - 84　混合层流机翼在 $Ma=0.7$,$\alpha=0.83°$ 时,不同吸气控制强度下的 IR 图像
(a) $\dot{m}=4.457$ g/s;　(b) $\dot{m}=4.953$ g/s;　(c) $\dot{m}=5.519$ g/s

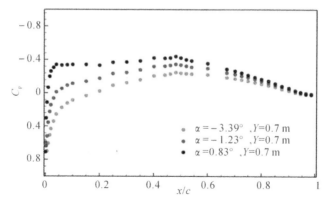

图 5-85 混合层流机翼在 $Ma=0.7$，三个不同攻角下，
$Y=0.7$ m 测压剖面的上翼面压力分布

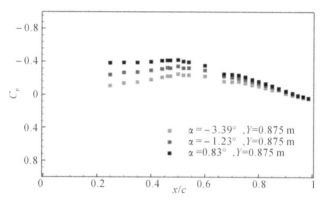

图 5-86 混合层流机翼在 $Ma=0.7$，三个不同攻角下，
$Y=0.875$ m 测压剖面的上翼面压力分布

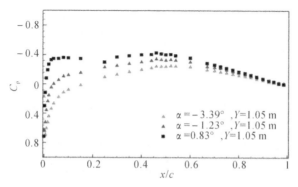

图 5-87 混合层流机翼在 $Ma=0.7$，三个不同攻角下，
$Y=1.05$ m 测压剖面的上翼面压力分布

5.吸气控制带来的减阻收益

图 5-88 为混合层流机翼在 $Ma=0.7$,不同攻角下尾流耙测得的剖面阻力随吸气质量流量变化的对比图。显然,进行吸气控制以后,随着吸气控制强度的增加,转捩点逐步后移,层流段范围逐渐增大,剖面型阻相应减小。试验数据显示,在整个 $-3.39°\sim2.0°$ 的攻角变化范围内,吸气控制强度达到最大值以后,相比于全湍流流动,剖面型阻几乎都能获得 5 counts 以上的减阻量。$0°$ 攻角附近,阻力减少量最明显,最大可达 14 counts 以上。在小攻角范围内,减阻收益更为明显的主要原因在于,小攻角下,吸气控制强度达到最大以后,机翼表面可获得的层流区最长,基本都在 60% 当地弦长以上。图 5-89 为混合层流机翼在 $Ma=0.78$,不同攻角下尾流耙测得的剖面型阻随吸气质量流量变化的对比图。试验结果显示,0.78 马赫下的现象与 0.7 马赫下的现象一致,即进行吸气控制以后,随着吸气控制强度的增加,转捩点逐步后移,剖面型阻相应减小。总之,采用吸气控制技术以后,可以带来明显的减阻收益。

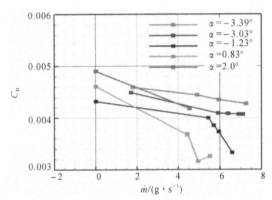

图 5-88 混合层流机翼在 $Ma=0.7$,不同攻角下,尾流耙测得的剖面阻力随吸气质量流量变化的对比图

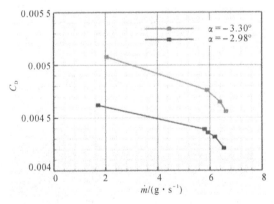

图 5-89 混合层流机翼在 $Ma=0.78$,不同攻角下,尾流耙测得的剖面阻力随吸气质量流量变化的对比图

5.3 转捩预测方法验证与数值模拟

5.3.1 数值模拟方法

针对风洞试验模型,采用基于 e^N 转捩预测方法以及 RANS 方程求解器的 CFD 数值模拟方法,进行自然/混合机翼压力分布、转捩位置以及气动阻力特性的计算评估,将数值结果与试验结果进行对比。一方面,验证采用的 CFD 数值模拟方法的计算精确度;另一方面,利用基于大量可靠的风洞试验数据建立的自然/混合层流机翼试验数据库,为 e^N 转捩预测方法的阈值 N 的选取进行标定。

CFD 数值模拟的计算模型采用刚性的风洞试验模型,忽略试验过程中模型产生的静气动弹性变形。计算网格为三维结构化网格,网格量为 7×10^6(计算网格如图 5-90 所示),附面层第一层网格高度为 1×10^{-6} m,附面层网格增长率为 1.2,使用 SA 湍流模型。

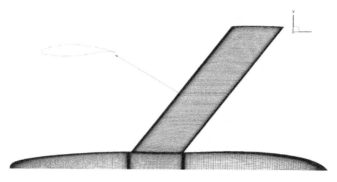

图 5-90 计算表面网格及翼型

5.3.2 自然层流机翼数值模拟与验证

1. 转捩阈值 N 的标定与转捩预测

应用 RANS 耦合 e^N 的数值模拟方法对风洞试验构型进行数值模拟分析,首先利用基于 RANS 方程的 CFD 求解器计算得到风洞模型的压力分布等流场信息,然后基于获得的流场信息通过稳定性分析得到机翼表面不稳定扰动波的增长曲线,最后根据给定的阈值 N 判断转捩位置,并确定转捩机制。因此,对于基于 e^N 的转捩预测方法,给定条件下阈值 N 标定的正确与否,成为决定转捩预测精度的关键因素之一。

　　利用风洞/飞行试验对转捩阈值进行标定时,常用的方法是根据试验测量得到的压力分布,利用边界层方程和稳定性理论得到对应的 TS 波和 CF 涡的扰动增长曲线。之后,对比试验测量得到的转捩位置,获得风洞/飞行试验环境条件(温度、来流湍流度、模型表面粗糙度等)下,每个具体的试验状态对应的 TS 波和 CF 涡的转捩阈值。最后,利用统计方法并通过分析得到唯一一组 TS 波和 CF 涡的转捩阈值。在具体的风洞/飞行试验环境条件下,利用这组转捩预测可以比较准确地预测所有试验状态下的转捩位置。

　　图 5-91～图 5-94 所示分别是马赫数为 0.7 时,不同攻角下的风洞试验以及对应的数值模拟结果。其中图 5-91(a)为红外相机拍摄的机翼表面层流区分布图(IR 图像),图 5-91(b)所示为机翼展向 1.05 m 位置的测压剖面测得的压力分布,图 5-91(c)所示为借助稳定性分析获得的 TS 波以及 CF 涡增长曲线的包络线。

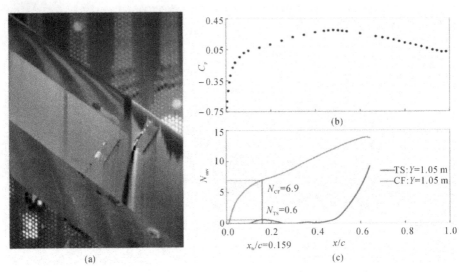

(a)　　(b)　　(c)

图 5-91　$Ma=0.7,Re=6.45\times10^6,\alpha=-2.16°$条件下,试验测量的 IR 图像、压力分布和数值模拟方法计算得到的 TS 波以及 CF 涡放大因子曲线的包络线

　　图 5-91 和图 5-92 分别展示的是 $-2.16°$ 和 $-0.99°$ 攻角下风洞试验和数值模拟结果。IR 图像显示,机翼表面的层流区边界具有明显的条带结构,呈现锯齿状,为典型的 CF 驻波失稳主导的转捩。剖面压力分布表明,两个状态下机翼前 40% 弦长范围维持较大的顺压力梯度,这种压力分布形态特征将抑制 TS 波的增长,加速 CF 涡的发展、失稳。对基于试验测量得到的剖面压力分布进行稳定性分析,数值结果显示 CF 涡增长较快,TS 波增长较为缓慢。显然,对比风

洞试验测量得到的转捩位置可知,$Y=1.05$ m 处,攻角为 $-2.16°$ 时 TS 波和 CF 涡的转捩阈值分别为 $N_{TS}=10.6$, $N_{CF}=6.9$,攻角为 $-0.99°$ 时 TS 波和 CF 涡的转捩阈值分别 $N_{TS}=11.3$, $N_{CF}=6.7$。

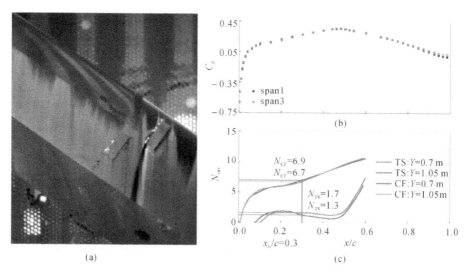

图 5-92 $Ma=0.7$, $Re=6.45×10^6$, $\alpha=-0.99°$ 时,试验测量的 IR 图像、压力分布和数值模拟方法计算得到的 TS 波以及 CF 涡放大因子曲线的包络线

图 5-93 给出的是 $0.17°$ 攻角下的风洞试验和数值模拟结果。IR 图像显示,机翼上翼面的层流区边界分明,无明显锯齿状条带结构,呈现出 TS 波失稳主导转捩的特征。剖面压力分布表明,该攻角下机翼上翼面前 40% 弦长范围内,压力分布维持较弱的顺压力梯度。这种压力分布特征下,TS 波以及 CF 涡都会得到不同程度的发展。基于试验测量得到的剖面压力分布进行稳定性分析,数值结果显示 $0.17°$ 攻角下 TS 波和 CF 涡都得到了较为充分的发展。对比风洞试验测量得到的转捩位置可知,此时在 $Y=1.05$ m 处,TS 波和 CF 涡的转捩阈值分别为 $N_{TS}=7.3$, $N_{CF}=3.3$。

图 5-94 给出了 $2.61°$ 攻角下的风洞试验和数值模拟结果。IR 图像显示,机翼上翼面的层流区边界分明,无明显锯齿状条带结构,同样呈现出 TS 波失稳主导转捩的特征。剖面压力分布表明,攻角下机翼上翼面前 40% 弦长范围内,压力分布具有一定的逆压力梯度。这种压力分布特征将加速 TS 波的发展,抑制 CF 涡的增长。基于试验测量的剖面压力分布进行的稳定性分析结果表明,TS 波增长迅速。相比之下,CF 涡的发展得到了抑制。同样,对比风洞试验测量得到的转捩位置可知,此时在 $Y=1.05$ m 处,TS 波和 CF 涡的转捩阈值分别

为 $N_{TS}=11.4, N_{CF}=1.6$。

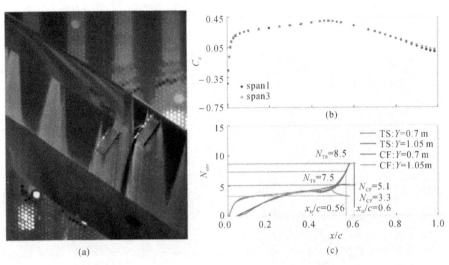

图 5 - 93　$Ma=0.7, Re=6.45\times10^6, \alpha=0.17°$时,试验测量的 IR 图像、压力分布和数值模拟方法计算得到的 TS 波以及 CF 涡放大因子曲线的包络线

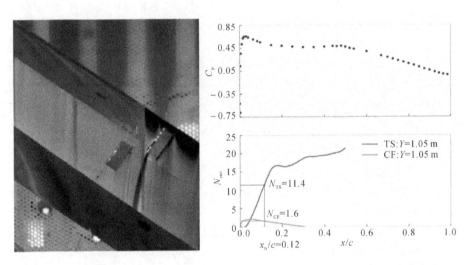

图 5 - 94　$Ma=0.7, Re=6.45\times10^6, \alpha=2.61°$时,试验测量的 IR 图像、压力分布和数值模拟方法计算得到的 TS 波以及 CF 涡放大因子曲线的包络线

图 5 - 95～图 5 - 98 是马赫数为 0.7,攻角分别为-2.16°,-0.99°,0.17°和 2.61°的数值模拟和试验测量结果对比图。左侧是试验测量与数值模拟得到的

压力分布对比,右侧是分别以试验测量和数值模拟的压力分布作为输入,借助稳定性理论分析得到的 TS 波以及 CF 涡放大曲线的包络线。从压力分布对比图中可以看出,虽然存在一定差异,但是整体上数值模拟与试验测量结果符合良好。因此,分别基于试验和数值模拟压力分布分析得到的 TS 波和 CF 涡放大曲线的包络线匹配程度很好,由此获得的转捩阈值非常接近。这一结果表明,基于 RANS 方程的 CFD 求解器在压力分布的预测上具有足够的精度,能够满足转捩预测的工程精度要求。造成数值模拟与风洞试验测量结果在机翼压力分布形态方面差异的原因主要有三点:首先,风洞试验自身测量存在误差;其次,风洞模型的加工制造误差,使得试验模型与数值计算采用的理论模型不完全匹配;最后,风洞试验的过程中,机翼产生了一定的弹性形变,而数值计算过程中忽略了机翼的弹性形变。

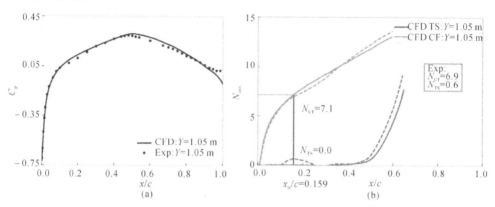

图 5 - 95　$Re=6.49\times10^6$,$Ma=0.7$,$\alpha=-2.16°$时,试验测量和数值模拟结果对比

(a) 压力分布对比;　(b) 扰动波放大因子曲线的包络线

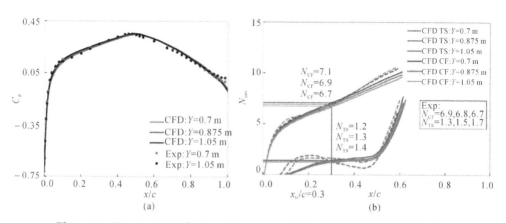

图 5 - 96　$Re=6.50\times10^6$,$Ma=0.7$,$\alpha=-0.99°$时,试验和数值模拟结果对比

(a) 压力分布对比;　(b) 扰动波放大因子曲线的包络线

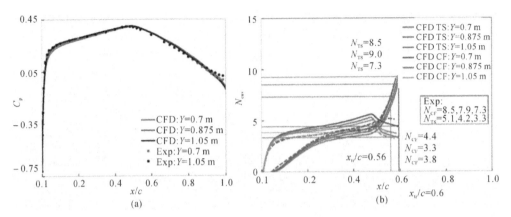

图 5-97　$Re=6.49×10^6$，$Ma=0.7$，$\alpha=0.17°$时，试验和数值模拟结果对比

（a）压力分布对比；　（b）扰动波放大因子曲线的包络线

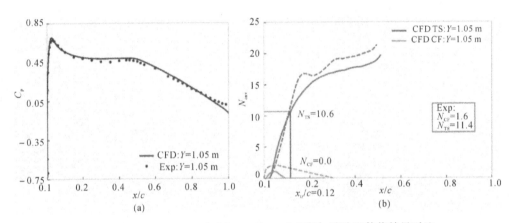

图 5-98　$Re=6.45×10^6$，$Ma=0.7$，$\alpha=2.61°$时，试验和数值结果对比

（a）压力分布对比'　（b）扰动波放大因子曲线的包络线

　　图 5-99 所示为马赫数为 0.7 和 0.78 时，不同攻角下风洞试验测量得到的转捩位置分布。其中，0.7 马赫有 58 个试验状态点，0.78 马赫有 54 个试验状态点。通过将不同试验状态下的测量结果与基于 e^N 方法求解得到的 TS 波以及 CF 涡的扰动放大增长曲线进行类比，可以得到图 5-100 所示的分别针对 TS 波以及 CF 涡的阈值 N 的分布图。从图中可以看出，对于基于风洞试验测得的压力分布标定得到的阈值 N，当 $N_{CF}<4.0$ 时，$N_{TS}=9.3$；当 $N_{TS}<4.0$ 时，$N_{CF}=7.0$；当 $N_{CF}>4.0$，$N_{TS}>4.0$ 时，两者之间存在线性关系：$N_{CF}=-1.77N_{TS}+20.46$。对于基于数值模拟求解的压力分布标定得到的阈值 N，当 $N_{CF}<5.0$ 时，$N_{TS}=8.7$；当 $N_{TS}<4.0$ 时，$N_{CF}=7.0$；当 $N_{CF}>5.0$，$N_{TS}>4.0$ 时，两者之间

存在线性关系：$N_{CF} = -2.35N_{TS} + 20.45$。显然，分别基于试验和数值模拟的压力分布标定得到的 TS 波以及 CF 涡的阈值 N 非常接近。最终，选择基于数值模拟的压力分布标定得到的阈值，作为在具体的风洞试验环境下进行转捩预测的 TS 波以及 CF 涡波的阈值 N。

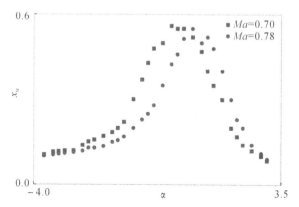

图 5-99 风洞试验测量得到的转捩位置与攻角的关系

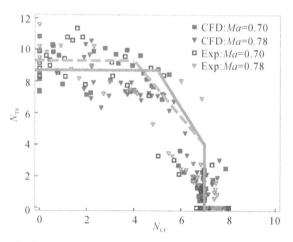

图 5-100 分别基于试验测量和数值模拟压力分布获得的 N_{CF} 和 N_{TS} 分布图

上述过程描述了通过试验测得的转捩位置，在具体风洞试验环境条件下标定阈值 N_{TS} 和 N_{CF} 的方法。标定完 N_{TS} 和 N_{CF} 后，便得到了利用 e^N 方法进行转捩预测的转捩判据。接下来，利用获得的该转捩判据进行转捩位置的预测，验证数值模拟方法的求解精度。

图 5-101 和图 5-102 分别给出了在 0.7 马赫和 0.78 马赫，不同攻角下，数值模拟方法得到的间歇因子云图与风洞试验测量的转捩线的对比。间歇因子

反映了湍流在流动中所占的比例。值为 0 表明流动为全层流,值为 1 表明流动为全湍流,间歇因子在 0~1 之间的变化反映了从层流到湍流的转捩过程。对比结果表明,数值模拟预测得到的转捩位置与试验结果吻合度较高。图 5-103 和图 5-104 分别给出了数值模拟预测的转捩位置与试验结果的对比及两者之间的误差分布。图 5-103 中,实心点代表数值预测结果,空心点代表试验测量结果。从误差分布图可以看出,几乎所有计算状态的转捩预测误差都在 5% 以下,这表明对于自然层流机翼,发展的数值模拟方法具有较高的转捩预测精度和可靠性。

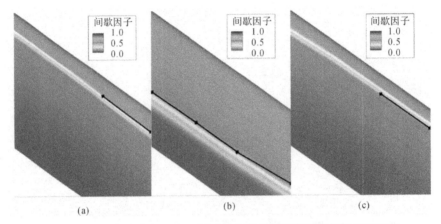

(a)   (b)   (c)

图 5-101 马赫数为 0.7 时,不同攻角下数值模拟得到的间歇因子云图

(a) $\alpha=-2.16°$,$Re=6.50\times10^6$; (b) $\alpha=0.35°$,$Re=6.49\times10^6$; (c) $\alpha=2.61°$,$Re=6.45\times10^6$

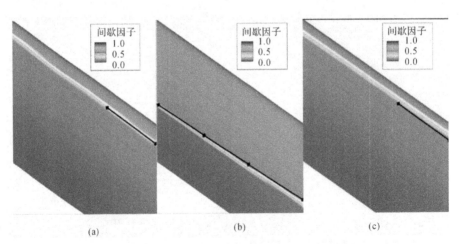

(a)   (b)   (c)

图 5-102 马赫为 0.78 时,不同攻角下数值模拟得到的间歇因子云图

(a) $\alpha=-2.15°$,$Re=6.80\times10^6$; (b) $\alpha=0.45°$,$Re=6.80\times10^6$; (c) $\alpha=2.47°$,$Re=6.80\times10^6$

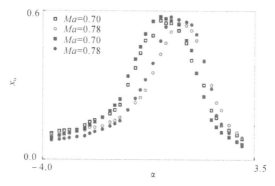

图 5-103　数值模拟与风洞试验转捩位置对比

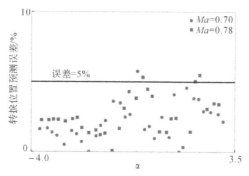

图 5-104　数值模拟得到的转捩位置与风洞试验测量结果的误差

2.剖面阻力计算

为了验证数值模拟方法在阻力预测上的计算精度和可靠性,对风洞模型的剖面型阻进行了数值预测,并与风洞试验测量结果进行对比。图 5-105 给出了当 $Ma=0.7$ 时,数值模拟与试验测得的剖面型阻对比。显然,CFD 数值模拟方法计算得到的剖面型阻随攻角的变化趋势与试验数据一致,吻合度较好。除了零度攻角附近以外,两者之间的差异基本控制在 2 counts 之内。在零度攻角附近,CFD 数值模拟方法的计算结果与风洞试验测量值误差较大。例如当 $\alpha=-0.1°$ 时,误差达到了 4~5 counts。零度攻角附近,数值计算与风洞试验结果之间较大的误差主要是由风洞试验测量误差造成的。图 5-106 给出了尾流耙的安装位置,不难看出,在展向方向上,尾流耙与测压孔处于同一位置。测压孔的存在必然会对该区域附近的层流转捩造成影响,使得相比其他"干净"区域(即无测压孔区域),测压孔所在区域附近转捩提前发生。图 5-107 所示为当 $Ma=0.7,\alpha=-0.1°$ 时风洞试验以及 CFD 数值方法计算得到的转捩位置对比。图中绿色实线为 CFD 计算得到的转捩位置,红色实线为标注出的尾流耙测量对应的剖面位置。显然,测压孔的存在尾流耙测量区域附近的层流区长度明显偏小,这使得试验测量得到的剖面型阻偏大。

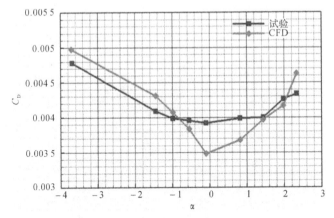

图 5-105　$Ma=0.7$ 时数值模拟与试验测量得到的剖面型阻对比

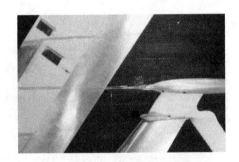

图 5-106　尾耙展向安装位置

图 5-107　$Ma=0.7,a=-0.1°$时,风洞试验测量以及数值计算得到的转捩位置对比
（图中绿色实线为 CFD 计算得到的转捩位置,红色实线为标注出的尾流耙对应的测量位置）

5.3.3 混合层流机翼数值模拟与验证

1.吸气孔物理参数、内外腔压与吸气速度关系式的标定

对于采用多孔板进行吸气控制的混合层流控制技术,吸气壁板表面分布有大量离散的吸气孔,孔的直径大约为几十微米。为了捕捉吸气控制区域内的流场细节,需要采用 DNS 等高精度数值模拟方法。但是 DNS 等高精度数值模拟需要大量的计算资源支撑,目前仅限于机理研究。对于基于 RANS 方程的面向工程应用研究的数值模拟方法,需要将离散的孔吸气转变为连续的面吸气,即保证吸气质量流量相同的条件下,将吸气孔的吸气速度转换成整个吸气控制面的面吸气速度。吸气控制系统的吸气速度分布与吸气腔的内外压差、吸气孔物理参数之间的关系,可用如下经验关系式[1,2]进行表示:

$$
\left.
\begin{aligned}
p_{\text{out}} - p_{\text{plenum}} &= \Delta p = \frac{1}{2} A \rho (V_h)^2 + 32 B \mu \frac{t}{d^2} V_h \\
v_s &= v_h \sigma = V_\infty \cdot C_q
\end{aligned}
\right\}
\tag{5-1}
$$

式中,结合图 5-108 对参数意义进行说明:A 和 B 为需要标定的经验参数;p_{plenum} 为吸气腔体的内部腔压;p_{out} 为吸气孔外部压强;ρ 为空气密度;μ 为动黏性系数;t 为吸气壁板厚度;d 为吸气孔的孔径;v_h 为吸气孔的吸气速度(单位为 m/s);v_s 为面吸气速度(单位为 m/s);C_q 为吸气系数;σ 为吸气壁板的占孔比。占孔比 σ 的含义为吸气孔的总面积与整个 Porous 壁板表面积的比值,即

$$
\sigma = \frac{\pi d^2 / 4}{S^2} = \frac{\pi d^2}{4S^2}
\tag{5-2}
$$

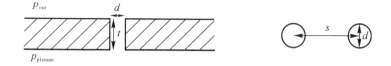

图 5-108 吸气壁板参数说明示意图

为了标定经验关系式中参数 A 和 B 的值,需要对 Porous 壁板和吸气控制系统进行分区域的标定试验,以测量不同吸气腔体内、外压差下的吸气质量流量。Porous 壁板参数以及标定试验条件见表 5-5。

表 5-5　Porous 壁板参数以及标定试验条件

参　数	单　位	值
壁板厚度 t	mm	9.0
孔径 d	μm	45
占孔比 σ	—	0.005 454
动黏性系数 μ	—	$1.789\,38^{-5}$

图 5-109 给出了试验测量得到的吸气孔速度 v_h 与吸气腔体内外压差之间的关系曲线。可以看出,两者之间近似为二次函数关系。利用给定的关系式对风洞试验结果进行拟合,得到参数 A 和 B 的值为 $A=1.289$,$B=0.185$。

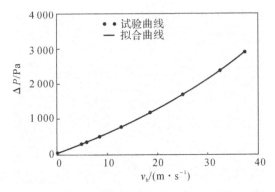

图 5-109　HLFC 风洞模型压差与吸气速度的关系

　　给定吸气腔体内外压差,借助标定得到的经验关系式,可计算得到离散吸气孔的吸气速度 v_h,再根据占孔比可换算得到等效之后的面吸气速度分布 v_s,将其以边界条件的形式引入边界层方程的求解中,从而模拟吸气控制对边界层流场参数以及转捩的影响。在吸气控制区域内对面吸气速度分布 v_s 进行积分,得到给定吸气速度分布下的吸气质量流量。将计算结果与试验测量得到的质量流量进行对比,用以验证进行吸气速度分布计算的经验关系式及参数 A 和 B 标定值的正确性。以表 5-6 给出的典型混合层流机翼风洞试验工况为例进行分析。

表 5-6　选取的典型混合层流机翼风洞试验工况

参　数	Ma	
	0.7	0.78
α	$-3.34°$	$-3.34°$
$Re(\times 10^6)$	6.55	6.55
$\dot{m}_0/(\mathrm{g\cdot s^{-1}})$	5.94,6.45,7.27	6.17,6.39,6.67

图 5-110 和图 5-111 分别给出了不同状态下的压力分布,以及计算得到的吸气控制区域内吸气系数 C_q 在弦向方向上的分布。表 5-7 给出了将面吸气速度进行积分计算得到的吸气质量流量 $\dot{m}$,与风洞试验中测量的质量流量 $\dot{m}_0$ 的对比。吸气质量流量的对比结果显示,计算值与试验测量值非常接近,所有工况下计算误差都在 3.5% 以内,表明通过风洞试验标定建立的吸气速度与吸气腔体内外压差、吸气孔物理参数的关系式合理正确,具有足够的可信度,能够满足工程应用的精度要求。

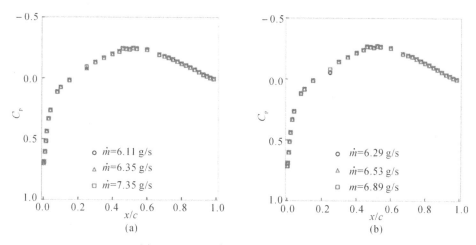

图 5-110　不同工况下的试验压力分布

(a) $\alpha=-3.34°,Ma=0.7$;　(b) $\alpha=-3.34°,Ma=0.78$

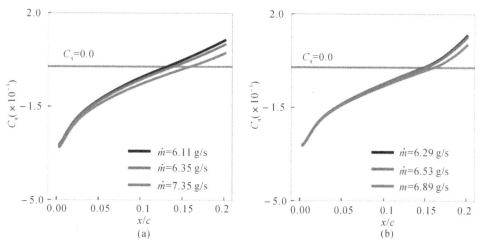

图 5-111　不同工况下弦向面吸气系数 C_q 分布

(a) $\alpha=-3.34°,Ma=0.7$;　(b) $\alpha=-3.34°,Ma=0.78$

表 5 - 7   混合层流风洞试验测量与数值计算得到的质量流量对比

参 数	Ma	
	0.7	0.78
α	$-3.34°$	$-3.34°$
$Re(\times 10^6)$	6.55	6.55
$\dot{m}_0/(\text{g} \cdot \text{s}^{-1})$	5.94,6.45,7.27	6.17,6.39,6.67
$\dot{m}/(\text{g} \cdot \text{s}^{-1})$	6.11,6.35,7.35	6.29,6.53,6.89
相对误差 $\mid(\dot{m}-\dot{m}_0)/\dot{m}_0\mid$	2.9%,1.6%,1.1%	3.1%,2.2%,3.3%

2.转捩预测

层流边界层的热传导系数远小于湍流边界层,因而湍流边界层的温度变化远大于层流边界层,这使得在层流转捩边界形成明显的温度差。红外热相附面层转捩探测技术就是利用层流和湍流边界层热传导系数的不同,来探测转捩位置。图 5 - 112 给出了红外热相探测得到的机翼上翼面的温度分布图。图5 - 112(a)中深色区域为温度较低的层流,浅色部分为温度较高的湍流区,两者交界处即为转捩线。图 5 - 112(b)给出了图 5 - 112(a)中截面 1 处的剖面温度分布。显然,从层流到湍流的转捩过程中,附面层内有 3℃左右的温差变化。将温度开始升高的点定义为转捩起始点,温度变化趋于稳定的点,定义为转捩完成点。

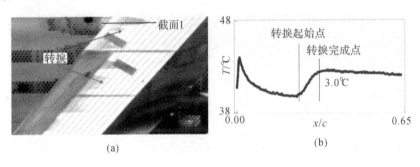

(a)   (b)

图 5 - 112   IR 图像与剖面温度分布

(a) IR 图像;   (b) 剖面温度分布

选取如图 5 - 113 和图 5 - 114 所示的典型试验状态,利用 CFD 数值模拟方法对吸气控制下的混合层流机翼的转捩位置进行预测,并与试验结果进行对比分析。图 5 - 113 所示为 0.7 马赫,攻角-3.34°时,不同吸气质量流量下的 IR 图像。图中三条红色实线分别代表了机翼前缘、20%弦长位置以及 65%弦长位置的标识。机翼前缘与 20%弦长位置之间的蓝色实线为 10%弦长位置标识,其他区域相临两蓝色实线间隔5%当地弦长。借助表征机翼弦向位置的标识线，可直观定量地给出转捩位置的变化情况。IR图像上部干净区域为自然层流对照区，下部机翼前缘为吸气壁板，因此该区域是混合层流控制区域。将两侧层流分布情况进行对比，可获得吸气控制对层流转捩抑制的影响作用。IR图像显示，自然层流的转捩位置为9%当地弦长。相比之下，进行吸气控制以后，混合层流控制区域的转捩位置分别为36%，41%和52%当地弦长，吸气质量流量越大，转捩位置越靠后。同时，转捩线呈现典型的锯齿状，表明该状态下层流转捩由CF波失稳主导。0.78马赫，−3.34°攻角下的试验结果表现出与0.7马赫时相似的现象。

图 5-113　$Ma=0.7$，$\alpha=-3.34°$ 不同吸气质量流量下的 IR 图像

图 5-114　$Ma=0.78$，$\alpha=-3.34°$ 不同吸气质量流量下的 IR 图像

使用 e^N 方法进行转捩预测,需要事先在给定条件下对转捩阈值 N 进行标定。5.3.2 小节利用自然层流风洞试验结果标定了 TS 波的转捩阈值为 8.7,CF 涡的转捩阈值为 7.0。风洞试验条件下,沿用标定得到的转捩阈值对混合层流机翼进行数值模拟。计算网格采用如图 5-115 所示的重叠网格,网格量 13×10^6,法向第一层网格大小保证 y^+ 小于 0.8,法向边界层内网格增长率为 1.1。

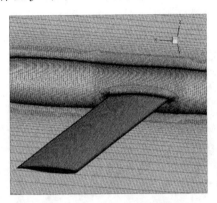

图 5-115　HLFC 数值模拟网格

图 5-116 给出了展向 $Y=1.05$ m 处数值方法计算得到的剖面压力分布与试验结果的对比。在选取的典型状态下,数值模拟结果与试验值符合得较好。表 5-8 给出了不同吸气质量流量下,数值模拟方法预测得到的转捩位置与试验值的对比。对比结果显示,相比风洞试验,数值模拟结果在转捩位置预测方面的最大误差仅为 3.7%。因此,基于自然层流机翼风洞试验数据标定的 e^N 方法能够准确地预测吸气控制影响下的层流转捩。

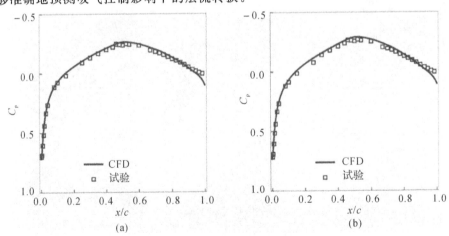

图 5-116　HLFC 试验和数值的压力分布对比

(a) $\alpha=-3.34°,Ma=0.7$;　(b) $\alpha=-3.34°,Ma=0.78$

表5-8　混合层流机翼风洞试验与数值模拟得到的转捩位置对比

Ma	α	$\dot{m}/(\mathrm{g \cdot s^{-1}})$	试验转捩位置(x/c)	计算转捩位置(x/c)	误差/(%)
0.70	$-3.34°$	0.00	0.09	0.093	0.3
		6.11	0.36	0.350	1.0
		6.35	0.41	0.407	0.3
		7.35	0.52	0.506	1.4
0.78	$-3.34°$	0.00	0.08	0.090	1.0
		6.29	0.31	0.331	2.1
		6.53	0.33	0.359	2.9
		6.89	0.39	0.427	3.7

图5-117给出了0.7马赫、-3.34°攻角时,不同吸气质量流量下,e^N方法计算得到的扰动放大因子增长曲线的包络线。数值结果显示层流转捩由CF涡失稳主导,与风洞试验IR图像中锯齿形的转捩线呈现出的结论一致。随着吸气质量流量的增大,CF涡的发展被逐渐抑制,转捩位置不断后移。图5-118给出流向前20%弦长范围内,不同方向的附面层速度型及横流速度在法向方向的二阶导数分布。其中图5-118(a)为势流方向边界层速度型分布图,图5-118(b)为横流边界层速度型分布图,图5-118(c)所示为横流边界层速度型在法向方向上的二阶导数。结果显示,沿流向方向,边界层厚度不断增加,势流方向的速度型逐渐变瘦,横流速度幅值不断降低。边界层内,横流扰动大小可由横流速度型的幅值以及横流速度在法向的二阶导数为0(拐点)的位置高低来表征。横流速度型幅值越小,拐点位置越低,更有利于维持横流涡的稳定。随着吸气质量流量的增加,相同流向位置处,横流速度型幅值以及拐点位置均有不同程度的降低,因而减弱了横流扰动,推迟了横流失稳诱导的转捩。但是,图5-111给出的吸气系数C_q在弦向方向上的分布显示,在15%当地弦长以后存在一定的吹气现象。因此,20%当地弦长位置处横流速度型及其在法向方向的二阶导数分布表明,吹气导致横流速度型的幅值增大,拐点上移,增加了横流涡的不稳定性。

图5-119给出了0.78马赫,-3.34°攻角时,不同吸气质量流量下,CF涡放大因子曲线的包络线。与0.7马赫,-3.34°攻角的数值模拟结果类似,随着吸气质量流量的增加,CF涡的扰动被逐步抑制,转捩位置后移。图5-120给出了对应的势流方向的边界层速度型、横流速度型以及其二阶导数。可以看到,除

了吹气区域外,随着吸气质量流量的增加,横流速度型幅值以及拐点位置均有不同程度的降低。

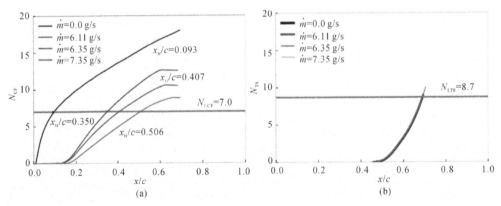

(a) (b)

图 5-117 $Ma=0.7,\alpha=-3.34°$时,不同吸气质量流量下的扰动放大因子曲线的包络线
(a) CF 扰动涡; (b) TS 扰动波

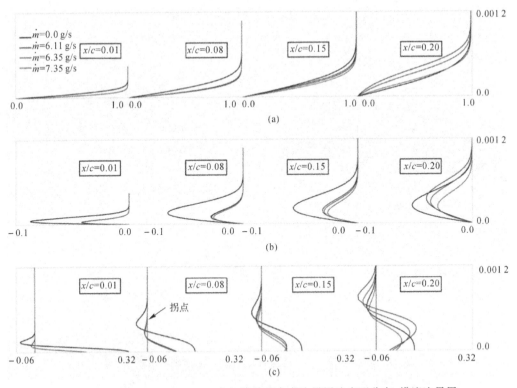

(a)

(b)

(c)

图 5-118 $Ma=0.7,\alpha=-3.34°$时,沿势流方向边界层速度型分布,横流边界层
速度型分布及其在法向的二阶导数的分布对比图

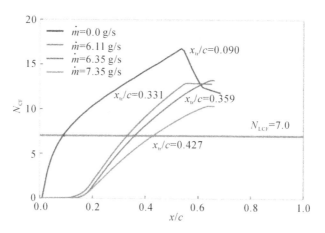

图 5-119 $Ma=0.78,\alpha=-3.34°$ 时,不同质量流量的 CF 涡放大因子曲线的包络线

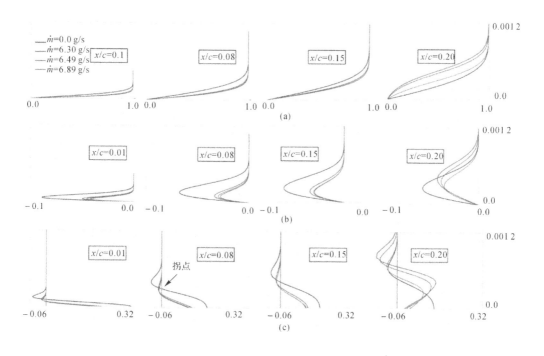

图 5-120 $Ma=0.78,\alpha=-3.34°$ 时,沿势流方向边界层速度型分布,横流边界层
速度型分布及其在法向的二阶导数的分布对比图

图 5-121 给出了马赫数对横流涡发展的影响。相同攻角下随着马赫数的增大，对应的 CF 涡扰动放大因子也增大，采用相同吸气控制强度，0.7 马赫条件下维持的层流区长度明显大于 0.78 马赫。横流速度型及其二阶导数分布对比图显示，随着马赫数的增大，横流速度型幅值增大，横流扰动放大，需要更大的吸气速度来维持相同的层流区长度。

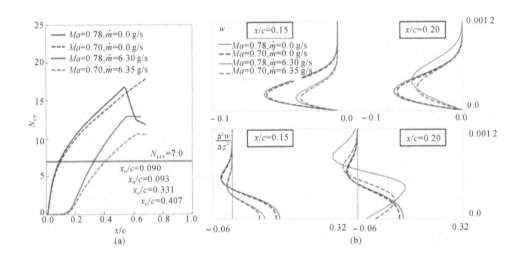

图 5-121　不同马赫数、吸气控制强度下 CF 涡放大因子包络线、
横流速度型及其二阶导数的分布对比图
（a）放大因子曲线包络线；（b）横流速度型及二阶导数

5.4　本章小结

本章针对自然/混合层流机翼风洞试验和 CFD 数值模拟进行了介绍，详细给出了风洞试验模型、试验测量技术、试验结果、CFD 数值模拟结果，并得到的一些重要结论。风洞试验结果显示，压力分布形态特征对层流机翼层流保持能力影响显著。混合层流控制技术采用的微吸气控制对压力分布形态几乎没有影响，转捩位置随着吸气质量流量的增大逐步后移。结合有利的压力分布形态特征，混合层流控制技术可以凭借较小的吸气质量流量维持期望的层流区长度。CFD 数值模拟结果表明，耦合 RANS 方程和标定的 e^N 方法的数值模拟方法，能够准确地预测自然/混合层流流动控制下的层流转捩。

参 考 文 献

[1] POLL D，DANKS M，HUMPHREYS B，et al. The aerodynamic performance of laser drilled sheets［R］. Manchester：University of Manchester，1992.

[2] PREIST J，Paluch B. Design specification and inspection of perforated panels for HLFC suction systems［R］. Paris：ONERA，1996.

[3] SHI Y，YANG T，BAI J，et al. Research of transition criterion for semi-empirical prediction method at specified transonic regime［J］. Aerospace Science and Technology，2019(88)：95－109.

第6章
层流机翼气动优化方法

6.1 引　言

　　相比全湍流条件下的气动优化设计问题,采用层流流动控制技术的自然/混合层流机翼气动优化设计虽然引入了层流转捩预测甚至是吸气控制的影响,但是依旧属于单学科的气动优化设计问题范畴,整个优化设计方法体系所涉及的优化设计辅助技术和优化设计策略,与针对全湍流条件下的气动优化设计问题基本一致。从本质上讲,气动优化设计是把设计对象的气动分析与最优化方法相结合,以 CFD 方法为基础,通过改变设计对象的气动外形,使其气动性能在满足给定约束条件下达到最优。因此,除 CFD 数值评估方法外,气动优化设计核心辅助技术还包括:几何外形参数化方法、CFD 计算网格变形方法以及优化算法。当采用代理模型技术替代直接的 CFD 数值评估时,代理模型也是气动优化设计的核心技术组成部分。本章对可在层流机翼气动外形优化设计问题领域内使用的不同种类优化算法、几何外形参数化方法、CFD 计算网格变形方法、代理模型技术的基本原理进行简单介绍。

6.2　优化算法

6.2.1　优化算法的基本概念和理论

6.2.1.1　优化设计数学模型

　　对于一个实际的气动优化设计问题,首先需要将问题抽象成数学模型,然后再根据问题的特点,选择合适的优化算法,利用计算机寻找该数学模型的最优解。优化设计数学模型的建立需要确定三个要素,分别是目标函数、设计变量和约束条件。根据这三个要素可将优化设计模型表述如下:

$$
\begin{aligned}
\min \quad & f(\boldsymbol{X}) \\
\text{s.t.} \quad & g_u(\boldsymbol{X}) \leqslant 0, \quad u = 1, 2, \cdots, m \\
& h_v(\boldsymbol{X}) = 0, \quad v = 1, 2, \cdots, q < n
\end{aligned}
\qquad (6-1)
$$

式中，f 是目标函数，它是设计变量 $\boldsymbol{X}$ 的函数，用以表示设计者所追求的设计目标，例如在飞机总体设计中，追求航程远、航时长；在气动设计阶段，追求巡航阻力小、升阻比高；在结构设计时，追求重量最小。这些设计目标通常可以用来评判设计结果的优劣，因此也称为评价函数。所谓的最优方案，就是使目标函数值达到最优值，即达到目标函数的极（最）大值或者极（最）小值。因此，优化设计问题可以转化为在一定的设计空间中寻找函数的极大（小）值点的数学问题。函数极大化和极小化的问题可以相互转换，在优化问题中，为了统一和规范化，通常把函数极大化和极小化统一表示为极小化。

设计变量 $\boldsymbol{X} = \begin{bmatrix} x_1 & x_2 & \cdots & x_n \end{bmatrix}^{\mathrm{T}}$ 是一组设计参数，不同的设计参数会形成不同的设计方案，它们的值在设计过程中需要进行不断调整进行择优。这些设计参数既可以是几何参数，如飞机的展长、机翼面积、机翼后掠角等，也可以是一些物理参数，如燃油重量、发动机推力等，还可以是一些总体参数，如展弦比、翼载荷等。在不同的设计阶段、不同的设计专业领域，选择的设计变量也不同。例如，对于飞机气动优化设计，可选择飞机展长、弦长等参数作为设计变量；而当进行飞机结构优化设计时，飞机的外形尺寸通常已经冻结，此时可以选择翼梁高度、翼肋厚度等作为设计变量。

对于实际问题，设计变量的取值范围往往受到一定的限制，不合理的取值会导致非物理解，或者导致所得的解不满足实际加工制造要求。例如机翼展长不能为负值，机身空间容积要满足装载要求等。这些限制条件称为约束条件或设计约束，它是设计变量的函数。约束条件分为边界约束和性能约束。边界约束直接对设计变量的取值范围进行约束，例如设计机翼时，机翼后掠角在一定范围内取值，机翼展长不能超过一定长度等。性能约束则对性能要求进行约束，例如在进行飞机气动减阻优化设计时，要求升力系数大于或等于巡航点设计升力系数，以满足平飞升力的需求。

约束条件也可分为等式约束和不等式约束，式（6-1）中 $h_v(\boldsymbol{X}) = 0$（$v = 1, 2, \cdots, q < n$）为等式约束，$g_u(\boldsymbol{X}) \leqslant 0$（$u = 1, 2, \cdots, m$）为不等式约束。每增加一个等式约束会使优化问题降低一维，当 $q = n$ 时只有唯一解，因此 $q < n$。为了规范化，对于 $g_u(\boldsymbol{X}) \geqslant 0$ 这种情况，通常转化为 $-g_u(\boldsymbol{X}) \leqslant 0$。同样，$h_v(\boldsymbol{X}) = 0$ 也可以用 $h_v(\boldsymbol{X}) \leqslant 0$ 和 $-h_v(\boldsymbol{X}) \leqslant 0$ 来代替。

如果一个优化问题没有约束条件，则称其为无约束优化问题，反之则称为约束优化问题。约束条件越多，可行域越小，有时可能导致设计空间非凸或者非连续。所以在确定约束条件时,应该在满足设计要求的前提下,一方面要尽可能减小约束条件的数量,另一方面要尽可能增加边界约束,减少性能约束。

6.2.1.2 最优解条件

首先讨论无约束优化问题的最优解条件。如果有一组解向量 $\boldsymbol{X}^* = [x_1^* \quad x_2^* \quad \cdots \quad x_n^*]^{\mathrm{T}}$ 满足

$$\min \quad f(\boldsymbol{X}) = f(\boldsymbol{X}^*), \quad \boldsymbol{X} \in \mathbf{R}^n \qquad (6-2)$$

则称 $\boldsymbol{X}^*$ 为最优解,$f(\boldsymbol{X}^*)$ 为最优值。最优值对应着函数的极值点,局部极值点也称为局部最优解。如果函数是非凸函数,则可能存在多个局部极值点,即多个局部最优解。整个设计空间里,所有的局部极小值点(或极大值点)构成的一个集合中函数值最小(或最大)的点,即为全局最优解。本小节所讨论的最优解条件,指的是局部极值点的存在条件。根据高等数学中的相关结论,对于 n 元函数 $f(\boldsymbol{X})$,$\boldsymbol{X}^*$ 为一个极值点的必要条件为

$$\nabla f(\boldsymbol{X}^*) = \left[\frac{\partial f(\boldsymbol{X}^*)}{\partial x_1} \quad \frac{\partial f(\boldsymbol{X}^*)}{\partial x_2} \quad \cdots \quad \frac{\partial f(\boldsymbol{X}^*)}{\partial x_n} \right]^{\mathrm{T}} = \boldsymbol{0} \qquad (6-3)$$

式中,$\nabla f(\boldsymbol{X}^*)$ 是函数 $f(\boldsymbol{X})$ 在 $\boldsymbol{X}^*$ 点处的梯度,它是函数在该点处一阶偏导数的列向量。$\boldsymbol{X}^*$ 为一个极值点的充分条件是式(6-4)中的矩阵为正定矩阵或者是负定矩阵:

$$H(\boldsymbol{X}^*) = \nabla^2 f(\boldsymbol{X}^*) = \begin{bmatrix} \dfrac{\partial^2 f(\boldsymbol{X}^*)}{\partial x_1^2} & \dfrac{\partial^2 f(\boldsymbol{X}^*)}{\partial x_1 \partial x_2} & \cdots & \dfrac{\partial^2 f(\boldsymbol{X}^*)}{\partial x_1 \partial x_n} \\ \dfrac{\partial^2 f(\boldsymbol{X}^*)}{\partial x_2 \partial x_1} & \dfrac{\partial^2 f(\boldsymbol{X}^*)}{\partial x_2^2} & \cdots & \dfrac{\partial^2 f(\boldsymbol{X}^*)}{\partial x_2 \partial x_n} \\ \vdots & \vdots & & \vdots \\ \dfrac{\partial^2 f(\boldsymbol{X}^*)}{\partial x_n \partial x_1}, & \dfrac{\partial^2 f(\boldsymbol{X}^*)}{\partial x_n \partial x_2}, & \cdots, & \dfrac{\partial^2 f(\boldsymbol{X}^*)}{\partial x_n^2} \end{bmatrix}$$

$$(6-4)$$

式中,矩阵 $H(\boldsymbol{X}^*)$ 为函数 $f(\boldsymbol{X})$ 在 $\boldsymbol{X}^*$ 点处的 Hessian 矩阵(也称 Hesse 矩阵),它是由函数在该点处的二阶偏导数所组成的方阵,是一个实对称矩阵。当矩阵 $H(\boldsymbol{X}^*)$ 为正定矩阵时,函数 $f(\boldsymbol{X})$ 在 $\boldsymbol{X}^*$ 处取得极小值;若为负定矩阵,则函数 $f(\boldsymbol{X})$ 在 $\boldsymbol{X}^*$ 处取得极大值;若为不定矩阵,$\boldsymbol{X}^*$ 为函数 $f(\boldsymbol{X})$ 的鞍点。

对于约束优化问题,最优解不仅与目标函数本身的性质有关,还与约束函数有关。对于式(6-1)的约束优化问题,目标函数 $f(\boldsymbol{X})$ 与约束函数 $g(\boldsymbol{X})$、$h(\boldsymbol{X})$ 在 $\boldsymbol{X}^*$ 可微,$\nabla g_u(\boldsymbol{X}^*)(u = 1, 2, \cdots, m)$ 和 $\nabla h_v(\boldsymbol{X}^*)(v = 1, 2, \cdots, q < n)$ 线性无关。若 $\boldsymbol{X}^*$ 为局部最优解,则有实数 t_u 和 t_v(其中 $u = 1, 2, \cdots, m$;$v = 1, 2, \cdots, q$)满足

$$\left.\begin{array}{l} \nabla f(\boldsymbol{X}^*) + \sum_{u=1}^{m} t_u \nabla g_u(\boldsymbol{X}^*) + \sum_{v=1}^{q} t_v \nabla h_v(\boldsymbol{X}^*) = \boldsymbol{0} \\ t_u g_u(\boldsymbol{X}^*) = \boldsymbol{0}, \quad u = 1, 2, \cdots, m \\ t_u \geqslant 0, \quad u = 1, 2, \cdots, m \end{array}\right\} \qquad (6-5)$$

式(6-5)是约束最优解的必要条件,由 Kuhn 和 Tucker 提出,称为 Kuhn - Tucker 条件或 K - T 条件(也称为 K - K - T 条件),满足该条件的点称为 K - T 点。K - T 条件常被用来判断某个设计点是否为该约束优化问题的局部极小点。t_u 为非负乘子,也称为拉格朗日乘子,而 t_v 没有非负性的限制。

6.2.1.3 优化数值解法与迭代终止准则

对于实际的优化问题,目标函数、约束条件与设计变量的关系很复杂。不仅具有较强的非线性关系,而且常常无法写出函数表达式,因此无法采用解析方法求解,只能采用数值迭代法进行求解。数值解法的迭代过程如下:

(1) 选取一个初始点 $\boldsymbol{X}^{(0)}$,该点应当尽可能接近最优解。

(2) 选择合适的方向 $\boldsymbol{d}^{(0)}$ 和步长 $\lambda^{(0)}$,搜索下一个点:$\boldsymbol{X}^{(1)} = \boldsymbol{X}^{(0)} + \boldsymbol{d}^{(0)} \lambda^{(0)}$。方向和步长的确定主要取决于优化算法。判断新的设计点 $\boldsymbol{X}^{(1)}$ 是否更优,如果更优,则进行第(3)步,否则调整步长,重复第(2)步。

(3) 以新的设计点为基准点,确定新的方向和步长,继续搜索下一个点,不断循环,即对于第 k 次迭代 $\boldsymbol{X}^{(k+1)} = \boldsymbol{X}^{(k)} + \boldsymbol{d}^{(k)} \lambda^{(k)}$,搜索第 $k+1$ 个设计点。

(4) 判断是否满足迭代终止条件:如果不满足,则继续按上一步搜索下一个点;如果满足,则结束优化。

常用的迭代终止准则有两类。第一类是设置最大迭代步数或最大函数调用次数,当达到最大步数之后,优化终止。此时迭代点可能与最优点相距较远,因此这类终止条件仅仅是为了避免迭代无限进行下去,造成资源的浪费。第二类是判断迭代点的性质,当迭代点的值或者是梯度满足一定要求之后终止优化。第二类终止条件又可以分为三种[1]:

1) 点距准则。该准则主要是判断前后两个迭代点之间的"距离"是否满足收敛要求。当两个相邻迭代点"距离"很近时,认为已经达到最优点,即两相邻迭代点的向量模很小:

$$\| \boldsymbol{X}^{(k+1)} - \boldsymbol{X}^{(k)} \| < \varepsilon \qquad (6-6)$$

或者是各个设计参数之间的差量很小:

$$| x_i^{(k+1)} - x_i^{(k)} | < \varepsilon, \quad i = 1, 2, \cdots, n \qquad (6-7)$$

有时候虽然满足 $\| \boldsymbol{X}^{(k+1)} - \boldsymbol{X}^{(k)} \| < \varepsilon$,但是函数值可能相差较大,此时采用函数值下降准则进行判断较为合适。

2) 函数值下降量准则。该准则主要是判断前后两个迭代点的函数值下降量是否满足要求。如果相邻两个迭代点的函数值下降量充分小,则认为当前迭代点已经非常逼近最优解。因为在最优解附近的邻域内,函数值变化量很小。则终止准则为

$$\left| f(\boldsymbol{X}^{(k+1)}) - f(\boldsymbol{X}^{(k)}) \right| < \varepsilon \qquad (6-8)$$

式(6-8)判断的是绝对下降量,也可以判断相对下降量:

$$\left| \frac{f(\boldsymbol{X}^{(k+1)}) - f(\boldsymbol{X}^{(k)})}{f(\boldsymbol{X}^{(k)})} \right| < \varepsilon \qquad (6-9)$$

同样,该判断准则也有一定的局限性。有些时候目标函数值变化平缓,但是 $\boldsymbol{X}^{(k+1)}$ 与 $\boldsymbol{X}^{(k)}$ 相距较远。因此最好同时采用前两个判断准则进行判断。

3) 梯度准则。根据无约束极小值的必要条件 $\nabla f(\boldsymbol{X}^*) = \boldsymbol{0}$,由于极点处梯度为 0,因此当迭代点接近最优点时,迭代点的梯度应当接近 0,即

$$\| \nabla f(\boldsymbol{X}^{(k)}) \| < \varepsilon \qquad (6-10)$$

该准则也有一定的局限性,当迭代点处于鞍点附近时,其梯度很小。另外,对于无法获得迭代点梯度的优化问题,该准则不适用。

6.2.1.4 优化算法的分类

对于经典的优化算法,通常按照在优化过程中是否需要提供梯度信息将其分为梯度优化算法(又称间接法)和无梯度优化算法(又称直接法)。梯度优化算法在优化过程不仅要计算迭代点的函数值,还要计算对应的梯度(甚至二阶偏导数),再通过梯度信息构造搜索方向。这类算法主要有最速下降法(steepest descent method)、共轭梯度法(conjugate gradient method)、牛顿法(newton method)、拟牛顿法(quasi-newton method)等。

无梯度优化算法在优化过程中不需要计算迭代点处的梯度信息,而是通过一定的搜索策略寻求最优值。这类方法主要有坐标轮换法(cyclic coordinate method)、模式搜索算法(如:hooke & jeeves 方法、rosenbrock 方法)、鲍威尔法(powell method)、单纯形法(simplex method)等。

梯度优化算法由于获取了迭代点处的梯度信息,因此优化效率较高,通常只需要很少的迭代步数即可搜索到局部最优点。但缺点是需要计算梯度,这导致计算量较大;另外,在某些情况下,若无法得到目标函数的梯度,则不能采用梯度优化算法。无梯度优化算法不依赖于梯度信息,因此适用范围较广。缺点是需要较多的迭代步才能寻找到最优解,优化效率较低。

上述的方法主要解决的是无约束优化问题,对于约束优化问题,需要对约束条件进行处理。常见的约束优化算法包括罚函数法、乘子法、可行方向法、二次

逼近法(也称作序列二次规划算法,sequential quadratic programming,SQP)等。

近十多年来,人们从自然界得到的一些启发,发展了一系列的现代启发式算法(meta-heuristic algorithms),也称为智能优化算法(intelligent optimization algorithms)。相对于传统的经典优化算法,这类现代优化算法在求解一些强非线性、多约束、多极值的优化问题时,展现出了一定的优越性,因此受到广泛关注。这类方法主要有遗传算法(genetic algorithms)、模拟退火算法(simulated annealing)、神经网络算法(neural networks optimization)、禁忌搜索算法(tabu search)、粒子群算法(particle swarm optimization)等。

6.2.2 经典优化算法

6.2.2.1 无约束优化算法

1. 最速下降法

函数的梯度方向是当地函数值变化率最大的方向,当利用该优化算法寻找函数极小值点时,选择负梯度方向作为搜索方向,即 $\boldsymbol{d}^{(k)} = -\nabla f(\boldsymbol{X}^{(k)})$,因此该优化算法被称为最速下降法。该算法的优点是算法原理清晰,程序实现简单,相对于其他的梯度优化算法计算量小,存储量也少。当初始点选择不好时,也能搜索到局部最优解。在优化初期函数值下降较快,并且可以保持函数值稳定下降,但缺点是越靠近局部极值点下降越慢。需要注意的是,函数的梯度是函数的局部特性,负梯度方向是当前点处的最速下降方向,但不一定是全局的最速下降方向。在某些情况下,它的搜索路径呈现出"锯齿"形,即曲折地接近局部最优解。

2. 牛顿法

牛顿法迭代公式为

$$\boldsymbol{X}^{(k+1)} = \boldsymbol{X}^{(k)} - (\nabla^2 f(\boldsymbol{X}^{(k)}))^{-1} \nabla f(\boldsymbol{X}^{(k)}) = \boldsymbol{X}^{(k)} - (H(\boldsymbol{X}^{(k)}))^{-1} \nabla f(\boldsymbol{X}^{(k)})$$

$$(6-11)$$

牛顿法的优点是收敛快,它至少是二阶收敛[2],对于正定二次问题,只需要迭代一次即可获得极小值点。该方法缺点也很明显,它不仅需要计算目标函数在迭代点处的一阶偏导数,还要计算二阶偏导数以及 Hessian 矩阵的逆,且计算量大、存储量大。而且牛顿法对初始值敏感,若初始值选取不当会导致无法收敛。另外注意到,牛顿法的搜索方向为 $\boldsymbol{d}^{(k)} = -(H(\boldsymbol{X}^{(k)}))^{-1} \nabla f(\boldsymbol{X}^{(k)})$,也称为牛顿方向,步长 $\lambda^{(k)} = 1$ 是固定不变的,因此不能保证每一次迭代的目标函数值下降。可以考虑在牛顿方向上进行一维搜索,即

$$X^{(k+1)} = X^{(k)} - \lambda^{(k)} \left[H(X^{(k)}) \right]^{-1} \nabla f(X^{(k)}) \qquad (6-12)$$

该方法称为阻尼牛顿法或修正牛顿法。当目标函数的 Hessian 矩阵处处正定时,阻尼牛顿法每一步迭代的目标函数都在下降,且对初始值的要求降低,同时还能保持牛顿法收敛快的特点。

3. 共轭梯度法

共轭梯度法选择共轭方向作为搜索方向,共轭方向的定义[1]:假设矩阵 A 为 n 阶实对称正定矩阵,如果有两个 n 维矢量 d_1 和 d_2,满足 $d_1^T A d_2 = 0$,则称矢量 d_1 和 d_2 对矩阵 A 共轭,共轭矢量的方向称为共轭方向。共轭方向有很多,带有一定的任意性。共轭梯度法则采用迭代点处的梯度来构造共轭方向,即

$$d^{(k+1)} = -\nabla f(X^{(k+1)}) + \beta_k d^{(k)} \qquad (6-13)$$

$$\beta_k = \frac{\parallel \nabla f(X^{(k+1)}) \parallel^2}{\parallel \nabla f(X^{(k)}) \parallel^2} \qquad (6-14)$$

共轭梯度法比最速下降法收敛速度快,又不需要计算牛顿法中的 Hessian 矩阵以及矩阵的逆,具有较高的效率,适用于设计变量维数较高(50 维以上),一阶偏导数容易获取的优化问题[1]。

4. 拟牛顿法

观察最速下降法和牛顿法的迭代公式,它们都可以用统一的公式进行表示,即

$$X^{(k+1)} = X^{(k)} - \lambda^{(k)} H^{(k)} \nabla f(X^{(k)}) \qquad (6-15)$$

当 $H^{(k)}$ 为单位矩阵时,式(6-15)即为最速下降法的迭代公式;当 $H^{(k)} = (\nabla^2 f(X^{(k)}))^{-1}$ 时,就得到阻尼牛顿法的迭代公式,或更进一步,令步长为 1 时,即可得到牛顿法的迭代公式。因此,可以人为地构造一个 n 阶矩阵 $H^{(k)}$,在迭代过程中不断修正,使其近似地等于 Hessian 矩阵的逆矩阵。该方法称为拟牛顿法。拟牛顿法避免了求解二阶偏导数,又保持了牛顿法的收敛速度。这个矩阵 $H^{(k)}$ 称为变尺度矩阵,因此拟牛顿法又称为变尺度法(variable metric method),它也是一种共轭方向法。构造的变尺度矩阵需要满足三个条件[3]:

(1)构造的矩阵 $H^{(k)}$ 必须使得搜索方向 $d^{(k)} = -H^{(k)} \nabla f(X^{(k)})$ 为函数下降方向,即 $H^{(k)}$ 必须为正定矩阵;

(2)矩阵 $H^{(k)}$ 需要满足拟牛顿条件,即随着优化的进行,它逐渐逼近极值点处的 $[\nabla^2 f(X^{(k)})]^{-1}$;

(3)矩阵 $H^{(k)}$ 应该能够写成 $H^{(k+1)} = H^{(k)} + E^{(k)}$ 的形式,其中 $E^{(k)}$ 为修正矩阵。

在优化开始时,$H^{(k)}$ 为单位矩阵,之后通过不断修改 $E^{(k)}$,使得 $H^{(k)}$ 逼近极

值点处的 Hessian 矩阵的逆矩阵。拟牛顿法有多种类型,其主要区别在于 $E^{(k)}$ 的形式。常见的拟牛顿法有对称秩 1 算法、吴桂变尺度算法类、Huang 类算法、自调节变尺度算法类、DFP 算法、BFGS 算法,其中 DFP 算法和 BFGS 算法应用较为广泛。

DFP 算法是最先被研究的一种拟牛顿算法,经 Davidon 首先提出,再由 Fletcher 和 Powell 改进和完善。DFP 算法的矩阵 $H^{(k)}$ 构造方法如下:

$$H^{(k+1)} = H^{(k)} + \frac{\Delta X^{(k)} (\Delta X^{(k)})^{\mathrm{T}}}{(\Delta X^{(k)})^{\mathrm{T}} \Delta g^{(k)}} - \frac{H^{(k)} \Delta g^{(k)} (H^{(k)} \Delta g^{(k)})^{\mathrm{T}}}{(\Delta g^{(k)})^{\mathrm{T}} H^{(k)} \Delta g^{(k)}} \tag{6-16}$$

式中,$g^{(k)} = \nabla f(X^{(k)})$,$\Delta g^{(k)} = g^{(k+1)} - g^{(k)}$,$\Delta X^{(k)} = X^{(k+1)} - X^{(k)}$。DFP 法具有二次收敛性,当目标函数是 n 元二次严格凸函数时,由 DFP 法生成的搜索方向是关于 $H = \nabla^2 f(X)$ 的共轭方向,因此最多经过 n 步迭代即可达到极值点。另外,如果目标函数为严格凸函数,则 DFP 算法具有全局收敛性。缺点是在一些问题上数值稳定性不高。

BFGS 算法是 Broyden,Fletcher,Goldfarb 和 Shanno 等人提出的,它与 DFP 算法具有相似的性质和优点,但它的数值稳定性要比 DFP 算法高。而且在使用不精确一维搜索时,它也是超线性收敛的[2]。基于上述优点,BFGS 算法被认为是当前最好的无约束优化算法之一。BFGS 算法的 $H^{(k)}$ 矩阵计算公式如下:

$$H^{(k+1)} = H^{(k)} + \frac{\beta_k \Delta X^{(k)} [\Delta X^{(k)}]^{\mathrm{T}} - H^{(k)} \Delta g^{(k)} [\Delta X^{(k)}]^{\mathrm{T}} - \Delta X^{(k)} [\Delta g^{(k)}]^{\mathrm{T}} H^{(k)}}{[\Delta X^{(k)}]^{\mathrm{T}} \Delta g^{(k)}}$$

$$\tag{6-17}$$

以上介绍的均为无约束梯度优化算法,通常认为在收敛条件下,这些优化算法迭代次数排序如下:牛顿法>拟牛顿法>共轭梯度法>共轭方向法;而它们的迭代次数又小于无梯度优化算法。

下面介绍几种算法为常用的无梯度优化算法。

5. 模式搜索算法

模式搜索方法包括 Hooke & Jeeves 算法和 Rosenbrock 算法等,这里主要介绍 Hooke & Jeeves 算法。Hooke & Jeeves 算法由 Hooke 和 Jeeves 提出,该算法主要由两种类型的搜索构成:一类称为探测搜索,依次沿 n 个坐标轴进行搜索,用以确定新的基点和有利于函数值下降的方向;另一类称为模式搜索,沿相邻两个基点连线方向进行,目的是沿着有利方向进行加速,所以也称为步长加速法。Hooke & Jeeves 算法的计算步骤如下:

(1) 选择初始点 $x^{(0)}$,n 个坐标方向为 $e_j = [0 \quad \cdots \quad 0 \quad 1 \quad 0 \quad \cdots \quad 0]^{\mathrm{T}} (j = 1, 2, \cdots, n)$。选择初始步长 λ,令 $y^{(0)} = x^{(0)}$,$k = 0$,$j = 1$。

（2）若 $f(\boldsymbol{y}^{(j)}+\lambda\boldsymbol{e}_j)<f(\boldsymbol{y}^{(j)})$，则探测成功，令 $\boldsymbol{y}^{(j+1)}=\boldsymbol{y}^{(j)}+\lambda\boldsymbol{e}_j$，进行第（4）步；否则探测失败，进行第（3）步。

（3）若 $f(\boldsymbol{y}^{(j)}-\lambda\boldsymbol{e}_j)<f(\boldsymbol{y}^{(j)})$，令 $\boldsymbol{y}^{(j+1)}=\boldsymbol{y}^{(j)}-\lambda\boldsymbol{e}_j$，进行第（4）步；否则令 $\boldsymbol{y}^{(j+1)}=\boldsymbol{y}^{(j)}$，进行第（4）步。

（4）若 $j<n$，则令 $j=j+1$，返回第（2）步，否则进行第（5）步。

（5）若 $f(\boldsymbol{y}^{(n+1)})<f(\boldsymbol{x}^{(k)})$，令 $\boldsymbol{x}^{(k+1)}=\boldsymbol{y}^{(n+1)}$，$\boldsymbol{y}^{(1)}=\boldsymbol{x}^{(k+1)}+\alpha(\boldsymbol{x}^{(k+1)}-\boldsymbol{x}^{(k)})$，并置 $j=1$，$k=k+1$，返回第（2）步；否则进行第（6）步。其中 $\alpha\geqslant1$，α 称为加速因子。

（6）若步长满足收敛要求，即 $\lambda\leqslant\varepsilon$，则停止迭代，$\boldsymbol{x}^{(k)}$ 为搜索到的最优点；否则令 $\lambda=\beta\lambda$，$\boldsymbol{y}^{(1)}=\boldsymbol{x}^{(k)}$，$\boldsymbol{x}^{(k+1)}=\boldsymbol{x}^{(k)}$，并置 $j=1$，$k=k+1$，返回第（2）步。其中 $0\leqslant\beta\leqslant1$，$\beta$ 称为缩减率。

6. 单纯形法

单纯形指的是对于 n 维空间上的具有 $n+1$ 个顶点的凸多面体，例如 2 维空间的三角形，3 维空间的中的四面体。而单纯形算法的思想是分别求出各个顶点上的函数值，函数值最大的点对应多面体的最高点，函数值最小的对应最低点，并且通过函数值的大小判断出函数变化的大致趋势。然后通过一系列反射、延伸、压缩和缩边操作寻找一个新的点，并替换原来最坏的点，从而构成一个新的单纯形。这样通过不断地生成新的单纯形，最终逼近最优点。单纯形法主要有四个基本的运算：反射、延伸、压缩、缩边。下面以一个二元函数 $f(x_1,x_2)$ 来进行说明。

首先在二维平面上选取不共线的三个点 $x^{(1)}$，$x^{(2)}$，$x^{(3)}$ 构成一个初始单纯形，如图 6-1 所示。构成单纯形的顶点应该是线性独立的，否则会导致退化。二维的情况最好选择等边三角形；对于 n 维情况，则应该保证任意两个顶点的距离都相等，这种称为正规单纯形。

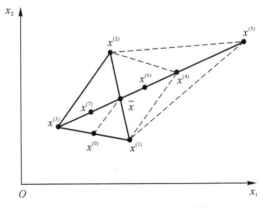

图 6-1　单纯形法原理示意图

然后计算它们的函数值,假设最高点为 $x^{(3)}$,最低点为 $x^{(1)}$,即 $f(x^{(1)}) < f(x^{(2)}) < f(x^{(3)})$。下面通过这个例子来介绍这四个基本的运算。

(1)反射(reflection)。反射的思想是,认为最坏的点对面(反射点)可能是最好的点,即将 $x^{(3)}$ 通过 $x^{(1)}$ 和 $x^{(2)}$ 的中点 $\bar{x}$ 进行反射,得到 $x^{(4)}$。计算方式为 $x^{(4)} = \bar{x} + \alpha(\bar{x} - x^{(3)})$,式中 $\alpha > 0$,α 为反射系数,通常选取 $\alpha = 1$。对于 n 维情况,$\bar{x}$ 为除去最坏点之后剩余点的形心。

当得到反射点之后,计算其函数值,此时可能出现三种情形:

1)若 $f(x^{(4)}) < f(x^{(1)})$,说明反射点比原来最好的点更优,说明该方向是函数值下降的方向,然后进行延伸操作;

2)若 $f(x^{(1)}) \leqslant f(x^{(4)}) \leqslant f(x^{(2)})$,这说明反射点比原来最好的点差,但是比次差的点要好,此时用 $x^{(4)}$ 替换 $x^{(3)}$,构成一个新的单纯形,继续进行反射运算;

3)若 $f(x^{(4)}) > f(x^{(2)})$,则进行压缩运算。

(2)延伸(expansion)。由于 $f(x^{(4)}) < f(x^{(1)})$,说明方向 $d = x^{(3)} - \bar{x}$ 有利于函数下降,因此沿该方向进行搜索,即 $x^{(5)} = \bar{x} + \gamma(x^{(4)} - \bar{x})$,其中 $\gamma > 1$,γ 称为延伸系数,一般取 $1.2 \sim 2.0$。然后计算延伸之后的点的函数值,此时会出现两种情况:

1)如果 $f(x^{(5)}) < f(x^{(4)})$,则以 $x^{(5)}$ 替换 $x^{(3)}$,构成一个新的单纯形,进行反射运算;

2)如果 $f(x^{(5)}) \geqslant f(x^{(4)})$,说明延伸失败,则以 $x^{(4)}$ 替换 $x^{(3)}$,构成一个新的单纯形,进行反射运算。

(3)压缩(contraction)。压缩也分为两种情况,如果 $f(x^{(4)}) < f(x^{(3)})$,则新的点应该在被压缩在 $x^{(4)}$ 和中点 $\bar{x}$ 之间,即 $x^{(6)} = \bar{x} + \beta(x^{(4)} - \bar{x})$,此处 β 为压缩系数,通常取 $\beta = 0.5$。如果 $f(x^{(4)}) > f(x^{(3)})$,说明应该压缩得更多,即新的点应该在 $x^{(3)}$ 和中点 $\bar{x}$ 之间,此时 $x^{(7)} = \bar{x} - \beta(\bar{x} - x^{(3)}) = \bar{x} + \beta(x^{(3)} - \bar{x})$。若计算出来的函数值仍旧比初始最坏点还差,即 $f(x^{(7)}) > f(x^{(3)})$,说明不能进行反射操作,反射方向并不是函数的下降方向,此时应该进行缩边运算。

(4)缩边(reduction)。缩边操作是以当前最好的点为基础,将其余的点与该点的距离缩小为原来一半,即将图中 $x^{(1)}$,$\bar{x}$,$x^{(8)}$ 构成一个新的单纯形,再进行反射运算。

6.2.2.2 约束优化算法

对于绝大多数的实际问题,都属于约束优化问题。处理这类问题的优化方法称为约束优化算法。约束优化算法方法较多,大体可以分为以下三类:

（1）把约束优化问题转化为无约束优化问题，然后采用6.2.2.1节所述的无约束优化算法进行求解。这种算法又称为间接解法，常见的有惩罚函数法、乘子法等。

（2）用线性规划或二次规划来逐渐逼近非线性规划的方法。这类方法有序列线性规划法、序列二次规划法等。

（3）对约束优化问题不进行转换，直接进行搜索的方法。这类方法称为直接解法，常用的有可行方向法、梯度投影法、既约梯度法、复形法、随机试验法等。

间接解法可以选用成熟的无约束优化算法进行求解，便于处理等式约束与不等式约束，因此在工程上得到广泛应用。另外，序列二次规划算法能够处理大规模约束条件，并且具有较高的效率，在实际中应用也较多，由于篇幅所限，本节主要介绍惩罚函数法和乘子法。

1. 惩罚函数法

惩罚函数法又称为序列无约束极小化技术（sequential unconstrained minimization technique，SUMT法）。其主要思想是根据式（6-1）中的约束条件构造出相应的惩罚函数 $p(\boldsymbol{X})$，将其增加到原目标函数中，则原约束优化问题可以转化为下式的无约束优化问题：

$$\min \quad F(\boldsymbol{X}) = f(\boldsymbol{X}) + Mp(\boldsymbol{X}) \qquad (6-18)$$

式中，M 为惩罚因子，且 $M > 0$。惩罚函数的作用是在优化过程中，当迭代点位于可行域之外（即不满足约束要求）或者试图从可行域越过约束边界进入非可行域时，惩罚函数值会变得很大，迫使迭代点朝着满足约束的方向移动或者一直保持在可行域内。惩罚函数并不改变可行域的局部极小值，但可以让可行域以外的局部极小值变大。惩罚函数法可分为外点惩罚函数法、内点惩罚函数法和混合惩罚函数法。

外点惩罚函数法中的迭代点既可在可行域中移动，也能够在可行域外部移动。对于不满足约束条件的迭代点进行惩罚，对于可行域内的迭代点不予惩罚。外点惩罚函数 $p(\boldsymbol{X})$ 应该满足如下3个条件：①$p(\boldsymbol{X})$ 连续；②$p(\boldsymbol{X}) = 0$，$\forall \boldsymbol{X} \in D$；③$p(\boldsymbol{X}) > 0$，$\forall \boldsymbol{X} \notin D$，$D$ 为可行域。通常采用下式构造外点惩罚函数：

$$p(\boldsymbol{X}) = \sum_{u=1}^{m} \left(\max\{g_u(\boldsymbol{X}), 0\} \right)^2 + \sum_{v=1}^{q} h_v^2(\boldsymbol{X}) \qquad (6-19)$$

外点惩罚函数法的计算步骤如下：

（1）给定初始迭代点 $\boldsymbol{X}^{(0)}$，初始惩罚因子 $M_1 > 0$，通常可取 $M_1 = 1$，并令 $k = 1$。

（2）以 $\boldsymbol{X}^{(k-1)}$ 为初始点，求解无约束优化问题：$\min F(\boldsymbol{X}, M_k) = f(\boldsymbol{X}) + M_k p(\boldsymbol{X})$，得到极小值点 $\boldsymbol{X}^*(M_k)$，将其记为 $\boldsymbol{X}^k$。

（3）判断是否满足收敛要求 $M_k p(\boldsymbol{X}^k) < \varepsilon$，如果满足则结束优化，$\boldsymbol{X}^k$ 即为近似极小值点。否则，令 $M_{k+1} = cM_k(k = k+1, c > 1)$ 为递增系数，通常取 $c \in [4, 10]$，返回步骤（2）。

通常，$\boldsymbol{X}^*(M) \in D$ 仅在 M 充分大时才成立，然而在实际计算过程中，M 太大会造成增广目标函数 $F(\boldsymbol{X}, M)$ 的 Hessian 矩阵条件数增大，出现病态，导致优化问题求解困难甚至无法求解。所以需要选取一个递增的惩罚因子序列 $\{M_k\}$，并且 $M_k \to +\infty$。初始的惩罚因子的选取会影响优化的正常进行，通常取 $M_1 = 1$ 即可得到较满意的结果，也可以采用以下经验公式进行计算：

$$M_1 = \max\left\{\frac{0.02}{mg_u(\boldsymbol{X}^0)f(\boldsymbol{X}^0)}\right\}, \quad u = 1, 2, \cdots, m \tag{6-20}$$

外点惩罚函数法的优点是对于初始点可以任意选取，并且对于等式约束与不等式约束都适用。但是对于某些情况，外点惩罚函数法求解出来的近似最优解 $\boldsymbol{X}^k$ 并不是可行解，或者当可行域之外的目标函数 $f(\boldsymbol{X})$ 没有定义时，外点惩罚函数法将不再适用。此时可以采用内点惩罚函数法。

内点惩罚函数法的迭代点只能在可行域的内部进行移动，当迭代点靠近可行域边界时，对其施加惩罚。迭代点越靠近约束边界，惩罚力度越大，相当于在可行域边界上建立一道墙，阻止迭代点穿过约束边界，因此内点惩罚函数法又称为障碍函数法或碰壁函数法。内点惩罚函数 $p(\boldsymbol{X})$ 应该满足如下 3 个条件：①$p(\boldsymbol{X})$ 在可行域 D 内连续；②$p(\boldsymbol{X}) \geqslant 0$；③ 当 $\boldsymbol{X}$ 趋近于可行域 D 的边界时，$p(\boldsymbol{X}) \to +\infty$。构造内点惩罚函数可采用如下两种方法：

$$p(\boldsymbol{X}) = -\sum_{u=1}^{m} \frac{1}{g_u(\boldsymbol{X})} \tag{6-21}$$

或

$$p(\boldsymbol{X}) = -\sum_{u=1}^{m} \ln(-g_u(\boldsymbol{X})) \tag{6-22}$$

原约束优化问题可以转化为如下优化问题：

$$\left.\begin{array}{ll} \min & F(\boldsymbol{X}) = f(\boldsymbol{X}) + Mp(\boldsymbol{X}) \\ \text{s. t.} & \boldsymbol{X} \in \text{int}D \end{array}\right\} \tag{6-23}$$

虽然从形式看式（6-23）是个约束优化问题，但是从计算的观点来看，则是一个无约束优化问题。当迭代点接近约束边界时，目标函数值会趋于无穷大，只要控制好一维搜索的步长，使得迭代点不会越过边界进入非可行域，便能够限制迭代点只在可行域内移动。

内点惩罚函数法的计算步骤与外点惩罚函数法类似,对于优化结束准则,可以选择常规的点距准则或函数下降量准则,也可以选择 $M_k p(\boldsymbol{X}^k) < \varepsilon$,其中最后一种在惩罚函数法中应用更广泛。另外,与外点惩罚函数法相区别的是,惩罚因子序列 $\{M_k\}$ 为一个递减的序列,$M_k > 0$ 且 $M_k \to 0$。初始惩罚因子的选择会影响迭代的收敛特性,M_1 太大会导致迭代次数增加,而太小会使惩罚函数的性态变坏,甚至难以收敛到极值点,通常可取 $M_1 = 10$。缩减系数 $c \in [0.1, 0.7]$,它在迭代过程不起决定性作用,通常取 $c = 0.1$。如果原优化问题的局部最优点位于边界,M_k 越小则 $M_k p(\boldsymbol{X}^k)$ 所起的作用越小,则得到的近似最优解就越接近真实的最优解。内点惩罚函数法的不足包括:初始点必须位于可行域内,并且不能太靠近约束边界;无法处理等式约束;在整个可行域内所有的点都受到惩罚,有时会破坏可行域极小值点的结构。因此可以将内点惩罚函数法与外点惩罚函数法进行结合,得到混合惩罚函数法,它能在一定程度上克服两种算法的某些不足。

无论是内点还是外点惩罚函数法,经常需要多次求解一系列的无约束优化问题,这会带来较大计算量。同时,惩罚因子的增大(外点惩罚函数法)或缩小(内点惩罚函数法)会造成增广目标函数趋于病态,导致问题难于求解,这是惩罚函数法固有的缺点,而乘子法则可以较方便地克服这个问题。

2. 乘子法

考虑如下只有等式约束的优化问题:

$$\left.\begin{array}{ll} \min & f(\boldsymbol{X}) \\ \text{s.t.} & h_v(\boldsymbol{X}) = 0, \quad v = 1, 2, \cdots, q < n \end{array}\right\} \tag{6-24}$$

可以定义如下的增广拉格朗日函数:

$$\varphi(\boldsymbol{X}, \mu) = f(\boldsymbol{X}) + \sum_{v=1}^{q} \mu_v h_v(\boldsymbol{X}) + \frac{c}{2} \sum_{v=1}^{q} h_v^2(\boldsymbol{X}) = L(\boldsymbol{X}, \mu) + \frac{c}{2} \sum_{v=1}^{q} h_v^2(\boldsymbol{X}) \tag{6-25}$$

式中,$L(\boldsymbol{X}, \mu) = f(\boldsymbol{X}) + \sum_{v=1}^{q} \mu_v h_v(\boldsymbol{X})$ 为等式约束问题所对应的拉格朗日函数,相当于对拉格朗日函数进行外点惩罚。而相对于普通的惩罚函数法,它又多了一项乘子项 $\sum_{v=1}^{q} \mu_v h_v(\boldsymbol{X})$。这使得增广拉格朗日函数与拉格朗日函数和惩罚函数具有不同的性态,只要选取足够大的惩罚因子 c,c 不必趋向无穷大,也能够通过求解增广拉格朗日函数的极小值点获得原优化问题的局部最优解[4]。该方法由

Hestenes 提出,也叫 Hestenes 乘子法,它的计算步骤如下:

(1) 给定初始迭代点 $\boldsymbol{X}^{(0)}$,初始乘子 $\mu^{(1)}$,收敛精度 $\varepsilon > 0$,取 $c > 0$,$0 < r < 1$(可取 $r = 0.25$),$\alpha > 1$(可取 $\alpha = 0 \sim 20$),并令 $k = 1$。

(2) 以 $\boldsymbol{X}^{(k-1)}$ 为初始点,求解无约束优化问题:$\min \phi(X, \mu^{(k)})$,得到极小值点 $\boldsymbol{X}^*(M_k)$,将其记为 $\boldsymbol{X}^{(k)}$。

(3) 判断优化是否满足条件 $\| h(\boldsymbol{X}^{(k)}) \| \leqslant \varepsilon$,满足则停止优化,$\boldsymbol{X}^{(k)}$ 为近似极小值点。若不满足,进行步骤(4)。

(4) 判断是否满足 $\| h(\boldsymbol{X}^{(k)}) \| / \| h(\boldsymbol{X}^{(k-1)}) \| \leqslant r$,若满足,进行步骤(5),否则先令 $c = \alpha c$,再转到步骤(5)。

(5) 令 $\mu_v^{(k+1)} = \mu_v^{(k)} + c h_v(\boldsymbol{X}^{(k)})$,$(v = 1, 2, \cdots, q; k = k+1)$,返回步骤(2)。

Rockafellar 将乘子法推广到包含不等式约束的优化问题中,对于如下约束优化问题:

$$\left.\begin{array}{ll} \min & f(\boldsymbol{X}) \\ \text{s.t.} & g_u(\boldsymbol{X}) \geqslant 0, \quad u = 1, 2, \cdots, m \end{array}\right\} \tag{6-26}$$

考虑引入松弛变量,使得

$$g_u(\boldsymbol{X}) - z_u^2 = 0, \quad u = 1, 2, \cdots, m \tag{6-27}$$

则可以将不等式约束转化为等式约束,对应的增广拉格朗日函数为

$$\varphi(\boldsymbol{X}, \mu) = f(\boldsymbol{X}) + \sum_{u=1}^{m} \mu_u (g_u(\boldsymbol{X}) - z_u^2) + \frac{c}{2} \sum_{u=1}^{m} (g_u(\boldsymbol{X}) - z_u^2)^2 \tag{6-28}$$

将式(6-28)对 z 求极小,即对 z 求偏导并令其为 0,整理之后得到

$$z_u [c z_u^2 - (\mu_u + c g_u(\boldsymbol{X}))] = 0, \quad u = 1, 2, \cdots, m \tag{6-29}$$

对于式(6-29),若 $\mu_u + c g_u(\boldsymbol{X}) \leqslant 0$,则 $z_u^2 = 0$;若 $\mu_u + c g_u(\boldsymbol{X}) > 0$,则 $z_u^2 = \frac{1}{c}(\mu_u + c g_u(\boldsymbol{X}))$。因此有

$$g_u(\boldsymbol{X}) - z_u^2 = \begin{cases} g_u(\boldsymbol{X}), & \mu_u + c g_u(\boldsymbol{X}) \leqslant 0 \\ -\mu_u/c, & \mu_u + c g_u(\boldsymbol{X}) > 0 \end{cases} \tag{6-30}$$

将式(6-30)代入式(6-28)中,则有

$$\mu_u (g_u(\boldsymbol{X}) - z_u^2) + \frac{c}{2} (g_u(\boldsymbol{X}) - z_u^2)^2 =$$

$$\left.\begin{array}{ll} \frac{1}{2c} [(\mu_u + c g_u(\boldsymbol{X}))^2 - \mu_u^2], & \mu_u + c g_u(\boldsymbol{X}) \leqslant 0 \\ -\frac{1}{2c} \mu_u^2, & \mu_u + c g_u(\boldsymbol{X}) > 0 \end{array}\right\} \tag{6-31}$$

则增广拉格朗日函数可以写成如下形式:

$$\varphi(\boldsymbol{X},\mu)=\min_{z}\Phi(\boldsymbol{X},z,\mu)=f(\boldsymbol{X})+\frac{1}{2c}\sum_{u=1}^{m}\{[\min(0,\mu_u+cg_u(\boldsymbol{X}))]^2-\mu_u^2\}$$

$$(6-32)$$

Rockafellar 乘子法的迭代计算步骤与 Hestenes 乘子法类似,不同之处在于乘子的迭代式为

$$\mu_u^{(k+1)}=\min(0,\mu_u^{(k)}+cg_u(\boldsymbol{X}^{(k)})) \tag{6-33}$$

另外结束准则可采用下式:

$$\sum_{u=1}^{m}[\min(g_u(\boldsymbol{X}^{(k)}),-\mu_u^{(k)}/c)]^2<\varepsilon^2 \tag{6-34}$$

对于更一般的情况,即包含等式约束和非等式约束的优化问题,可采用增广拉格朗日函数:

$$\varphi(\boldsymbol{X},\lambda,\mu)=f(\boldsymbol{X})+\sum_{v=1}^{q}\lambda_v h_v(\boldsymbol{X})+\frac{c}{2}\sum_{v=1}^{q}h_v^2(\boldsymbol{X})+$$

$$\frac{1}{2c}\sum_{u=1}^{m}\{[\min(0,\mu_u+cg_u(\boldsymbol{X}))]^2-\mu_u^2\} \tag{6-35}$$

结束准则为

$$\sum_{v=1}^{q}h_v^2(\boldsymbol{X}^{(k)})+\sum_{u=1}^{m}[\min(g_u(\boldsymbol{X}^{(k)}),-\mu_u^{(k)}/c)]^2<\varepsilon^2 \tag{6-36}$$

6.2.3 现代启发式优化算法

实际工程应用中所涉及的优化问题,其优化设计空间可能是非凸的,包含多个局部极小值点。对于这类问题,在采用经典优化设计方法进行优化时,通常只能得到局部最优解。在处理多极值的优化问题时,需要处理两个关键性难题:一是如何从一个局部极小值点跳到另外一个函数值更小的点;二是如何对全局最优解进行判定。对于第一个问题,目前已经提出多种方法尝试去解决,如众多的现代启发式优化算法,以及将两种或者多种算法结合而成的混合算法。对于第二个问题的研究,即全局最优性判别条件,依旧面临很大困难。由于传统优化算法在多极值问题上搜索全局最优解出现困难,因此现代启发式优化算法得到快速发展,并广泛应用于实际工程设计中。因篇幅所限,本节仅对两种常用的现代启发式优化算法进行介绍。

6.2.3.1 模拟退火算法

模拟退火算法的思想来源于固体退火的物理过程:首先将固体加热至熔化,

即加温过程,在该过程中,固体温度升高,分子内能增加,偏离其平衡状态越来越大;其次是等温过程,当固体熔化为液体之后,原先固体中的非均匀状态被打破,变成一种高自由能的平衡状态;最后是冷却过程,分子热运动减弱,重新以一种更均匀的结构进行排列,最后得到规整的晶体,此时能量最小。

将上述物理过程抽象成一定的优化搜索策略,即首先选择一个初始迭代点,该点具有较大的目标函数值,相当于能量较高的状态。然后利用随机抽样策略在搜索域内进行随机搜索,该过程具有概率突跳特性。通过不断地随机扰动生成新状态,替换能量高的状态,使得温度不断下降,从而达到能量最低的状态,即相当于寻找到能量函数的全局最优解。

从统计力学上的研究结果表明,在温度为 T 时,分子停留在某一个状态 r,满足 Bolztmann 概率分布,即

$$P\{\bar{E}=E(r)\}=\frac{1}{z(T)}\exp\left(-\frac{E(r)}{kT}\right) \qquad (6-37)$$

式中,$E(r)$ 为在该状态下的能量;$\bar{E}$ 为分子能量的一个随机变量;k 为大于0的常数;$z(T)$ 为概率分布的标准化因子。为了使整个物理系统趋于能量最低的状态,Metropolis 提出了一种状态迁移准则,也称作 Metropolis 抽样稳定性条件,即如果下式成立,则以新状态 j 代替原状态 i:

$$\exp\left(\frac{E_i-E_j}{kT}\right)\geqslant \mathrm{random}(0,1) \qquad (6-38)$$

式中,E_i 为当前状态的能量;E_j 为扰动之后新状态的能量;$\mathrm{random}(0,1)$ 为 $[0,1]$ 之间的随机数。从式(6-38)看出,当温度较高时,对于能量差较大的新状态,也能够以较大概率接受;随着温度降低,只能接受能量差较小的新状态。该准则能够使算法跳出局部最优解,从而以较大概率搜索到全局最优解。

模拟退火算法的计算步骤如下:

(1) 给定初始迭代点 $\boldsymbol{X}^{(0)}$,令 $k=0$,并确定一个比较高的初始退火温度 $T^{(k)}$,计算该点的函数值 $f(\boldsymbol{X}^{(k)})$。

(2) 在温度 $T^{(k)}$ 下,随机扰动生成一个新的迭代点 X',即新的扰动状态,计算该点处的目标函数值 $f(X')$,同时还计算两个状态点的能量差,即 $\Delta E=\Delta f=f(\boldsymbol{X}')-f(\boldsymbol{X}^{(k)})$。

(3) 若 $\Delta E<0$,则说明函数值在下降,将新状态设置为当前状态,即 $\boldsymbol{X}^{(k)}=\boldsymbol{X}',f(\boldsymbol{X}^{(k)})=f(\boldsymbol{X}')$,跳转至步骤(5);否则,执行步骤(4)。

(4) 若 $P(\Delta E)=\exp\left(-\dfrac{\Delta E}{T^{(k)}}\right)>\mathrm{random}(0,1)$,则接受新状态,令 $\boldsymbol{X}^{(k)}=\boldsymbol{X}'$,

$f(\boldsymbol{X}^{(k)}) = f(\boldsymbol{X}')$,进行步骤(5);否则当前状态保持不变,返回步骤(2)。

(5) 判断是否满足结束准则,若满足,则停止优化,$\boldsymbol{X}^* = \boldsymbol{X}^{(k)}$ 为最优解;否则,计算下一个退火温度 $T^{(k+1)}$,并令 $k = k + 1$,返回步骤(2)。

对于模拟退火的结束准则,可以选择如下三种:一是给定一个终止温度,当退火温度达到终止温度之后,结束优化;二是设置最大迭代步数,当达到最大迭代步数时停止优化;三是在多个退火温度下,经过若干次搜索到的最优解值维持不变,则认为已经找到最优解。

模拟退火算法的优点是具有较大的概率获得全局最优解,对任意初始点都能保持较好的稳定性,并且算法通用、易实现等;不足之处在于,为了能够获得全局最优解,需要设置较高的初始温度、较缓慢的降温速率和较低的终止温度,并且在每一个温度下需要产生足够多的候选解,这些导致优化计算时间较长。

6.2.3.2　遗传算法

遗传算法的思想来源于自然界中的"优胜劣汰,适者生存"的生物进化规律。优化目标可类比于生物对环境的适应性,每一个设计点对应于生物种群中的个体,优化过程相当于生物不断进化的过程,通过进化来提高对环境的适应度。遗传算法的基本原理是:从随机生成的初始群体出发,采用基于优胜劣汰的选择策略选择优良个体作为父代。通过父代个体的选择、交叉和变异来繁衍进化子代种群。经过不断的进化,种群的适应度不断增加,其中最适应环境的个体,即是当前优化问题的最优解。在传统的经典优化算法中,优化迭代是从一个解搜索到另一个解,而遗传算法则是从一个解集(种群)进化到另一个解集(种群)。

在运用遗传算法进行优化时,需要将设计空间的解向量按照某种形式进行编码,即把各个解用一定数目的字符串来表示,形成"人工染色体"。每个字符串称为一个染色体,字符串中的每一位数对应于染色体上的基因。编码的选择影响算法性能和效率,不同的码长和码制还影响优化问题的精度。除了常用的二进制编码(用 0 和 1 组成字符串),还有十进制编码、实数编码、混合编码等。通过编码能够得到编码空间与设计空间的对应关系,而解码则是通过这个对应关系,将新生成的染色体转换为实际的设计变量。

对染色体的操作包括选择(或称复制)、交叉(或称交配)和变异。

选择指的是在种群当中选择优良的个体,将其基因保留下来,其余的将被淘汰。个体对环境的适应程度通过适应函数来表征,适应函数通常由目标函数以及约束条件构成。适应度越高的个体,说明它的函数值越优,越不容易被淘汰。由于交叉和变异等操作可能使得当前代中最优良的个体被破坏,一般还采用最优保存策略,即当代最优个体直接进入下一代,不再进行交叉变异等其他操作。

交叉指的是随机选择两个染色体互相交换它们的染色体片段,生成两个新的染色体。优良的个体之间,通过交叉产生优良子代的概率也会更高。交叉运算是遗传算法区别于其他进化算法的重要特征,它在遗传算法中起着关键作用,是产生新个体的主要方法。对于二进制编码,交叉主要有单点交叉、两点交叉、多点交叉、启发式交叉等。对于实数编码,交叉主要有离散重组、中间重组、线性重组等。交叉概率用于控制交叉操作发生的频率。交叉概率过高时,种群中的个体更新过快,导致一些优良个体很快被破坏;过低时,种群的个体更新缓慢,导致搜索效率降低,停滞不前。通常交叉概率取值在 0.4～0.9 之间[3]。

变异指的是将染色体中的某些基因进行突变(例如某个字符位由 0 变为 1),形成一条新的染色体。变异能够增大种群的多样性,提高全局搜索能力,以防止出现非成熟收敛。但变异概率过高时,同样会导致优良个体容易被破坏,遗传算法退化成随机搜索算法。变异概率取值通常在 0.1～0.3 之间[3]。

这些操作提供了遗传算法全局搜索的能力,一定程度上避免优化搜索陷入局部最优。

另外,种群规模对遗传算法的优化效率以及收敛特性有影响。种群规模太小,则多样性减小,给搜索带来困难;种群规模太大,将会导致计算量增大,影响收敛速度。

遗传算法的计算步骤如下:

(1)选择一种编码形式,随机产生包含 N 个个体的初始种群 $\{\text{pop}(k), k=0\}$;

(2)计算种群里每一个个体的适应函数值 $f_i = \text{fitness}(\text{pop}_i(k))$ $(i=1, 2, \cdots, N)$;

(3)若满足优化终止准则,则停止优化,输出最优解;否则计算概率:

$$p_i = \frac{f_i}{\sum_{j=1}^{N} f_j}, \quad i=1, 2, \cdots, N \qquad (6-39)$$

(4)以概率 p_i 从种群 pop(k) 中随机选择一部分个体组成新种群;

(5)从新种群中按照一定的交叉概率,两两进行配对,生成新个体,加入到新种群当中;

(6)根据变异概率,从新种群当中随机选取一定的个体进行变异操作,生成新个体;

(7)将新种群作为当前种群,然后令 $k=k+1$,返回步骤(2)。

遗传算法的优点是:对多变量、多目标优化问题具有较强的全局寻优能力,对目标函数的性质没有过多要求,不需要计算目标函数的梯度;具有很强的通用性,优化问题可以作为一个"黑箱",将输入参数和输出结果与优化算法接合即可;遗传算法可以对多个解进行操作,可以很方便地进行大规模并行优化;遗传算法具有较强的兼容性,能够与其他优化算法组合成混合算法。

6.3 几何外形参数化方法

6.3.1 几何外形参数化方法概述

参数化几何外形是开展气动外形优化设计的基础,因为气动外形优化需要借助数学变量的变化来改变几何外形,从而得到性能更优的气动外形。参数化方法应该具有能够正确反映气动外形的几何形状、足够的扰动能力和易于实现的特点。参数化方法采用某种数学关系式,使设计变量与几何形状形成映射关系。换言之,对于任意给定设计变量的取值,存在唯一的几何外形与之对应。此时的设计变量是需要由设计者选取和改变的数值,可以是标量或者矢量,而其中的数学关系式就是各种参数化方法的核心和相互区别的本质所在。建立此种映射关系之后,设计者能够在合理范围内任意选取设计变量的取值,借助参数化方法的数学映射关系式计算得到相应的几何外形。建立和使用这种数学映射关系的过程,就实现了几何形状的参数化。

参数化方法的数学映射关系在本质上是单射和非满射。此映射关系的原像集合是实数区间或高维向量空间,值域(象的集合)就是几何外形的集合。单射是指对于这个几何外形,只有一组设计变量与之构成映射关系。这也就意味着,对于任意两组不同取值的设计变量,必然可以得到两个不同的几何外形。非满射是指对于给定几何外形,可能不存在设计变量与之对应(即不存在原象)。也就是说,对于特定的几何外形和给定参数化方法,可能无法找到一组设计变量来精确描述这个外形。非满射特性在一定程度上决定着参数化方法的优劣。对于优化设计方法,希望达到设计目的所需的设计变量数目尽可能少,而对于参数化方法来说,设计变量越多则能够描述的外形越多、无法描述的外形越少。因此设计变量数目及相应的外形描述能力是参数化方法非常重要的特性。

参数化方法的发展源起于计算机技术的发展以及计算机辅助设计(computer aided design,CAD)的广泛应用。CAD 诞生于 20 世纪 60 年代,是美国麻省理工学院提出的交互式图形学的研究成果,最早被美国通用汽车公司、波音公司等用于产品设计。CAD 使用直线、多项式、样条等数学表达式来描述曲线和曲面,并通过一定的数据结构存储于计算机中。设计者的工作就是对这些曲线、曲面进行设计。直接使用多项式、样条等关系式来描述几何外形可以看作最原始的参数化方法。而使用 CAD 软件的二次开发接口也是一种较为常见的做法,也可以用于外形参数化。由于软件的可开发性差和自行开发 CAD 的烦琐,学术界提出了一系列其他参数化方法。

经过多年发展,涌现了许多种参数化方法,按照设计对象分为二维、三维参数化方法,也可按照方法特征分为直接生成外形类、函数叠加类、外形变形类。常见的参数化方法有 Hicks‑Henne 型函数方法[5]、Wagner 型函数法[6]、PARSEC 方法[7]、B 样条法[8-10]、CST(class\shape function transformation)方法[11]、基于奇异值分解的模态外形法[12-14]、自由形面变形(free‑form deformation)[15-17]、域元法(domain element)[18]等。本节将根据方法特色对其进行分类,并对一些主流方法进行简要介绍。

6.3.2 几何外形生成类方法

几何外形生成类方法是通过参数化直接得到几何外形的一类方法,不需要给定初始外形。

1. PARSEC 方法

Sobieczky 在 1999 年提出了 PARSEC 方法,该方法的主要特点是采用典型几何特征参数作为设计变量来对翼型进行参数化。使用 PARSEC 方法可以较容易地给出一些几何特征参数,因为这些参数恰好也是设计变量。通过使用这些参数进行设计,就可以较方便地将设计规律、流动现象和几何参数进行关联分析,从而方便使用者提取设计经验。此方法存在的不足在于翼型描述能力稍弱,在超临界翼型等现代翼型设计中显得精细设计能力不足。

描述翼型形状的 11 个几何参数可以取:前缘半径(P1)、上顶点位置(P2,P3)、上顶点位置曲率(P4)、下顶点位置(P5,P6)、下顶点位置曲率(P7)、后缘方向角度(P8)、后缘夹角(P9)、后缘高度(P10)以及后缘厚度(P11)(见图 6‑2)。

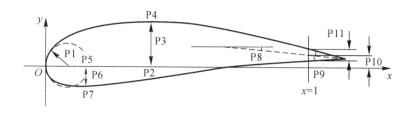

图 6‑2 PARSEC 参数化方法

翼型形状的几何参数化函数为

$$y_u = \sum_{n=1}^{6} a_n x^{n-1/2} \tag{6-40}$$

$$y_l = \sum_{n=1}^{6} b_n x^{n-1/2} \tag{6-41}$$

建立设计变量 $p_i(i=1,2,\cdots,11)$ 与参数函数中的参量 a_i，$b_i(i=1,2,\cdots,6)$ 之间的关系式：

$$
\begin{cases}
f(a_n, x=0) = 1/p_1 \\
y(x=p_2) = p_3 \\
y(x=1) = \dfrac{p_{11}}{2} + p_{10} \\
y'(x=1) = \tan\left[\pi - \left(p_8 + \dfrac{p_9}{2}\right)\right] \\
f(x=p_2, a_n) = p_4 \\
y'(x=p_2) = 0
\end{cases}
\qquad
\begin{cases}
f(b_n, x=0) = 1/p_1 \\
y(x=p_5) = p_6 \\
y(x=1) = -\dfrac{p_{11}}{2} + p_{10} \\
y'(x=1) = \tan\left[\pi - \left(p_8 - \dfrac{p_9}{2}\right)\right] \\
f(x=p_5, b_n) = p_7 \\
y'(x=p_5) = 0
\end{cases}
\tag{6-42}
$$

式中，$f(\cdot)$ 是曲线的曲率函数；x 和 y 分别是翼型曲线的横、纵坐标。

由上述方程得到 $a_i(i=1,2,\cdots,6)$ 与 $p_i(i=1,2,\cdots,11)$，$b_i(i=1,2,\cdots,6)$ 与 $p_i(i=1,2,\cdots,11)$ 的代换关系，即可得到有物理意义的设计变量 $p_i(i=1,2,\cdots,11)$ 与翼型上、下表面形状 y_u 和 y_l 的函数关系。通过改变 $p_i(i=1,2,\cdots,11)$ 的值即可得到不同形状的翼型。

2. NURBS 方法

将 NURBS 方法划分为几何生成类，实际上该方法也可以作为基函数叠加类方法使用。NURBS 方法最特别之处是既可以直接描述外形，也可以逼近给定外形再进行变形。大量现代 CAD 软件和系统都采用了 NURBS 方法作为核心的几何描述方法，这从侧面证明了其方法的良好性能。

基于 NURBS 的翼型参数化方法，就是使用 NURBS 曲线表示翼型，其核心在于 NURBS 基函数。NURBS 方法可以用于三维情况，也就是可以描述 NURBS 曲面。

假设 $\boldsymbol{X}=(x,y)$ 是变形物体上任一点的全局坐标向量，u 是该点的参数坐标，w_i 是每个控制点的权重系数，$\boldsymbol{P}_i=(x_i,y_i)$ 表示控制点的全局坐标向量。控制框沿着 $\boldsymbol{i}$ 方向有 $l+1$ 个控制点，B_{ip} 是 p 阶（$p+1$ 次）NURBS 基函数。以 B_{ip} 为例，NURBS 递归形式定义如下：

$$B_{i,p}(u) = \frac{u-u_i}{u_{i+p}-u_i}B_{i,p-1}(u) + \frac{u_{i+p+1}-u}{u_{i+p+1}-u_{i+1}}B_{i+1,p-1}(u)$$
$$B_{i,0}(u) = \begin{cases} 1, & u_i \leqslant u \leqslant u_{i+1} \\ 0, & \text{其他} \end{cases} \tag{6-43}$$

此处需要约定 $0/0=0$。u_i 等是 NURBS 所需要的节点矢量中的一个值，节点矢量长度为 $l+p+2$，例如在 i 方向的节点矢量为 $(u_0,u_1,u_2,\cdots,u_{l+p+1})$，该矢量是一个单调递增序列。序列首尾各有 $p+1$ 个重复节点，以保证曲线的首尾严格通过控制点（见图 6-3）。节点矢量构造公式如下：

$$u_i = \begin{cases} 0.0, & 0 \leqslant i < p \\ (i-p+1)/(l-p+1), & p \leqslant i < l \\ 1.0, & l \leqslant i \leqslant l+p+1 \end{cases} \tag{6-44}$$

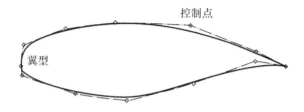

图 6-3 NURBS 翼型参数化方法

在具体使用 NURBS 方法的过程中，需要按照经验布置控制点生成翼型曲线，最后到翼型数据。如果给定初始翼型或者曲面，需要按照曲线、曲面拟合方法来求解得到 NURBS 的控制点坐标和拟合曲线、曲面，并基于拟合曲线、曲面进行参数化和变形。在此过程中，拟合的过程必然存在误差，翼型会丢失一些几何细节，却也因此变得更加光滑。不过，由于拟合过程稍显复杂，因此该方法的发展始终受限，另外对于三维复杂曲面的拟合计算较为复杂，因此该方法在三维情况下使用更为繁琐。

3. 翼型模态法

翼型模态法通过使用翼型数据库提取典型外形模态，并使用模态的线性叠加得到新翼型（见图 6-4）。翼型模态法可以大大降低设计变量数目，而同时保持良好的外形描述能力。

假设有 m 个二维翼型，各有 N 个坐标点 (x_i,y_i)。使用其坐标数据构造奇异值分解所需要的矩阵，该矩阵是 $2N$ 行，$m_{\text{def}}=m(m-1)/2$ 列，矩阵如下所示：

$$\Delta \boldsymbol{X} = \begin{bmatrix} \Delta x_{1,1} & \cdots & \Delta x_{1,m_{\text{def}}} \\ \vdots & & \vdots \\ \Delta x_{N,1} & \cdots & \Delta x_{N,m_{\text{def}}} \\ \Delta y_{1,1} & \cdots & \Delta y_{1,m_{\text{def}}} \\ \vdots & & \vdots \\ \Delta y_{N,1} & \cdots & \Delta y_{N,m_{\text{def}}} \end{bmatrix} \qquad (6-45)$$

翼型模态法使用 SVD 方法对 $\Delta \boldsymbol{X} = \boldsymbol{U} \boldsymbol{\Sigma} \boldsymbol{V}^{\mathrm{T}}$ 分解,得到 $\boldsymbol{U}$ 是各模态对应的矢量;$\boldsymbol{\Sigma}$ 是存储奇异值的对角阵,按降序依次排列,代表着每个模态所含有的"能量"或重要程度的一种度量。这种方法的参数化质量与翼型库中的翼型数据的多样性、数量紧密相关。

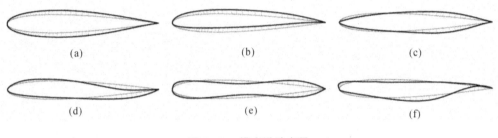

(a)　　　　　　　　　(b)　　　　　　　　　(c)

(d)　　　　　　　　　(e)　　　　　　　　　(f)

图 6-4　模态设计变量

6.3.3　解析函数叠加类方法

基函数叠加类方法编程和使用较简单,变形效果极度依赖于基函数性质。

1. Hicks-Henne 方法

Hicks-Henne 方法属于最早提出的解析函数线性叠加法,叠加公式如下:

$$y(x) = y_0(x) + \sum_{k=1}^{N} c_k f_k(x) \qquad (6-46)$$

式中,$y_0(x)$ 为基准翼型函数;N 和 c_k 分别表示控制翼型形状的参数个数和系数;$f_k(x)$ 为所选的型函数。由于该定义中最接近翼型后缘的型函数曲线波动较大,导致对于翼型后缘的变形能力欠佳,又有一些学者针对该问题进行了改进。此处介绍的仍是原始方法。

Hicks-Henne 型函数(见图 6-5)如下:

$$f_k(x) = \begin{cases} x^{0.25}(1-x)\mathrm{e}^{-20x}, & k=1 \\ \sin^3(\pi x^{e(k)}), & k>1 \end{cases} \qquad (6-47)$$

式中，$e(k) = \dfrac{\lg 0.5}{\lg x_k}(0 \leqslant x \leqslant 1)$。

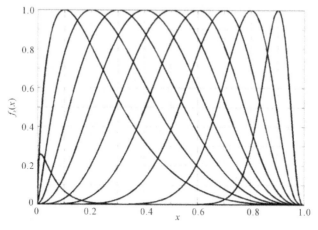

图 6-5　Hicks-Henne 型函数

2. Wagner 法

Wagner 型函数（见图 6-6）如下：

$$f_k(x) = \begin{cases} \dfrac{\theta + \sin\theta}{\pi} - \sin^2(\theta/2), & k = 1 \\[3mm] \dfrac{\sin(k\theta)}{k\pi} + \dfrac{\sin(k-1)\theta}{\pi}, & k > 1 \end{cases} \tag{6-48}$$

式中，$\theta = 2\arcsin(\sqrt{x})$。

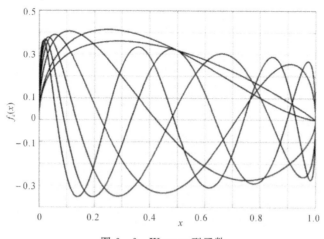

图 6-6　Wagner 型函数

3. CST

Kulfan 在 2007 年提出了 CST 方法,该方法受到了广泛的关注,并衍生出了若干种改进方法。CST 方法形式简单,使用灵活,可用于各类外形,可自由变换阶数(见图 6 - 7)。

CST 方法对翼型的一般数学表达式为

$$y = C_{N_2}^{N_1}(x) \cdot S(x) + x \cdot \Delta \xi \tag{6-49}$$

式中,x 表示翼型弦向的相对位置;$\Delta \xi = y_{te}/c$ 表征后缘影响,y_{te} 为后缘厚度,c 为翼型弦长;$C_{N_2}^{N_1}(x)$ 为类函数;$S(x)$ 为型函数 $C_{N_2}^{N_1}(x)$ 和 $S(x)$ 的具体表达式为

$$C_{N_2}^{N_1}(x) = x^{N_1}(1-x)^{N_2} \tag{6-50}$$

$$S(x) = \sum_{i=1}^{n} A_i \cdot \frac{n!}{i!\,(n-i)!} \cdot x^i (1-x)^{n-i} \tag{6-51}$$

式中,A_i 为 n 阶伯恩斯坦(Bernstein)多项式系数。当 N_1 和 N_2 取不同的数值时,适用于描述不同类型的形状。

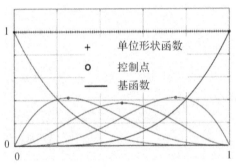

图 6 - 7 CST 参数化方法

6.3.4 基础外形变形类方法

1. 自由型面变形(free - form deformation,FFD)

FFD 方法最早由 Sederberg 和 Parry 在 1986 年提出,在近年来发展迅速,并在气动外形参数化方面得到了应用。EFFD 方法是对 FFD 方法的扩展,以非平行六面体作为控制体,可以更好地贴近变形物体,有效提高控制点对物体局部细节的变形能力。EFFD 与 FFD 的不同是由控制体形状的不同引起的。本节首先以 FFD 算法为例说明基本原理。

选定需要变形的物体之后,FFD 方法首先在变形物体周围选取若干空间点组成一个长方体框架,这个框架就称为 FFD 控制体,长方体的顶点称为 FFD 控

制点。FFD 算法建立了 FFD 控制点坐标与变形物体表面上每一点的坐标的映射关系,当 FFD 控制点移动导致控制体变形时,变形物体表面点坐标就会相应变化,即

$$X = \sum_{i=0}^{l} \sum_{j=0}^{m} \sum_{k=0}^{n} \boldsymbol{P}_{i,j,k} B_{il}(s) B_{jm}(t) B_{kn}(u) \tag{6-52}$$

式中,X 是变形物体上任一点的全局坐标向量;(s,t,u) 是该点的局部坐标向量;$\boldsymbol{P}_{i,j,k}$ 是控制点的全局坐标向量;$B_{il}(s),B_{jm}(t),B_{kn}(u)$ 分别是 l,m 和 n 次 Bernstein 多项式基函数。当控制点产生全局坐标位移 $\Delta\boldsymbol{P}_{i,j,k}$ 时,任一点的局部坐标保持不变,则物体表面点的全局坐标位移 ΔX 为

$$\Delta X = \sum_{i=0}^{l} \sum_{j=0}^{m} \sum_{k=0}^{n} \Delta\boldsymbol{P}_{i,j,k} B_{il}(s) B_{jm}(t) B_{kn}(u) \tag{6-53}$$

式中,X 和 ΔX 叠加得到新的全局坐标 $X' = X + \Delta X$。

由以上对 FFD 算法的说明可以看出,FFD 算法使用长方体控制体,局部坐标系是一个直角坐标系,求解物体表面点的局部坐标时该算法比较简单。由于 EFFD 方法使用了非平行六面体控制体,物体表面点的局部坐标无法由公式直接导出,但是可以由搜索算法求得。本节使用模式搜索算法求得满足上式的表面上任一点的局部坐标。

对于需要局部变形而布置多个控制框的情况,控制体的空间拓扑和拼接则需要进行合理布置,以此来实现局部变形并确保切矢、曲率连续。局部参数为 (v,w) 的参数曲面可以表示为

$$X(s,t,u) = X(s(v,w),t(v,w),u(v,w)) \tag{6-54}$$

任意 FFD 空间组合 $X_1(s,t,u)$,$X_2(s,t,u)$ 共享边界,曲面变形后沿 v 和 w 方向的一阶导矢为

$$\left.\begin{aligned}
\frac{\partial \boldsymbol{X}_1(v,w)}{\partial v} &= \frac{\partial \boldsymbol{X}_1}{\partial s}\frac{\partial s}{\partial v} + \frac{\partial \boldsymbol{X}_1}{\partial t}\frac{\partial t}{\partial v} + \frac{\partial \boldsymbol{X}_1}{\partial u}\frac{\partial u}{\partial v} \\
\frac{\partial \boldsymbol{X}_1(v,w)}{\partial w} &= \frac{\partial \boldsymbol{X}_2}{\partial s}\frac{\partial s}{\partial w} + \frac{\partial \boldsymbol{X}_2}{\partial t}\frac{\partial t}{\partial w} + \frac{\partial \boldsymbol{X}_2}{\partial u}\frac{\partial u}{\partial w}
\end{aligned}\right\} \tag{6-55}$$

式中,$\frac{\partial s}{\partial v},\frac{\partial t}{\partial v},\frac{\partial u}{\partial v},\frac{\partial s}{\partial w},\frac{\partial t}{\partial w},\frac{\partial u}{\partial w}$ 与曲面变形无关,满足多 FFD 空间跨界导矢连续的条件为

$$\left.\begin{aligned}
\frac{\partial \boldsymbol{X}_1}{\partial s_1} &= \frac{\partial \boldsymbol{X}_2}{\partial s_2} \\
\frac{\partial \boldsymbol{X}_1}{\partial t_1} &= \frac{\partial \boldsymbol{X}_2}{\partial t_2} \\
\frac{\partial \boldsymbol{X}_1}{\partial u_1} &= \frac{\partial \boldsymbol{X}_2}{\partial u_2}
\end{aligned}\right\} \tag{6-56}$$

因此，FFD算法的关键在于如何建立这种映射关系。首先，变形物体和FFD控制体共同处于同一个空间坐标系中，在这个空间坐标系中的坐标称为全局坐标。接下来，在FFD控制体上建立一个局部坐标系，变形物体在这个局部坐标系中的坐标称为局部坐标。对于基于Bernstein多项式的FFD方法，针对变形物体上任一点，都可以建立全局坐标与局部坐标之间的映射关系。FFD控制体案例如图6-8所示。

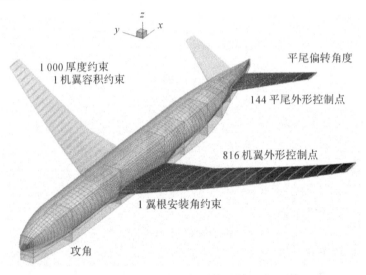

图6-8 FFD控制体示例

2. Domain Element 域元法

域元法本质上是使用RBF(radial basis function)插值进行曲面变形的一种参数化方法。

假设原始函数是 $f(x)$，在 $x_i(i=1,2,\cdots,N)$，有 N 个已知函数值，其中 x_i 是第 i 个样本点的输入变量矢量。按照RBF插值公式建立如下公式：

$$s(x) = \sum_{i=1}^{N} \alpha_i \varphi(\parallel x - x_i \parallel) + p(x) \qquad (6-57)$$

在已知样本点处，$s(x)=f(x)$；在未知点处，$s(x)$ 和 $f(x)$ 之间的误差即插值方法的误差。当控制点移动时，则使用如上插值公式，将变形插值到曲面，即可得到新翼型或曲面。域元法控制点示例如图6-9所示。

3. 各种方法对比分析

对于二维翼型，使用外形拟合测试[21,22]可以直接对比和显示各种参数化方法的优劣,一些学者对比进行了大量的研究。还有一些其他学者提出了若干参数化方法的评价指标,但偏于概念,实用价值相对偏低,只能用于各方法的粗略分析和比较。Sripawadkul 提出了一些参数化方法的评价标准[23]。另外,参数化方法的另一个发展方向是自适应参数化、细分参数化[24]等,Sobester 对参数化研究提出了建议,其目的是使参数化方法具备更强的通用性[25],即针对不同的外形,参数化可以根据需要改变其设计变量的数目、变形特点等细节,从而增强外形描述能力并控制设计变量数目。

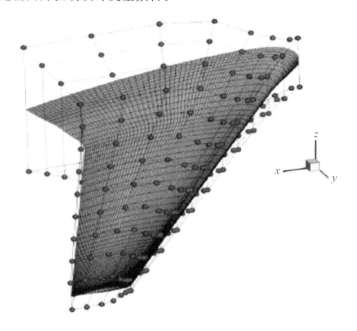

图 6-9　域元法控制点示例[20]

6.4　网格变形方法

网格变形技术在航空航天领域里有着非常广泛的应用,如飞机气动弹性问题、气动优化设计问题研究、微型扑翼飞行器或鸟类/昆虫/鱼类流固耦合仿生研究等[26]。在气动外形优化设计过程中需要生成新的气动外形,并且需要获得新外形的气动函数及其约束条件的值,因此必须生成与新外形相对应的 CFD 计算网格来进行流场的求解计算。生成新的外形网格一般采用网格变形算法,在不增加或减少网格节点并保持原网格拓扑结构的条件下,按照某种规律驱动网格节点变形以适应结构边界变形,最终实现空间网格拓扑的自动更新。气动优化设计过程中往往会生成很多新的外形,并且有可能产生较大的外形变化,其对计算精度和效率有较大的影响,因此对网格变形算法提出了以下要求:

1)应有较好的鲁棒性和适应性,能够处理大变形,且变形之后网格无交错和重叠;

2)对网格位移和扭转变形应有较好的控制能力;

3)应易于操作,尽可能地简单方便,同时保证有较高的计算效率。

目前,已经发展出的常用网格变形算法主要有:无限插值法(transfinite interpolation,TFI)[27]、径向基函数插值法(RBF)[28]、旋转四元数法[29]、Delaunay 背景网格的直接插值法[30]、弹簧近似法[31]、局部网格重构法[32]、逆距离权重插值算法[33,34]以及综合不同方法的优点而构造的混合网格变形法等。下面简要说明其中几种方法的优缺点,无限插值法计算量较小,能够实现相对复杂的网格变形,但是不易保证变形后网格质量,尤其是不能保证近物面网格的正交性,且只能用于结构化网格中,但如果和其他方法结合,可以在较大程度上提高网格变形效率。弹簧近似法稳定性较好,但是容易造成网格的扭曲,甚至出现负体积网格,且弹簧近似法存在数据存储问题和计算效率问题,因此使用该方法需要明确的网格节点之间的连接关系;该方法使用过程中数据结构较烦琐,数据存储量大,计算效率较低。Delaunay 背景网格算法的实现比较简单,适合于不同拓扑类型的网格,可以获得较大的网格变形能力,但如果背景网格出现交叉,重新生成的背景网格和计算域网格节点会丢弃初始网格的良好特性,而保留变形后较差的网格特征,致使此后的网格质量越来越差,所以 Delaunay 背景网格插值法通常与其他方法混合使用,这样可以避免出现网格交叉现象。

6.4.1 无限插值(TFI)网格变形方法

无限插值法最早由 Gaitonde[35,36]等人在计算振荡翼型的跨声速流动时提出,其基本思想是令远场边界保持静止,物面边界由物体运动规律给定,内场网格由无限插值的方法代数生成。后来,Gaitonde 和 Fiddes[37]将其成功应用于三维结构化网格。无限插值法是使用较广泛的代数格点生成法,并且衍生出了很多不同的插值方法,它基于网格分块的思想,将计算区域分成若干小块,在各个小块内网格采用无限插值法变形,计算则由物面向远场方向推进,图 6-10 所示为小块沿坐标系的方向进行线性插值并变形的示意。无限插值动网格方法通过简单的代数插值将物面边界点的位移传递到整个计算空间域内[38],从而产生精确边界的网格,该方法操作简单,计算效率高。

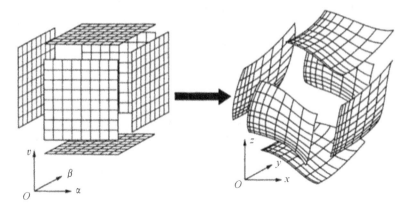

图 6 - 10 线性 TFI 边界面

无限插值方法首先基于变形单元($i=1,2,\cdots,i_{\max}$, $j=1,2,\cdots,j_{\max}$, $k=1,2,\cdots,k_{\max}$)建立局部坐标 r,s,t,并建立基于弧长的坐标如下:

$$
\left.
\begin{aligned}
r_{i,j,k} &= \sum_{n=2}^{i} \parallel \boldsymbol{X}_{n,j,k} - \boldsymbol{X}_{n-1,j,k} \parallel / \sum_{n=2}^{i_{\max}} \parallel \boldsymbol{X}_{n,j,k} - \boldsymbol{X}_{n-1,j,k} \parallel \\
s_{i,j,k} &= \sum_{n=2}^{j} \parallel \boldsymbol{X}_{i,n,k} - \boldsymbol{X}_{i,n-1,k} \parallel / \sum_{n=2}^{j_{\max}} \parallel \boldsymbol{X}_{i,n,k} - \boldsymbol{X}_{i,n-1,k} \parallel \\
t_{i,j,k} &= \sum_{n=2}^{k} \parallel \boldsymbol{X}_{i,j,n} - \boldsymbol{X}_{i,j,n-1} \parallel / \sum_{n=2}^{k_{\max}} \parallel \boldsymbol{X}_{i,j,n} - \boldsymbol{X}_{i,j,n-1} \parallel
\end{aligned}
\right\}
\tag{6-58}
$$

通过上式可知,坐标 r,s,t 的范围均在 $0\sim1$ 之间,其获得一元线性插值的结果如下:

$$
\left.
\begin{aligned}
\boldsymbol{U}(i,j,k) &= (1-r_{i,j,k})\Delta \boldsymbol{X}(1,j,k) + r_{i,j,k}\Delta \boldsymbol{X}(i_{\max},j,k) \\
\boldsymbol{V}(i,j,k) &= (1-s_{i,j,k})\Delta \boldsymbol{X}(i,1,k) + s_{i,j,k}\Delta \boldsymbol{X}(i,j_{\max},k) \\
\boldsymbol{W}(i,j,k) &= (1-t_{i,j,k})\Delta \boldsymbol{X}(i,j,1) + t_{i,j,k}\Delta \boldsymbol{X}(i,j,k_{\max})
\end{aligned}
\right\}
\tag{6-59}
$$

将式(6-59)进行张量乘积计算,再结合布尔加法可以得到网格点的位移如下:

$$
\Delta \boldsymbol{X}(i,j,k) = \boldsymbol{U} + \boldsymbol{V} + \boldsymbol{W} - \boldsymbol{U} \otimes \boldsymbol{V} - \boldsymbol{U} \otimes \boldsymbol{W} - \boldsymbol{V} \otimes \boldsymbol{W} + \boldsymbol{U} \otimes \boldsymbol{V} \otimes \boldsymbol{W}
$$

$$
\tag{6-60}
$$

通过以上求解过程就可以获得整个变形单元所有网格点的位移信息。无线插值网格变形方法仅需在 r,s,t 三个方向进行线性插值处理,计算时间仅与空间网格点数成正比,具有很高的效率,但是容易造成网格扭曲。

6.4.2 径向基函数(RBF) 网格变形方法

径向基函数网格变形技术运用 RBF 函数,通过散乱数据插值的过程实现网格变形[28]。形如 $\Phi(\cdot)=\phi(\parallel\cdot\parallel)$ 的函数称为径向基函数,其计算方便,求解简单。与无限插值网格变形方法相比,在任意的结构和非结构网格体系下,RBF网格变形方法能够更有效地控制网格的平移和扭转变形,变形效果不依赖于具体的计算网格拓扑结构。常用的 RBF 基函数主要可分为全局型函数和紧支型函数[39]两类,见表6-1及表6-2。全局型函数在整个插值空间内均为非零值。紧支型径向基函数的函数值随着距中心的距离的增大而减小,当距离大于紧支半径后函数值恒为零。表6-2中的变量 ξ 为距中心的距离与紧支半径之比,即 $\xi=\parallel\cdot\parallel/r$,当 $\xi>1$ 时,函数值为 0。

表 6-1 常用的全局型 RBF 基函数

序　号	名　　称	$\varphi(x)$
1	Spline type	$\parallel x\parallel^3$
2	Thin plate spline	$\parallel x\parallel^2\log\parallel x\parallel$
3	Hardy's Inverse muhiquadric	$1/(a^2+\parallel x\parallel^2)^{\frac{1}{2}}$
4	Hardy's Multiquadric	$(a^2+\parallel x\parallel^2)^{\frac{1}{2}}$
5	Gaussian	$e^{-a\parallel x\parallel}$
6	Wendland's C0	$(1-\parallel x\parallel)^2$
7	Wendland's C2	$(1-\parallel x\parallel)^4(4\parallel x\parallel+1)$
8	Wendland's C4	$(1-\parallel x\parallel)^6(35\parallel x\parallel^2+18\parallel x\parallel+3)$
9	Wendland's C6	$(1-\parallel x\parallel)^8(32\parallel x\parallel^3+25\parallel x\parallel^2+8\parallel x\parallel+1)$

表 6-2 常用的紧支型 RBF 基函数

序　号	名　　称	$\varphi(\xi)$
1	CP C0	$(1-\xi)^2$
2	CP C2	$(1-\xi)^4(4\xi+1)$
3	CP C4	$(1-\xi)^6[(35/3)\xi^2+6\xi+1]$
4	CP C6	$(1-\xi)^8(32\xi^3+25\xi^2+8\xi+1)$
5	CTPS C0	$(1-\xi)^5$
6	CTPS C1	$1+(80/3)\xi^2-40\xi^3+15\xi^4-(8/3)\xi^5+20\xi^2\log(\xi)$

续表

序 号	名 称	$\varphi(\xi)$
7	CTPS C2(a)	$1-30\xi^2-10\xi^3+45\xi^4-6\xi^5-60\xi^3\log(\xi)$
8	CTPS C2 (b)	$1-20\xi^2+80\xi^3-45\xi^4-16\xi^5+60\xi^4\log(\xi)$

紧支型函数的特点与动网格计算的要求一致,且计算中的系数矩阵呈稀疏、带状分布,有利于大型问题的求解,因此在动网格计算中更倾向于使用紧支型径向基函数。

在基于径向基函数插值的网格变形技术中,径向基函数插值的基本形式如下:

$$s(\boldsymbol{X}) = \sum_{i=1}^{N} \alpha_i \phi(\parallel \boldsymbol{X} - \boldsymbol{X}_i \parallel) \tag{6-61}$$

式中,$s(\boldsymbol{X})$ 是插值函数;N 代表插值问题所使用的径向基函数的总数目;$\phi(\parallel \boldsymbol{X} - \boldsymbol{X}_i \parallel)$ 是采用的径向基函数的通用形式;$\parallel \boldsymbol{X} - \boldsymbol{X}_i \parallel$ 是位置矢量 $\boldsymbol{X}$ 到 $\boldsymbol{X}_i$ 的距离,$\boldsymbol{X}_i$ 代表第 i 号径向基函数的支撑点坐标;α_i 是与第 i 个径向基函数相对应的权重系数。由上可知,径向基函数的类型很多,CP C2 函数是一种比较适合网格变形的紧支型函数,其具体形式为

$$\varphi(\xi) = (1-\xi)^4 (4\xi+1) \tag{6-62}$$

令函数插值数值等于边界网格点位置矢量,并写成以下矩阵和向量形式:

$$\left.\begin{array}{l} \Delta \boldsymbol{x}_b = \boldsymbol{C}_{bb} \boldsymbol{a}^x \\ \Delta \boldsymbol{y}_b = \boldsymbol{C}_{bb} \boldsymbol{a}^y \\ \Delta \boldsymbol{z}_b = \boldsymbol{C}_{bb} \boldsymbol{a}^z \end{array}\right\} \tag{6-63}$$

式中,x 方向(y 和 z 方向与之类似)如下:

$$\Delta \boldsymbol{x}_b = \begin{bmatrix} \Delta x_{b1} \\ \vdots \\ \Delta x_{bN_b} \end{bmatrix}_{N_b \times 1}, \quad \boldsymbol{a}^x = \begin{bmatrix} a_1^x \\ \vdots \\ a_{N_b}^x \end{bmatrix}_{N_b \times 1} \tag{6-64}$$

因此,$\boldsymbol{C}_{bb}$ 矩阵如下:

$$\boldsymbol{C}_{bb} = \begin{bmatrix} \phi_{b_1 b_1} & \phi_{b_1 b_2} & \cdots & \phi_{b_1 b_{N_b}} \\ \vdots & \vdots & & \vdots \\ \phi_{b_{N_b} b_1} & \phi_{b_{N_b} b_2} & \cdots & \phi_{b_{N_b} b_{N_b}} \end{bmatrix}_{N_b \times N_b} \tag{6-65}$$

在矩阵中,径向基函数为

$$\phi_{b_i b_j} = \phi(\parallel x_{b_i} - x_{b_j} \parallel)$$

以上各式中，$\phi_{b_ib_j}$ 与 b_i 和 b_j 两边界网格点之间的距离有关，此处下标 b 代表流场边界，包括物面、对称面及远场等；N_b 为边界网格点数。令函数值等于空间网格点位移，则有

$$\left.\begin{array}{c} \Delta \boldsymbol{x}_v = \boldsymbol{C}_{vb}\boldsymbol{a}^x \\ \Delta \boldsymbol{y}_v = \boldsymbol{C}_{vb}\boldsymbol{a}^y \\ \Delta \boldsymbol{z}_v = \boldsymbol{C}_{vb}\boldsymbol{a}^z \end{array}\right\} \tag{6-66}$$

因此，$\boldsymbol{C}_{vb}$ 矩阵如下：

$$\boldsymbol{C}_{vb} = \begin{bmatrix} \phi_{v_1b_1} & \phi_{v_1b_2} & \cdots & \phi_{v_1b_{N_b}} \\ \vdots & \vdots & & \vdots \\ \phi_{v_{N_v}b_1} & \phi_{v_{N_v}b_2} & \cdots & \phi_{v_{N_v}b_{N_b}} \end{bmatrix}_{N_v \times N_b} \tag{6-67}$$

式中，下标 v 代表流场空间；N_v 为空间网格点数。边界和空间网格点的位移之间的关系式为

$$\left.\begin{array}{c} \Delta \boldsymbol{x}_v = \boldsymbol{C}_{vb}\boldsymbol{C}_{bb}^{-1}\Delta \boldsymbol{x}_b \\ \Delta \boldsymbol{y}_v = \boldsymbol{C}_{vb}\boldsymbol{C}_{bb}^{-1}\Delta \boldsymbol{y}_b \\ \Delta \boldsymbol{z}_v = \boldsymbol{C}_{vb}\boldsymbol{C}_{bb}^{-1}\Delta \boldsymbol{z}_b \end{array}\right\} \tag{6-68}$$

显然，只要获得矩阵 $\boldsymbol{C}_{vb}\boldsymbol{C}_{bb}^{-1}$，将该矩阵和边界网格点位移增量 $\Delta \boldsymbol{x}_b$，$\Delta \boldsymbol{y}_b$，$\Delta \boldsymbol{z}_b$ 做乘法即可获得变形网格结果。图 6-11 为基于 RBF 插值方法对 NACA64A010 翼型顺时针旋转 90° 后网格变形前后的对比图。径向基函数方法插值过程只需要网格点坐标，而无需网格点间的拓扑信息，数据结构简单，计算时间花费主要在于矩阵 $\boldsymbol{C}_{bb}$ 的求逆计算，该矩阵的维度由物面边界网格点个数决定。对于复杂的三维构型，边界网格节点个数十分庞大，矩阵求逆计算时间花费较大，增大矩阵的稀疏程度和结合其他网格变形方法，是提高 RBF 网格变形方法计算效率的两种重要途径。

6.4.3　旋转四元数网格变形方法

1843 年，英国数学家哈密顿发明了四元数，这一新数包含 4 个分量，且不满足乘法的交换律。哈密顿给出了四元数的加法、乘法规则以及四元数的逆和模，指出四元数能通过旋转、伸长或缩短将一个给定的矢量变成另一个矢量。随着不断发展，四元数在飞行动力学、计算机图形学、航天器的姿态控制等方面得到广泛的应用。

旋转四元数[40] 是一种三维空间旋转描述方法。对于网格变形问题，网格点的位移由平移和旋转两部分构成：

$$\boldsymbol{X} = \text{rotation of } \boldsymbol{X}_O + t \tag{6-69}$$

式中,$\boldsymbol{X}_O = [x_O \quad y_O \quad z_O]^{\mathrm{T}}$ 和 $\boldsymbol{X} = [x \quad y \quad z]^{\mathrm{T}}$ 分别是变形前后网格点坐标;$t = [t_x \quad t_y \quad t_z]^{\mathrm{T}}$ 为平移向量。利用旋转矩阵表示旋转操作,则得到

$$\boldsymbol{X} = \boldsymbol{R} \cdot \boldsymbol{X}_u + \boldsymbol{t} \tag{6-70}$$

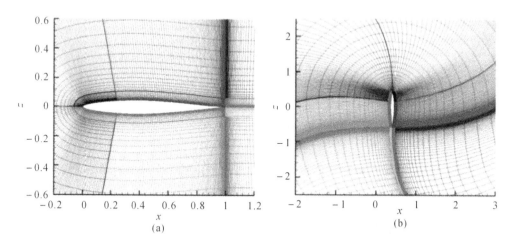

图 6-11　NACA64A010 翼型顺时针旋转 $90°$ 后的网格变形结果对比

(a) 原始翼型网格;　(b) 变形后的翼型网格

另外一种表述方式是采用一个与转轴和转角有关的四元数,定义如下:

$$\boldsymbol{Q} = \left[\cos\frac{\theta}{2} \quad \boldsymbol{u}\sin\frac{\theta}{2}\right] \tag{6-71}$$

式中,u 和 θ 分别为转轴和转角,则网格变形关系可写为

$$\boldsymbol{X} = \boldsymbol{Q}\boldsymbol{X}\boldsymbol{Q}^* + \boldsymbol{T} \tag{6-72}$$

式中,$\boldsymbol{X}_O = [0 \quad x_O \quad y_O \quad z_O]$,$\boldsymbol{X} = [0 \quad x \quad y \quad z]$,$\boldsymbol{T} = [0 \quad t_x \quad t_y \quad t_z]$,分别为变形前后网格点坐标和平移四元数,$\boldsymbol{Q}^*$ 为 $\boldsymbol{Q}$ 的共轭。此外,还可将四元数看成是复数在三维空间中的推广,由一个实部和三个虚部构成:

$$Q = q_1 + q_2\mathrm{i} + q_3\mathrm{j} + q_4\mathrm{k} \tag{6-73}$$

式中,i,j,k 是虚数单位,运算方式定义如下:

$$\left.\begin{array}{l} \mathrm{ii} = \mathrm{jj} = \mathrm{kk} = -1 \\ \mathrm{ij} = -\mathrm{ji} = \mathrm{k} \\ \mathrm{jk} = -\mathrm{kj} = \mathrm{i} \\ \mathrm{ki} = -\mathrm{ik} = \mathrm{j} \end{array}\right\} \tag{6-74}$$

四元数的乘法和除法运算都可以通过上式得到。通过四元数可把网格变形过程分解为等距的 n 步:

$$\left.\begin{array}{l} \boldsymbol{X}_0 = \boldsymbol{X}_O \\ \boldsymbol{X}_{i+1} = \boldsymbol{Q}^{1/n} \boldsymbol{X}_i \boldsymbol{Q}^{1/n^*} + \boldsymbol{T}_{1/n}, \quad i = 0,1,\cdots,n-1 \\ \boldsymbol{X} = \boldsymbol{X}_n, \quad i = 0,1,\cdots,n-1 \end{array}\right\} \qquad (6-75)$$

式中,$\boldsymbol{Q}^{1/n}$ 为转轴不变,转角 n 等分的四元数:

$$\boldsymbol{Q}^{1/n} = \left[\cos\frac{\theta}{2n} \quad u\sin\frac{\theta}{2n}\right] \qquad (6-76)$$

将式(6-75)写成向量和矩阵的形式,得

$$\boldsymbol{X}_{i+1} = \boldsymbol{R}_{1/n}\boldsymbol{X}_i + \boldsymbol{T}_{1/n}, \quad i = 0,1,\cdots,n-1 \qquad (6-77)$$

则可以得到

$$\boldsymbol{T}_{1/n} = \boldsymbol{M}_{\text{sum}}^{-1}(\boldsymbol{X} - \boldsymbol{R}\boldsymbol{X}_o), \quad \boldsymbol{M}_{\text{sum}} = \sum_{i=0}^{n-1} \boldsymbol{R}_{1/n}^i \qquad (6-78)$$

分解方法能够大幅降低四元数的坐标相关性,但是会增加计算消耗。对于变形网格问题,首先分解边界(物面、对称面和远场)网格的旋转和平移,获得旋转四元数 $\boldsymbol{Q}_{b_i}$ 和平移向量 $\boldsymbol{T}_{b_i}$,然后令物面单元面积 A_i 除以距离 d_i 三次方的倒数为加权系数,从而得到空间网格点的旋转四元数和平移向量:

$$Q = \frac{\sum_{i=1}^{N_b} \frac{A_i}{d_i^3} Q_{b_i}}{\sum_{i=1}^{N_b} \frac{A_i}{d_i^3}}, \quad T = \frac{\sum_{i=1}^{N_b} \frac{A_i}{d_i^3} T_{b_i}}{\sum_{i=1}^{N_b} \frac{A_i}{d_i^3}} \qquad (6-79)$$

将 A_i 作为权重系数的分子可有效防止网格分布疏密不一的影响,尤其是在机翼后缘附近。将距离 d_i 的三次方作为权重系数的分母则可以快速衰减边界变形对空间网格的影响。式(6-79)是旋转四元数变形网格方法最为耗时的一步,计算时间正比于 $N_b \times N_v$。旋转四元数插值方法能够实现网格变形与边界变形的高阶一致性,这种一致性随距离增大呈现合理的非线性衰减,使此动网格方法具有很好的鲁棒性,同时保证了网格的良好正交性。

6.4.4 混合网格变形方法

单一的网格变形方法很难同时具有杰出的网格变形能力和较高的变形效率,考虑到网格变形能力和变形效率之间的矛盾性,将两种或者多种方法混合使用发展混合动网格技术,是获得一种既快速又具备大变形能力的高效网格变形方法的重要方式。

TFI 网格变形方法属于基于简单代数插值运算的网格变形方法,计算效率很高,但是网格变形能力有限。RBF 以及四元数网格变形方法具有较强的网格变形能力,对变形前后网格质量以及一致性的控制效果更好,但是算法效率相对

较低。经典的 RBF 以及四元数网格变形方法属于全局网格变形方法,即将所有空间网格点坐标与边界网格点坐标之间建立耦合的映射关系,但计算规模随着网格量的增大急剧增大。分别将 RBF 和四元数网格变形方法与 TFI 插值结合,挖掘不同方法的优点,是两种比较常见的混合网格变形方法[41,42]。

RBF 与 TFI 混合网格变形方法,以及四元数与 TFI 混合网格变形方法的实现策略类似。首先,根据气动优化问题自身特点,按照给定原则从所有边界和空间网格点中筛选合适的网格点,构建一套稀疏的背景网格,如图 6-12 所示。背景网格点的筛选原则多样,例如对于多块结构网格可直接选取每块网格的 8 个顶点,或者按照某一节点序列挑选等;其次,采用 RBF/四元数网格变形方法获得高质量的背景变形网格;最后,基于背景变形网格,借助 TFI 插值方法快速获得剩余网格点的坐标位置。

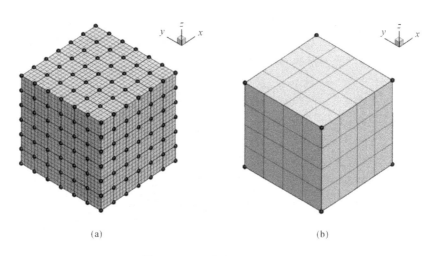

(a)   (b)

图 6-12　混合变形网格方法

(a)计算网格与背景网格;　(b)进行 TFI 插值运算的子网格块单元

对于网格变形问题,首先必须保证每个网格单元的体积 V 为正。对于结构,将六面体网格单元划分成 24 个四面体单元,采用下式计算 6 面体网格单元的体积 V(见图 6-13):

$$V = \frac{\sum_1^6 \sum_1^4 \left[-\boldsymbol{a} \cdot (\boldsymbol{b} \times \boldsymbol{c}) \right]}{6} \tag{6-80}$$

网格正交性是另一种量化网格质量的标准。网格单元正交性的计算方法为利用六面体网格单元的面心构成三个矢量并单位化,它们之间的夹角计算方法如下:

$$\gamma_{ijk} = \frac{\pi}{2} - \arccos\left[\boldsymbol{h}_i \cdot (\boldsymbol{h}_j \times \boldsymbol{h}_k)\right] \qquad (6-81)$$

以上夹角的最小值转化度就是网格的正交性度量 φ_{orth}，则有

$$\varphi_{orth} = \min\left(\gamma_{ijk} \frac{180°}{\pi}\right) \qquad (6-82)$$

式中，$\varphi_{orth} = 90°$ 表明该单元具有最优的正交性，远离 $90°$ 则意味着正交性变差。

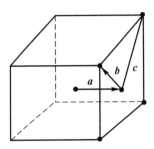

图 6-13　六面体网格单元体积 V 计算方法示意图

以 NACA64A010 翼型为例，图 6-14 给出了初始网格和稀疏化的背景网格。图 6-15 给出了翼型绕 $x/c = 0.4$ 点顺时针旋转 $90°$，RBF 网格变形方法以及 RBF 与 TFI 混合网格变形方法的网格变形效果对比。两种方法得到的变形网格都具有较高的质量，但是 RBF + TFI 混合网格变形方法的变形网格具有明显的拐折，网格质量较单纯 RBF 方法略有下降。图 6-16 给出了不同网格变形方法的网格正交性 φ_{orth} 的最小值和平均值随旋转角的变化趋势。当扭转角小于 $25°$ 时，所有方法都能获得正交性很高的变形网格。当扭转角超过 $25°$ 时，四元数方法及四元数 + TFI 混合方法的网格正交性开始明显下降，而 RBF 方法及 RBF + TFI 方法的网格正交性直至 $50°$ 时才开始显著下降，但下降速率高于四元数方法。当扭转角在 $140°$ 左右时，RBF 方法和 RBF + TFI 方法出现负体积单元，直至 $180°$ 四元数方法仍能够使网格单元不出现负体积单元。表 6-3 给出了 NACA64A010 翼型变形网格计算时间和加速比，混合方法在不明显降低网格变形能力的前提下可带来 20 倍以上的加速比，由此可见混合方法具有较高的鲁棒性和效率。

表 6-3　NACA64A010 翼型变形网格计算时间与加速比

项　目	RBF	RBF+TFI	四元数	四元数+TFI
网格计算时间/s	6.00	0.25	7.25	0.323
加速比	24∶1		22.4∶1	

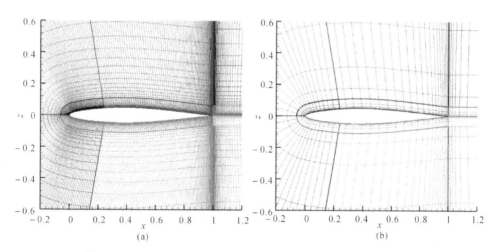

图 6-14 NACA64A010 翼型原始网格与稀疏化的背景网格对比

(a)原始网格； （b)背景网格

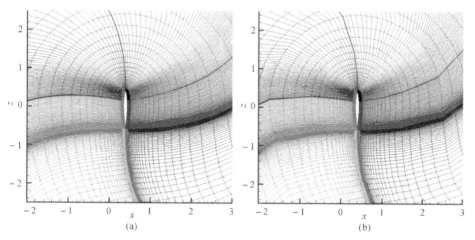

图 6-15 NACA64A010 翼型顺时针旋转 90°的变形网格对比

(a)RBF； （b)RBF+TFI

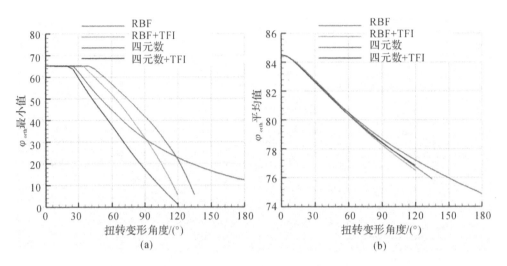

图 6-16　某翼型顺时针旋转变形时网格正交性随扭转角的变化趋势

（a）φ_{orth}最小值；　（b）φ_{orth}平均值

图 6-17 给出了 HIRENASD 翼身组合体机翼弯曲和扭转变形的网格拓扑对比,图 6-18 和图 6-19 给出了不同混合网格变形方法得到的网格的正交性φ_{orth}的最小值和平均值随弯曲和扭转变形的变化趋势。结果表明四元数与 TFI 的混合方法的鲁棒性弱于 RBF＋TFI 混合方法。但是在保持网格质量方面,四元数与 TFI 的混合方法表现出明显的优势。

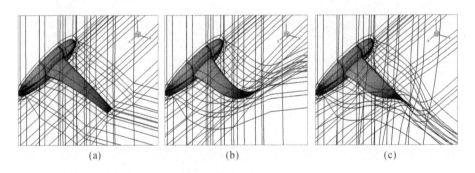

图 6-17　HIRENASD 翼身组合体原始网格拓扑以及弯曲、扭转变形网格拓扑

（a）原始网格拓扑；　（b）弯曲变形网格拓扑；　（c）扭转变形网格拓扑

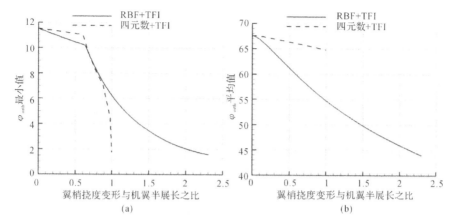

图 6-18　HIRENASD 机翼网格正交性随弯曲变形的变化趋势

（a）φ_{orth}最小值；　（b）φ_{orth}平均值

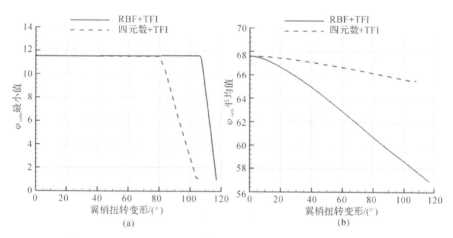

图 6-19　HIRENASD 机翼网格正交性随扭转变形的变化趋势

（a）φ_{orth}最小值；　（b）φ_{orth}平均值

6.5　代 理 模 型

代理模型是一种基于函数映射关系，由输入参数得到输出函数值的近似模型。其思路是利用优化设计涉及的各个学科原始模型，计算获得设计空间内若干不同设计变量组合的目标特性，以这些计算结果相关数据作为样本，并在此基础之上建立一种目标特性的近似模型。这种模型不仅能对样本数据进行拟合，而且对设计空间内非样本点的目标特性有较好的预估能力。通常代理模型结构简单,计算量要比原始气动分析模型小得多,而且计算精度能够与之相当,因此使用代理模型能够极大地提高气动优化设计的效率。

目前在飞行器设计中,广泛采用的代理模型主要有多项式响应面(PRSM)方法[43]、Kriging 模型[44]、前馈(BP)神经网络[45]、径向基函数(RBF)神经网络[46]、高斯过程(GP)[47]等。这些代理模型多是针对气动外形优化设计提出的,通常是首先在设计空间内选择适当的样本点,利用 NS 方程的数值求解方法计算样本点的气动特性,然后将这些计算结果引入相关代理模型中,从而可以在设计空间内获得能够代替原始方程求解、预测优化设计过程所需要气动特性的代理模型。

6.5.1 常用代理模型

1.多项式响应面模型

多项式响应面方法[43]是以试验设计为基础的用于试验模型建立和模型分析的一套统计方法。实际上,响应面方法也可以理解为一种数学逼近方法。

响应面方法主要包括:选择响应面逼近函数模型(常采用多项式模型);确定一组用于评估响应函数的试验数据点;基于试验结果构造响应逼近函数,并对响应逼近函数的预估性能进行评估;最后将响应面应用于优化设计。利用响应面技术可以带来很多好处:① 响应面形式简单,计算容易;②响应面可以平滑复杂学科分析时带来的数值噪声,数值噪声的存在可能大大地改变目标变量相对于设计变量或其他中间变量的导数值,导致优化过程陷入"人工"局部最优。与线性模型和高阶模型相比,二次多项式响应面模型是模型精度与计算量的折中,它既能捕捉整个空间响应值的整体趋势,又能滤除数值噪声,这使其具有很好的鲁棒性,因而适用于工程气动优化问题。

二次响应面假设输入变量与响应值具有如下关系:

$$f(x) = \hat{f}(x) + \varepsilon, \quad x \in \mathbf{R}^{n_v} \tag{6-83}$$

式中,$\hat{f}(x)$ 是多项式近似值;ε 是随机误差,并假设它满足均值为 0、方差为 σ^2 的正态分布。多项式响应面模型的预测值基本形式如下:

$$f(\boldsymbol{x}) = \beta_0 + \sum_{i=1}^{m} \beta_i x_i + \sum_{i=1}^{m} \sum_{j \geqslant i}^{m} \beta_{ij} x_i x_j + \cdots \tag{6-84}$$

式中,x_i 是 m 维自变量 x 的第 i 个分量;β_0,β_i 和 β_{ij} 是未知参数,将他们按照一定次序排列,可以构成列向量 $\boldsymbol{\beta}$,求解多项式模型的关键就是求解向量 $\boldsymbol{\beta}$。把样本点的值代入式(6-84),利用最小二乘法可以求得向量 $\boldsymbol{\beta}$:

$$\boldsymbol{\beta} = (\boldsymbol{X}^{\mathrm{T}} \boldsymbol{X})^{-1} \boldsymbol{X}^{\mathrm{T}} \boldsymbol{Y} \tag{6-85}$$

式中,矩阵 $\mathbf{X} = [\mathbf{X}^1 \quad \mathbf{X}^2 \quad \cdots \quad \mathbf{X}^n]^T$,$\mathbf{X}^i$ 是由样本点 x^i 的分量按照 $\boldsymbol{\beta}$ 中各对应分量的次序构成的行向量;$\mathbf{Y} = [y^1 \quad y^2 \quad \cdots \quad y^n]^T$。多项式面响应法对非线性程度较高问题的拟合预测效果不太理想,在多项式阶数较高时还容易出现过拟合的现象。

在响应面方法中,可采用随机取样、正交矩阵取样、拉丁超立方、中心复合设计取样等方法确定样本点。对应于样本点个数大于、等于和小于待定系数的个数,样本空间大小的选择有超定、正定和弱定三种模式,通过采用最小二乘法拟合待定系数,从而构造出响应面模型。

以二维函数 $y = x_1^2 + x_2^2$ 为例,采用均匀设计方法在空间 $[-1,1]$ 内生成 15 个初始样本点,建立响应面模型。响应面模型的预测结果及真实函数的云图如图 6-20 所示(图中的黑点表示样本点)。可以看出,对于二次函数,响应面模型预测的函数值与真实函数非常接近。但由于多项式响应面模型用二次多项式来描述未知函数,当未知函数为复杂多峰值函数时,二次多项式不能反应真实函数的变化趋势,模型的预测精度会变得非常差。

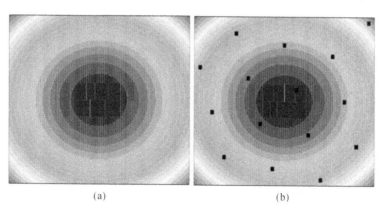

(a)   (b)

图 6-20　真实函数与响应面模型预测值对比

(a)真实函数;　(b)响应面模型预测值

多项式响应面模型具有良好的连续性和可导性,能较好地去除数值噪声的影响,因此极易实现数值寻优;但在处理高维非线性问题时,其拟合预测效果不佳,需要对模型进行一定的改进以提高应用效果。

2.径向基函数

径向基函数[46]是一类以待测点与样本点之间的欧氏距离为自变量的函数,以径向基函数为基函数,通过线性叠加构造出来的模型即为径向基函数模型。径向基函数在许多领域都有广泛的应用,比如离散数据插值、图像处理等。Jin

等人[51]在利用 14 个代表不同类型问题的算例对包括多项式回归,多变量自适应回归样(multivariate adaptive regression splines),径向基函数以及 Kriging 方法在内的 4 种方法进行系统对比后发现,在同时考虑模型精度和鲁棒性时,径向基函数模型是最为可靠的,Simpson 等人[50]的研究结果也表明径向基函数模型是一种较好的代理模型。

径向基函数模型的基本思想是,首先确定一组样本点 $x^i = \{x_1, x_2, \cdots, x_m\}(i = 1, 2, \cdots, n)$ 然后以这些样本点为中心,以径向基函数为基函数,通过这些基函数的线性叠加来计算待测点 x 处的响应值。通过欧氏距离,径向基函数可以很容易地把一个多维问题转化成以欧氏距离为自变量的一维问题。径向基函数模型的基本形式如下:

$$\left.\begin{array}{l} f(x) = \sum_{i=1}^{n} w_i \phi(r^i) = w^{\mathrm{T}} \boldsymbol{\phi} \\ \boldsymbol{w}(x) = \begin{bmatrix} w_1 \\ w_2 \\ \vdots \\ w_n \end{bmatrix}, \quad \boldsymbol{\phi} = \begin{bmatrix} \phi(r^1) \\ \phi(r^2) \\ \vdots \\ \phi(r^n) \end{bmatrix} \end{array}\right\} \tag{6-86}$$

式中,w_i 是权系数;$\phi(r^i)$ 是径向基函数;$r^i = \| x - x^i \|$ 是待测点 x 与样本点之间的欧氏距离。利用式(6-86)作为预测模型时,要满足如下的插值条件:

$$f(x^j) = y^j, \quad j = 1, 2, \cdots, n \tag{6-87}$$

将式(6-87)代回式(6-86)可以得到如下方程组:

$$\left.\begin{array}{l} \boldsymbol{\phi} w = \boldsymbol{Y} \\ \boldsymbol{\phi} = [\phi_{ij}] = [\phi(\| x^i - x^j \|)], \quad \boldsymbol{Y} = \begin{bmatrix} y^1 \\ y_2 \\ \vdots \\ y^n \end{bmatrix} \end{array}\right\} \tag{6-88}$$

式(6-88)在样本点不重合,且函数 $\phi(r)$ 为正定函数时存在唯一解,即

$$w = \boldsymbol{\phi}^{-1} \boldsymbol{Y} \tag{6-89}$$

在径向基函数模型中,常用的径向基函数有 Gauss 函数、multiquadric 函数与逆 multiquadrie 函数。径向基函数模型的特性随着所采用的径向函数的不同而不同。当径向基函数模型在采用高斯函数或逆 multiquadric 函数为基函数时,模型会因为径向基函数的影响而具有局部估计的特点,而采用 multiquadric 函数作为核函数时,模型又会具有全局估计的特点。径向基函数模型是一种灵活性好,结构简单,计算量也相对较少而且效率比较高的代理模型。

3. Kriging 模型

Kriging 模型[48]是一种基于随机过程的估计方差最小的无偏估计模型,最

早由南非地质学者 Danie Krige 于 1951 年提出,当时主要应用于地质界,用来估计矿产储量分布。Giunta[49] 在其博士论文中对 Kriging 方法在多学科优化(MDO)中的应用做了初步研究,并在随后的文章中将该方法与多项式做了对比,Simpson[50] 及 Jin[51] 等人也进行了类似的研究。20 世纪 80 年代末,Sacks[52] 等人研究了基于 Kriging 模型的计算机试验分析和设计技术,将 Kriging 模型应用于确定性的计算或试验所得数据的插值近似,极大地推动了 Kriging 模型在工程领域的应用。随后 Kriging 模型在环境科学、气象、水文地质/地理信息系统、航空、航天、汽车等多个领域获得广泛应用。在 Kriging 模型基础上,人们又发展了 Co-Kriging 模型、梯度增强的 Kriging 模型[53] 以及变可信度 Kriging 模型[54]。

Kriging 模型引入统计学假设:将未知函数看成是某个静态随机过程的具体实现。换言之,对于任意位置 x,对应的函数值 $y(x)$ 被一个随机函数 $Y(x)$ 代替,而 $y(x)$ 只是 $Y(x)$ 可能的结果之一,即

$$Y(x) = \sum_{j=1}^{k} \beta_j f_j(x) + Z(x) \tag{6-90}$$

式中,基函数是 $f_j(x)$(一般是多项式),β_j 是对应的系数,$\sum_{j=1}^{k} \beta_j f_j(x)$ 代表 $Y(x)$ 的数学期望值;而 $Z(\cdot)$ 是均值为零,方差为 $\sigma^2(x)$ 的静态随机过程。在设计空间不同位置处,对应的随机量之间的协方差可表述为

$$\text{Cov}[Z(x), Z(x')] = \sigma_s^2 R(x, x') \tag{6-91}$$

式中,$R(x, x')$ 为相关函数,代表不同位置处随机变量之间的相关性,只与空间距离有关,且当距离为零时,$R=1$;当距离无穷大时,$R=0$;R 随着距离的增大而减小。

对于式(6-90),定义以下两个 $k \times 1$ 的列向量:

$$\left. \begin{array}{l} \boldsymbol{f}(x) = [f_1(x) \quad f_2(x) \quad \cdots \quad f_k(x)]^{\text{T}} \\ \boldsymbol{\beta} = [\beta_1 \quad \beta_2 \quad \cdots \quad _k]^{\text{T}} \end{array} \right\} \tag{6-92}$$

并定义 $n \times k$ 的矩阵:

$$\boldsymbol{F} = \begin{bmatrix} \boldsymbol{f}^{\text{T}}(x^{(1)}) \\ \boldsymbol{f}^{\text{T}}(x^{(2)}) \\ \vdots \\ \boldsymbol{f}^{\text{T}}(x^{(n)}) \end{bmatrix} \tag{6-93}$$

定义列向量:

$$\boldsymbol{z} = [Z(x^{(1)}) \quad Z(x^{(2)}) \quad \cdots \quad Z(x^{(n)})]^{\text{T}} \tag{6-94}$$

于是样本点的响应值 $\boldsymbol{y}_s = [y^{(1)} \quad y^{(2)} \quad \cdots \quad y^{(n)}]^{\text{T}}$,可以写成如下形式:

$$\boldsymbol{y}_s = \boldsymbol{F\beta} + \boldsymbol{z} \tag{6-95}$$

定义 R 为"相关矩阵",由所有样本点之间的"相关函数"值组成,相关向量 r_s 如下:

$$r_s = \begin{bmatrix} R(x^{(1)}, x) & R(x^{(2)}, x) & \cdots & R(x^{(n)}, x) \end{bmatrix} \qquad (6-96)$$

Kriging 模型的插值结果为已知样本点函数值的线性加权,即

$$\hat{y}(x) = c_x^{\mathrm{T}} y_s \qquad (6-97)$$

根据无偏估计要求,若 $E(Z(x)) = 0$,则有 $E(c_x^{\mathrm{T}} y_s) = c_x^{\mathrm{T}} F\boldsymbol{\beta}$,同理 $E(\hat{y}(x)) = f_x^{\mathrm{T}} \boldsymbol{\beta}$,于是可得

$$F^{\mathrm{T}} c_x = f_x \qquad (6-98)$$

Kriging 预测值的误差为

$$\hat{y}(x) - Y(x) = c_x^{\mathrm{T}} z - Z \qquad (6-99)$$

均方误差(mean squared error,MSE)为

$$\mathrm{MSE}[\hat{y}(x)] = \sigma_s^2 (1 + c_x^{\mathrm{T}} R c_x - 2c_x^{\mathrm{T}} r_x) \qquad (6-100)$$

为了使均方误差最小且满足无偏估计要求,须求解下列问题(引入拉格朗日乘数):

$$\left. \begin{array}{ll} \min & H(c_x, \lambda) \\ \mathrm{s.t.} & F^{\mathrm{T}} c_x - f_x = 0 \end{array} \right\} \qquad (6-101)$$

可以得到

$$\hat{y}(x) = f_x^{\mathrm{T}} \hat{\boldsymbol{\beta}} + r_x^{\mathrm{T}} \underbrace{R^{-1}(y_s - F\boldsymbol{\beta})}_{V_{\mathrm{krg}}} \qquad (6-102)$$

式中,$\hat{\boldsymbol{\beta}} = (F^{\mathrm{T}} R^{-1} F)^{-1} F^{\mathrm{T}} R^{-1} y_s$ 是 $\boldsymbol{\beta}$ 的最小二乘估计。

在式(6-102)中,向量 V_{krg} 只与样本点数据有关,可一次性计算并存储;在 Kriging 模型建立后,预测任意 x 处的函数值不需要重新计算 V_{krg},而只需要计算 r_x 与 V_{krg} 之间的点乘,总共乘法运算次数为 n 次,计算时间相对于 CFD 或 CSD 模型来说完全可以忽略。

均方根误差(RMSE)求解方法如下:

$$\mathrm{RMSE}(\hat{y}(x)) = s(\hat{y}(x)) = \sqrt{\mathrm{MSE}[\hat{y}(x)]} \qquad (6-103)$$

RMSE 即 Kriging 模型给出的预测值的统计学误差估计,该误差估计可用于指导如何加入新的样本点,以提高代理模型精度或逼近优化问题最优解。

相关矩阵 R 和相关向量 r_x 的建立与相关函数的选取有关,假定相关函数的函数值只与 $x^{(i)}, x^{(j)}$ 两点之间的空间距离有关。相关模型的选取应该具有以下特征:

1)当距离趋于 0 时,函数值趋于 1;

2)当距离增加时,函数值光滑地减小;

3)当距离趋于无穷时,函数值趋于 0;

4)至少一阶可导。

此处只考虑以下形式的相关模型：

$$R(x^{(i)}, x^{(j)}) = \prod_{k=1}^{n_v} R_k(\theta_k, x_k^{(i)}, x_k^{(j)}) \qquad (6-104)$$

以二维 Rosenbrock 函数为例，采用拉丁超立方取样在空间$[-2,2]$内选取 20 个初始样本点[见图 6-21(b)中黑点]，建立 Kriging 模型。Kriging 模型预测的目标函数云图与真实函数的对比如图 6-21 所示。可以看出，Kriging 模型预测精度较高，但由于其预测精度还与相关函数有关，当相关函数选用样条函数时，模型精度最高，其次是高斯指数函数，最后是高斯函数，这里不做深入介绍。

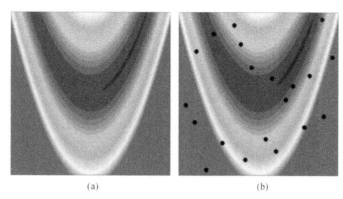

(a)   (b)

图 6-21　真实函数与 Kriging 模型预测值的对比

（a）理论值；　（b）Kriging 模型预测值

在相关函数的作用下，Kriging 模型具有局部估计的特点，这使其在解决较高非线性问题时容易取得理想的拟合结果。但 Kriging 模型的预测效果与模型参数的选择有很大的关系，合理的模型参数可显著提高其近似精度，使之明显优于多项式响应面、径向基函数等代理模型。但是，不恰当的模型参数值可能使模型预测精度差，甚至预测失败。同时，需要在任何情况下都保证相关矩阵 $\boldsymbol{R}$ 的正定性，避免求解 Kriging 线性方程组造成的较大误差，导致模型预测精度降低甚至预测失败。

随着代理模型与代理优化理论的发展，Kriging 模型理论和算法得到进一步完善，并在飞行器多学科优化中得到进一步的应用。梯度信息可以提高 Kriging 模型精度[55]，引入梯度信息来提高模型的精度，发展成了一种新的代理模型方法，称为梯度增强型 Kriging(GEK)模型，而实现梯度信息的计算方法有两种：一是利用一阶泰勒展开，即间接引入法；二是直接引入梯度信息法，可以使用 Adjoint 方法或有限差分法来求解梯度，如果没有任何梯度信息，GEK 模型将退化为传统的 Kriging 模型。如果在设计空间中同时采用高可信度分析和低可信度分析进行抽样,则建立的模型为变可信度代理模型,例如 Co-Kriging 模型,变可信度代理模型在达到相同近似精度的条件下,可显著提高建立代理模型的效率[56]。还有一种更简单、更实用的变可信度代理模型——分层 Kriging (HK)模型,HK 模型分两层或多层建立代理模型。以两层模型为例,首先在低可信度样本数据集基础上建立 Kriging 模型 y_1,然后以 y_1 为全局趋势模型,加入高可信度样本数据集,便可建立所需的代理模型 y_2。此外,采用最大似然估计[57]对相关矩阵的正则化参数进行优化,发展形成了"盲 Kriging"模型[46];采用贝叶斯理论框架来识别趋势模型[58],形成了可滤除数值噪声的 Kriging 模型等。

6.5.2　优化加点准则

最初的基于代理模型的优化方法的做法是,建立一个设计空间内全局精度较高的代理模型,然后利用该代理模型完全替代真实物理模型,使用优化算法如 SQP 算法(sequence quadratic program)、GA 算法(genetic algorithm)等进行巡优优化,将所得最优解用真实物理模型进行校验,并作为最终优化结果。

建立一个全局精度较高的代理模型所需样本点数较多,且随着设计变量数的增加,所需样本点数急剧增长。例如建立二次多项式响应面模型所需样本点数随设计变量数成二次方增长,这使得在设计变量较多时,上述方法难以应用[59]。一种可行的解决途径是首先使用较少的样本点(初始样本点)建立一个精度相对较低的近似模型,然后通过在优化过程中逐渐加入新的样本点,对代理模型进行重构。如此迭代,逐步逼近真实的最优解。因此,增加新样本点(即加点准则)的方法,成为基于代理模型优化方法的一个关键技术[60]。

按照全局与局部搜索性质,可以将加点准则分为纯粹的局部探测、纯粹的全局搜索、局部探测与全局搜索的结合三类。目前国际上已经发展了多种加点准则,包括 MP(multipoint)准则(目标函数最小化准则)、EI 准则(EI 最大值准则)、LCB 准则(LCB 最小值准则)、PI 准则(PI 最大值准则)以及 RMSE 准则(均方根误差最大值准则)等[60]。

1. 目标函数最小化准则

目标函数最小化准则(MP 准则)即最小化代理模型预测准则,该准则是最简单、最直接,也是最早被采用的方法。该准则认为代理模型是足够精确的,在建立了关于目标函数和约束函数的代理模型后,直接寻找代理模型上目标函数的最小值,即建立代理模型后,求解下列子优化问题:

$$\left.\begin{array}{l} \min \quad \widehat{y}(x) \\ \text{s.t.} \quad \widehat{g}_i(x) \geqslant 0, \quad i=1,2,\cdots,N_G \end{array}\right\} \qquad (6-105)$$

其中,N_G 是约束个数。采用梯度优化法、局部搜索算法、遗传算法等求解上述子优化问题,可得到代理模型上预测的目标函数最优解,对此最优解再进行精确数值模拟分析,并将结果作为新的样本数据,添加到现有样本数据集中,重新建立代理模型,直至整个优化过程收敛。

以某一维函数为例展示优化过程,优化模型描述如下:

$$\min f(x) = e^{-x} + \sin x + \cos(3x) + 0.2x + 1.0, \quad x \in [0.2, 6.0]$$

$$(6-106)$$

该函数含 3 个极小值,一个全局最优值。采用均匀设计方法生成 6 个初始样本点,代理模型采用 Kriging 模型。使用 MP 准则,寻找代理模型预测的最小值点并将其作为新的样本点加入样本集重新建立模型优化。优化加点过程如图 6-22 所示,其中实线表示真实的函数,虚线表示 Kriging 预测的函数。从该图看出,经过大致 5 轮加点,就已找到真实的全局最优值。

2. 期望改善准则

改善期望准则是 Jones[62] 等人于 1998 年提出的方法,也称为高效全局优化 (efficient global optimization,EGO) 方法。由于 Kriging 模型不仅提供了任意位置处函数的预测值,同时还提供了预测点的误差,EI 准则正是这两者有机结合的产物。它认为代理模型预测的响应值不是一个确定的值,而是一个随机变量 $Y(x)$,且服从均值为 $\hat{y}(x)$,标准差为 $s(x)$ 的正态分布,其概率密度函数如下:

$$pdf(Y(x)) = \frac{1}{\sqrt{2\pi}s(x)}\exp\left[-\frac{1}{2}\left(\frac{Y(x) - \hat{y}(x)}{s(x)}\right)^2\right] \quad (6-107)$$

设当前所有样本点中的最优真实目标函数值为 $y_{\min}$,则任意未知点 x 处 Kriging 预测值相对当前最优值的改进量为

$$I(x) = \begin{cases} y_{\min} - Y(x), & Y(x) < y_{\min} \\ 0, & Y(x) \geqslant y_{\min} \end{cases} \quad (6-108)$$

于是 $I(x)$ 的概率密度为

$$pdf(I(x)) = \frac{1}{\sqrt{2\pi}s(x)}\exp\left[-\frac{1}{2}\left(\frac{y_{\min} - I(x) - \hat{y}(x)}{s(x)}\right)^2\right] \quad (6-109)$$

$I(x)$ 的期望值可通过下式进行计算:

$$E[I(x)] = \int_0^{+\infty} I(x)f(I(x))\mathrm{d}I =$$

$$\begin{cases} (y_{\min} - \hat{y})\Phi\left(\frac{y_{\min} - \hat{y}}{s}\right) + s\phi\left(\frac{y_{\min} - \hat{y}}{s}\right), & s > 0 \\ 0, & s = 0 \end{cases} \quad (6-110)$$

式中,$\Phi(\cdot)$ 和 $\phi(\cdot)$ 分别表示标准正态累积分布函数和标准正态分布概率密度

函数。

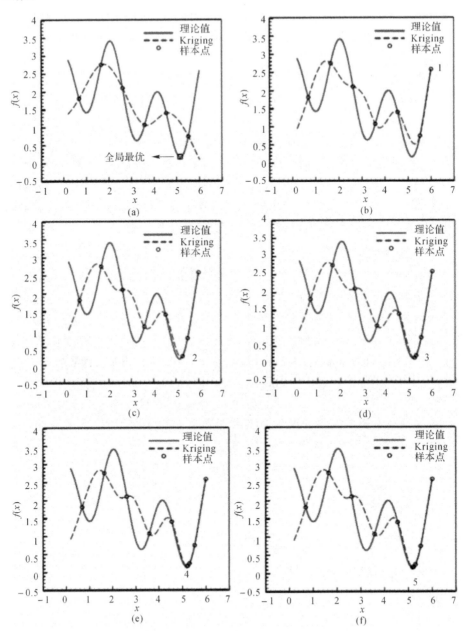

图 6-22　MP 准则进行一维函数优化加点过程[61]

(a)初始状态；　(b)加 1 个点后；　(c)加 2 个点后

(d)加 3 个点后；　(e)加 4 个点后；　(f)加 5 个点后

从 EI 的计算公式可以看出,它既考虑了代理模型的预测函数值也考虑了预测的误差。Torn 和 Zilinskas 定理[63]表明,对于一般的连续函数,想要找到它的全局最优解,其优化加点过程必须是"稠密"的。Locateli[64]证明在某些假设条件下,EI 加点准则是"稠密"的,也就是说在加入足够多的样本点情况下,EI 准则可以找到全局最优解。

以一维函数为例展示优化中的加点过程,优化模型描述如下:

$$\min f(x) = x + 6\sin(4x) + 9\cos(5x) , x \in [0.0, 9.0] \quad (6-111)$$

由拉丁超立方在区间[0.0, 9.0]内随机取样 5 个,接着通过 EI 准则不断地添加样本点。图 6-23 给出了 Kriging 模型结合 EI 加点准则的优化过程。图中的黑色虚线为真实函数(理论值),红色实线为 Kriging 预测的函数,绿色圆圈为样本点,蓝色点画线为 Kriging 模型预测的 EI 值。在优化过程中,寻找设计空间内 EI 最大值点并将其作为新的样本点加入样本集,重新建立代理模型重复这一步骤。经过 13 轮加点后,找到了全局最优解,且之后每次加点都加在最优点附近。

当存在约束 $g(x) > 0$ 时,约束函数跟目标函数一样也建立相应的 Kriging 模型,并也假定 $G(x)$ 服从均值为 $\hat{g}(x)$,标准差为 $s_g(x)$ 的正态分布,其中 $\hat{g}(x)$ 为 Kriging 预测值。于是 $G(x)$ 满足约束的概率如下:

$$P[G(x) >] = 1 - \Phi\left(-\frac{\hat{g}(x)}{s_g(x)}\right) \quad (6-112)$$

设 $G(x)$ 和 $Y(x)$ 为独立的随机变量,于是满足约束的 EI 值(CEI)如下:

$$E_c[I(x)] = E[I(x) \cap (G > 0)] = E[I(x)]P[G > 0] \quad (6-113)$$

其中,求解 $E[I(x)]$ 使用的 $y_{\min}$ 是满足约束的样本点中的最小目标函数值。若存在多个约束,则上式中每一个约束函数满足约束的概率相乘。于是,含约束的 EI 准则的优化目标函数转化为

$$\min \quad \text{CEI} = E_c[I(x)] = E[I(x)] \cdot \prod_{i=1}^{N_0} P_i[G_i > 0] =$$

$$E[I(x)] \prod_{i=1}^{N_0} \left[1 - \Phi\left(-\frac{\hat{g}_i(x)}{s_{g_i}(x)}\right)\right] \quad (6-114)$$

EI 准则是一种全局优化加点准则,具有全局收敛性,即使在初始样本点数很少或样本分布不佳的情况下,理论上只要通过不断加点,总可以找到全局最优解。但 EI 值的变化幅度较大,在样本点处 EI 值为 0,同时在样本点附近,由于数值误差的存在,EI 可能出现接近 0 的负数,这些都给 EI 的优化带来难度。EI 考虑了目标函数值和代理模型的误差,在真实全局最优解的附近加入了较多样本点后,真实最优解附近的 EI 可能会很小,而样本点稀疏的区域 EI 值可能较大,其他局部最优区域因目标函数值较小而 EI 值较大,后续加点大多处于样本点稀疏的区域或者其他局部最优区域。这样使得优化的收敛速度和收敛精度有

所降低。

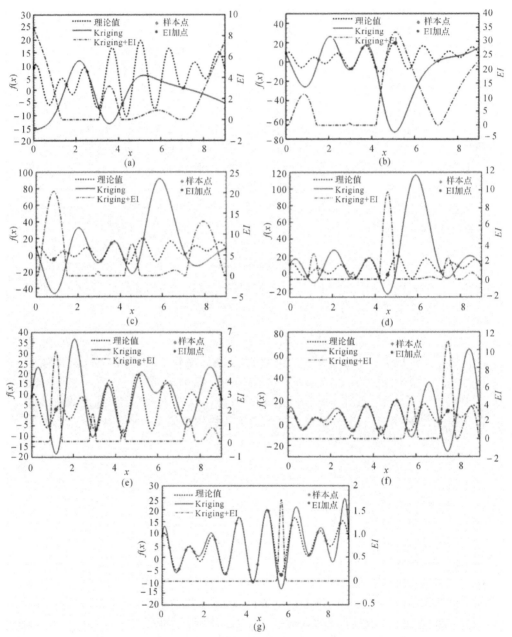

图 6-23　EI 准则进行一维函数优化加点过程

(a)初始状态；　(b)加 2 个点后；　(c)加 4 个点后；　(d)加 6 个点后；

(e)加 8 个点后；　(f)加 10 个点后；　(g)加 13 个点后

加点准则是基于 Kriging 模型的代理优化的重要组成部分,但每种加点准则都有各自的优缺点,如:MP 准则偏向于局部探索;EI 准则在全局和局部探索中都有很好的效果,但随着优化的进行,优化难度可能增加;MSE 准则偏重全局搜索,将多种加点准则混合使用,实现组合加点成为代理优化的发展趋势。

6.6 本 章 小 结

针对层流机翼气动优化问题,本章对整个气动优化设计方法体系所涉及的优化算法、几何外形参数化方法、CFD 计算网格变形方法以及代理模型进行了简单介绍。针对这些优化设计辅助技术给出了不同种类方法的基本原理、优缺点和使用范围。阐述了优化算法的基本概念和理论基础,包括将实际工程问题转化为优化设计的数学模型,给出最优解的适用条件,针对优化问题的数值解法和终止准则以及优化算法的具体分类。对于经典的优化算法,通常按照在优化过程中是否需要提供梯度信息分为梯度优化算法(又称间接法)和无梯度优化算法(又称直接法)。根据优化算法的分类,对经典优化算法和现代启发式优化算法分别选取两类极具代表性的优化算法,进行简要介绍。介绍了几何外形参数化方法,将气动设计中常用的参数化方法分为三类:几何外形生成类方法、解析函数叠加类方法和基础外形变形类方法。简要介绍了四种高效、鲁棒的网格变形方法,包括高效的无限插值网格变形方法,以高可信度为著称的径向基函数插值方法、旋转四元数插值方法,以及混合网格变形方法。最后,介绍包括多项式响应面模型、径向基函数和 Kriging 模型在内的常用代理模型,以及自适应更新代理模型的优化加点准则。

参 考 文 献

[1] 梁尚明,殷国富. 现代机械优化设计方法[M]. 北京:化学工业出版社,2005.

[2] 唐焕文,秦学志. 实用最优化方法[M]. 大连:大连理工大学出版社,2004.

[3] 陈立周. 机械优化设计方法[M]. 北京:冶金工业出版社,2005.

[4] 陈宝林. 最优化理论与算法[M]. 北京:清华大学出版社,2005.

[5] HICKS R M, HENNE P A. Wing design, by numerical optimization [J]. Journal of Aircraft, 1978,15(7):407 - 412.

[6] ONUR N. Application of Wagner functions in symmetrical airfoil design

[J]. Journal of Aircraft, 2012,34(2):259 - 261.

[7] SOBIECZKY H. Parametric airfoils and wings [M]. New York: Springer, 1999.

[8] BRAIBANT V, Fleury C. Shape optimal design using B-splines[J]. Computer Methods in Applied Mechanics and Engineering, 1984,44(3): 247 - 267.

[9] LEE C, KOO D, ZINGG D W. Comparison of B-spline surface and free - form deformation geometry control for aerodynamic optimization [J]. AIAA Journal, 2016,55(1):228 - 240.

[10] JÉ RIUML, LÉ M, et al. Optimized Nonuniform Rational B-Spline Geometrical Representation for Aerodynamic Design of Wings[J]. AIAA Journal, 2001,39(11):2033 - 2041.

[11] KULFAN B M. Universal parametric geometry representation method [J]. Journal of Aircraft, 2008,45(1):142 - 158.

[12] ALLEN C B, POOLE D J, RENDALL T C. Wing aerodynamic optimization using efficient mathematically-extracted modal design variables[J]. Optimization and Engineering, 2018,19(2):453 - 477.

[13] TOAL D J, BRESSLOFF N W, KEANE A J, et al. Geometric filtration using proper orthogonal decomposition for aerodynamic design optimization[J]. AIAA Journal, 2010,48(5):916 - 928.

[14] POOLE D J, ALLEN C B, RENDALL T. High-fidelity aerodynamic shape optimization using efficient orthogonal modal design variables with a constrained global optimizer[J]. Computers & Fluids, 2017 (143):1 - 15.

[15] SEDERBERG T W, PARRY S R. Free-form deformation of solid geometric models[J]. ACM SIGGRAPH Comput Graph, 1986,20(4): 151 - 160.

[16] COQUILLART S. Extended free-form deformation: a sculpturing tool for 3D geometric modeling[J]. ACM SIGGRAPH Comput Graph, 1990,24(4):187 - 196.

[17] LAMOUSIN H J, WAGGENSPACK JR W N. NURBS-based free-form deformations[J]. IEEE Computer Graphics and Applications, 1994(6):59 - 65.

[18] MORRIS A M, ALLEN C B, RENDALL T C. Domain-element

method for aerodynamic shape optimization applied to modern transport wing[J]. AIAA Journal, 2009,47(7):1647 - 1659.

[19] CHEN S, LYU Z, KENWAY G K W, et al. Aerodynamic Shape Optimization of Common Research Model Wing-Body-Tail Configuration[J]. Journal of Aircraft, 2016,53(1):276 - 293.

[20] POOLE D J, ALLEN C B, RENDALL T. Free-Form Aerodynamic Wing Optimization Using Mathematically-Derived Design Variables [C]//16th AIAA/ISSMO Multidisciplinary Analysis and Optimization Conference, 2015.

[21] MELIN T. Parametric Airfoil Catalog [D]. Linköping: Linköping University, 2013.

[22] MASTERS D A, TAYLOR N J, RENDALL T C S, et al. Geometric comparison of aerofoil shape parameterization methods [J]. AIAA Journal, 2017,55(5):1 - 15.

[23] SRIPAWADKUL V, PADULO M, GUENOV M. A comparison of airfoil shape parameterization techniques for early design optimization [C]//13th AIAA/ISSMO multidisciplinary analysis optimization conference, 2010.

[24] MASTERS D A, TAYLOR N J, RENDALL T, et al. Multilevel subdivision parameterization scheme for aerodynamic shape optimization [J]. AIAA Journal, 2017:3288 - 3303.

[25] SOBESTER A. Four suggestions for better parametric geometries [C]//10th AIAA Multidisciplinary Design Optimization Conference, 2014.

[26] HEATHCOTE J. Flexible flapping airfoil propulsion at zero freestream velocity[J]. AIAA Journal, 2004, 42 (11):2196 - 2204.

[27] THOMPSON J F, SONI B K, WEATHERILL N P. Handbook of Grid Generation[M]. Florida:CRC Press, 1999.

[28] DE BOER A, Van Der Schoot M S, Bijl H. Mesh Deformation Based On Radial Basis Function Interpolation[J]. Computers & Structures, 2007, 85(11): 784 - 795.

[29] MARUYAMA D, BAILLY D, CARRIER G. High quality mesh deformation using quaternions for orthogonality preservation[J]. AIAA Journal, 2014, 52(12):2712 - 2729.

[30] LIU X，QIN N，XIA H. Fast dynamic grid deformation based on delaunay graph mapping[J]. Journal of Computational Physics，2006，2(211)：405－423.

[31] JOHN T Batina. Unsteady Euler airfoil using unstructured dynamic meshes[J]. AIAA Journal，1990，8(28)：1381－1388.

[32] 张来平，邓小刚，张涵信.动网格生成技术及非定常计算方法进展综述[J].力学进展，2010，40(4)：424－447.

[33] LUKE E，COLLINS E，BLADES E. A fast mesh deformation method using explicit interpolation[J]. Journal of Computational Physics，2012，231(2)：586－601.

[34] UYTTERSPROT L. Inverse distance weighting mesh deformation[D]. Delft：Delft University of Technology，2014.

[35] GAITONDE A N N，FIDDES S. A moving mesh system for the calculation of unsteady flows[C]//31st Aerospace Sciences Meeting，1993.

[36] GAITONDE A. A dual-time method for the solution of the 2D unsteady Navier－stokes equations on structuredmoving meshes[R]. Reston：AIAA，1995.

[37] GAITONDE A L，FIDDES S P. Three-dimensional moving mesh method for the calculation of unsteady transonic flows[C]//13th Applied Aerodynamics Conference，1995.

[38] SMITH R. E. Transfinite Interpolation(TFI) generation systems[M]. Florida：CRC Press，1999.

[39] WENDLAND H. On the smoothness of positive definite and radial functions[J]. Computational and Applied Mathematics，1999，101(1)：177－188.

[40] SAMAREH J A. Application of quaternions for mesh deformation[R]. Washington：NASA，2002.

[41] 刘艳.连续变弯度后缘机翼静气动弹性分析及优化设计[D]. 西安：西北工业大学，2016.

[42] 刘南. 机翼跨声速非线性颤振及高效分析方法研究[D]. 西安：西北工业大学，2016.

[43] MYERS R H，Montgomery D C. Response surface methodology：process and product optimization using designed experiments[M]. New

York：Wiley，1995.

[44] SACKS J，WELCH W J，MITCHELL T J，et al. Design and analysis of computer experiments[J]. Statistical Science，1989：409 – 423.

[45] 阎平凡，张长水. 人工神经网络与模拟进化计算[M]. 北京：清华大学出版社，2005.

[46] MOODY J，DARKEN C J. Fast learning in networks of locally – tuned processing units[J]. Neural Computation，1989，1(2)：281 – 294.

[47] GIBBS M N. Bayesian Gaussian processes for regression and classification[D]. Cambridge：University of Cambridge，1998.

[48] KRIGE D G. A statistical approach to some basic mine valuation problems on the Witwatersrand[J]. Journal of the Southern African Institute of Mining and Metallurgy，1951，52(6)：119 – 139.

[49] GIUNTA A，WOJTKIEWICZ S，ELDRED M. Overview of modern design of experiments methods for computational simulations[C]//41st Aerospace Sciences Meeting and Exhibit，2003.

[50] SIMPSON T，MISTREE F，KORTE J，et al. Comparison of response surface and kriging models for multidisciplinary design optimization [C]// 7th AIAA/USAF/NASA/ISSMO Symposium on Multidisciplinary Analysis and Optimization，1998.

[51] JIN Y. A comprehensive survey of fitness approximation in evolutionary computation[J]. Soft Computing，2005，9(1)：3 – 12.

[52] SACKS J，WELCH W J，MITCHELL T J，et al. Design and analysis of computer experiments[J]. Statistical Science，1989：409 – 423.

[53] HAN Z H，GÖRTZ S，ZIMMERMANN R. Improving variable-fidelity surrogate modeling via gradient-enhanced kriging and a generalized hybrid bridge function[J]. Aerospace Science and Technology，2013，25(1)：177 – 189.

[54] HAN Z，ZIMMERMAN R，GÖRTZ S. Alternative cokriging method for variable-fidelity surrogate modeling[J]. AIAA Journal，2012，50(5)：1205 – 1210.

[55] CHUNG H S，ALONSO J. Using gradients to construct cokriging approximation models for high-dimensional design optimization problems[C]. 40th AIAA Aerospace Sciences Meeting & Exhibit，2002.

[56] HAN Z H, GOERTZ S, ZIMERMANNR R. Improving variable-fidelity surrogate modeling via gradient-enhanced kriging and a generalized hybrid bridge function [J]. Aerospace Science and Technology, 2013,25(1): 177 - 189.

[57] FORRESTER A I, KEANE A J, BRESSLOFF N W. Design and analysis of "Noisy" computer experiments[J]. AIAA Journal, 2006, 44 (10): 2331 - 2339.

[58] JOSEPH V R, HUNG Y, SUDJIANTO A. Blind kriging: a new method for developing metamodels[J]. Journal of Mechanical Design, 2008, 130(3): 031102.

[59] KOCH P N, SIMPSON T W, ALLEN J K, et al. Statistical approximations for multidisciplinary design optimization: the problem of size[J]. Journal of Aircraft, 1999, 36(1): 275 - 286.

[60] FORRESTER A I J, KEANE A J. Recent advances in surrogate-based optimization[J]. Progress in Aerospace Sciences, 2009, 45(1 - 3): 50 - 79.

[61] 刘俊. 基于代理模型的高效气动优化设计方法及应用[D]. 西安:西北工业大学, 2015.

[62] JONES D R, SCHONLAU M, WELCH W J. Efficient global optimization of expensive black - box functions[J]. Journal of Global optimization, 1998, 13(4): 455 - 492.

[63] TORN H, ZILINSKAS A. Global optimization[M]. Berlin: Springer, 1987.

[64] LOCATELLI M. Bayesian algorithms for one-dimensional global optimization[J]. Journal of Global Optimization, 1997, 10(1):57 - 76.

第7章
层流机翼气动设计与收益评估

7.1 引　　言

对于大型客机,层流流动控制技术的使用会带来包括显著提高巡航升阻比、减小起飞总重、减少排放等诸多收益,同时也会付出一定的代价,如混合层流控制技术吸气装置的重量惩罚,吸气控制带来的额外功率消耗等。层流流动减阻控制方法的工程转化,需要从工程应用角度阐明层流流动控制减阻技术的使用条件、收益和代价之间的关联性。本章针对典型大型客机,借助最优设计理论进行自然/混合层流机翼气动优化设计,揭示具有较好综合气动性能的自然/混合层流机翼气动设计特点及原理。从总体设计角度对混合层流控制技术的收益进行了量化的综合评估,阐明了混合层流控制技术的优化设计思路。

7.2　自然层流机翼设计与气动特性分析

7.2.1　自然层流机翼设计模型

针对类 C919 量级的民用客机,进行自然层流超临界机翼气动优化设计。基于如图 7-1 所示的翼身组合体构型进行多点气动优化设计,机翼前缘后掠角为 20°,利用经修形设计的旋成体模拟机身。翼身组合体构型几何参数见表 7-1,机翼参考面积 164 m^2,参考弦长 4.65 m,半展长 19.1 m。巡航点设计状态见表 7-2,马赫数 $Ma=0.78$,升力系数 $C_L=0.46$,雷诺数 $Re=2.0\times10^7$。

采用的层流机翼气动优化设计系统包含几何参数化模块、网格变形模块、流场求解模块、转捩预测模块以及优化算法模块。其中层流机翼几何参数化使用 FFD 参数化方法,网格变形技术使用基于径向基函数的动网格方法,流场求解模块使用基于 RANS 方法的 CFD 求解器,转捩预测模块使用 e^N 方法。理论上,e^N 法的转捩阈值 N 需要在给定条件下(温度、湍流度、物面光洁度等),通过风洞或者飞行试验进行标定。虽然本书第 5 章中在风洞试验环境下对 e^N 法的转捩阈值进行了标定,但是本章的气动设计是在民用客机真实巡航飞行条件下开展的。因此,风洞环境下标定的转捩阈值在飞行条件下并不完全适用。借鉴国内外研究成果,在飞行条件下将 e^N 法的转捩阈值设定 $N_{TS}=12$,$N_{CF}=10$。采用 SA 湍流模型。图 7-2(a)给出了针对层流机翼的 FFD 控制框的布置形式,共计 55 个几何设计变量。CFD 计算网格利用嵌套网格生成技术,网格量 402 万,表面网格如图 7-2(b)所示。

图 7-1 翼身组合体构型

表 7-1 构型几何信息

几何参数	数 值
半展长/m	19.1
平均气动弦长/m	4.65
半模机翼参考面积/m²	164.0
前缘后掠角/(°)	20.0
后缘后掠角/(°)	14.0
翼根弦长/m	6.96
翼稍弦长/m	2.18
根梢比	3.19
展弦比	8.9

表 7-2 优化设计状态

马赫数	雷诺数	升力系数
0.78	2.0×10^7	0.46

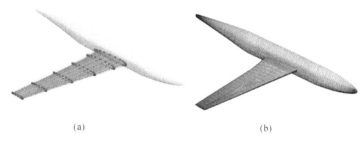

(a)   (b)

图 7-2　机翼 FFD 控制框及计算表面网格

(a) FFD 控制框；　(b) 表面网格

优化目标为巡航点 $Ma=0.78, C_L=0.46$ 阻力系数最小，兼顾 $Ma=0.8$ 的阻力发散特性，考虑剖面翼型厚度约束以及低头力矩约束。在大型客机机翼上应用层流流动控制技术，需要采用 Krueger 襟翼这种特殊的增升装置系统。Krueger 襟翼以牺牲机翼下翼面的方式保证上翼面形面的光滑连续。因此，进行层流机翼气动设计时，仅仅考虑上翼面层流区的变化，下翼面按全湍流流动处理。优化数学模型为

$$\left.\begin{array}{ll} \min & (C_D)_{Ma=0.78} \\ \text{s. t.} & C_L=0.46 \\ & |\,(C_D)_{Ma=0.8}-(C_D)_{Ma=0.78}\,| \leqslant 20 \text{ counts} \\ & \bar{t}_i \geqslant 0.96\bar{t}_{i0}, \quad i=1,2,3,4,5 \\ & |\,(C_M)_{Ma=0.78}\,| \leqslant 1.05\,|\,(C_{M0})_{Ma=0.78}\,| \end{array}\right\} \qquad (7-1)$$

7.2.2　自然层流机翼减阻原理与气动特性分析

表 7-3 给出了优化设计前后，设计点气动阻力系数对比。相比初始构型，设计构型气动阻力系数减小了 7 counts，降低了 3.56%。图 7-3 给出了设计点处，初始构型与优化构型的翼型、压力分布以及转捩位置对比，图 7-4 给出了初始构型与优化构型上翼面的间歇因子分布对比图。结果显示，设计构型内翼段层流区长度明显增加，展向 20%b 站位处的转捩位置从初始构型的机翼前缘推迟到近 50% 弦长位置。中外翼的转捩位置与初始构型相当。

表 7-3　$Ma=0.78, C_L=0.46$ 优化设计前后气动特性对比

构　型	C_L	C_D
初始构型	0.46	0.019 64
优化型	0.46	0.018 94
$\Delta\%$	—	3.56%

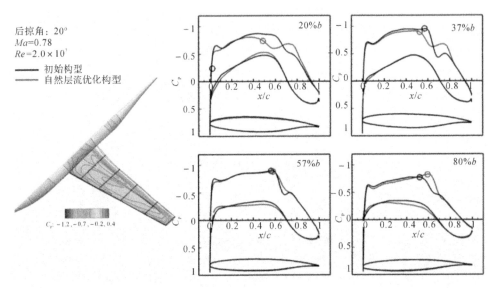

图 7-3 $Ma=0.78,C_L=0.46$ 初始构型和优化构型翼型、压力分布和转捩位置对比

（符号"○"表示转捩位置）

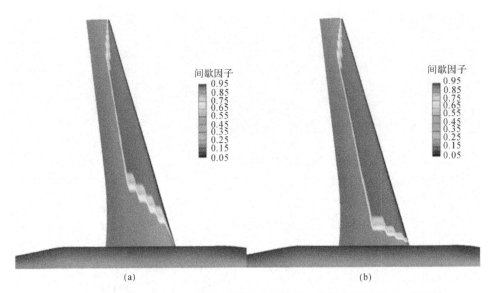

图 7-4 $Ma=0.78,C_L=0.46$ 初始构型和优化构型上翼面表间歇因子分布对比

（间歇因子代表流动中湍流所占比例，0 代表全层流，1 代表全湍流）

（a）初始构型；　（b）优化设计构型

图 7-5 和图 7-6 给出的展向 20%b 和 57%b 站位处 TS 波以及 CF 涡放大因子曲线包络线的对比结果表明,内翼段层流区明显延长的原因在于转捩机制由初始构型的 CF 扰动波失稳转变为设计构型的激波强制转捩。外翼段除了翼梢附近区域,转捩机制均为激波导致的转捩。

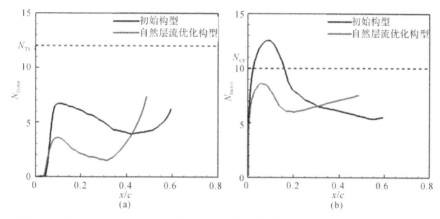

图 7-5　$Ma=0.78, C_L=0.46$ 时 20%b 站位处剖面扰动波放大因子包络线对比图
(a)TS 波；　(b)CF 涡

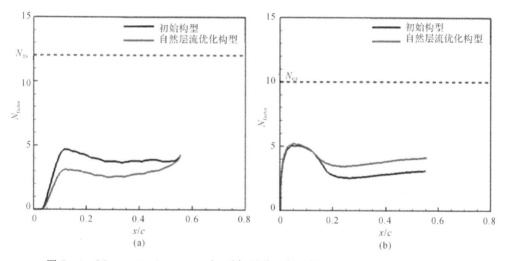

图 7-6　$Ma=0.78, C_L=0.46$ 时 57%b 站位处剖面扰动波放大因子包络线对比图
(a)TS 波；　(b)CF 涡

图 7-7 给出 $Ma=0.80, C_L=0.46$ 初始构型与优化构型的压力分布以及转捩位置对比。高马赫数下,层流超临界机翼上翼面激波位置后移,由设计点状态

下的 60％弦长附近后移至 80％弦长附近,机翼各剖面头部峰值略有降低,峰值之后的顺压力梯度明显增大。同时,中外翼转捩位置明显后移。相比设计点 $Ma＝0.78$,在 $Ma＝0.80$ 条件下,中外翼转捩位置显著后移的物理机理在于该位置处的转捩机制均为激波诱导转捩。图 7-8 给出的展向 57％b 站位处 TS 波和 CF 涡放大因子包络线的对比图显示,激波之前 TS 波以及 CF 涡的发展均未达到转捩阈值。因此,随着激波后移,层流区长度相应增大。层流区的延长有利于降低高马赫数下的气动阻力,改善层流超临界机翼的阻力发散特。图 7-9 显示设计结果具有较好的阻力发散特性。

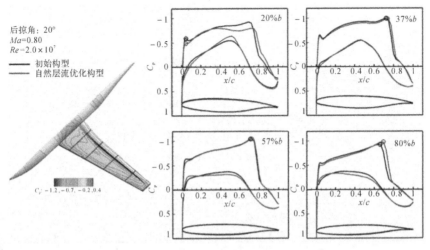

图 7-7 $Ma＝0.80,C_L＝0.46$ 初始构型和优化构型压力分布和转捩位置对比

(符号"○"表示转捩位置)

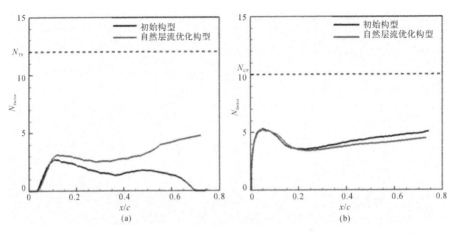

图 7-8 $Ma＝0.80,C_L＝0.46$ 时 57％b 站位处剖面扰动波放大因子包络线对比图

(a)TS 波; (b)CF 涡

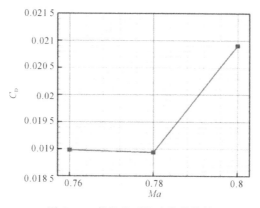

图 7 - 9　优化构型阻力发散特性

7.3　混合层流机翼设计与气动特性分析

7.3.1　混合层流机翼设计模型

采用 7.2 节给出的类似 C919 量级的民用客机翼身组合体构型以及优化设计方法,进行混合层流超临界机翼气动外形优化设计。但是机翼前缘后掠角从20°增大到 25°,其他参数不变。除了几何设计变量,还引入表征吸气控制强度的吸气系数 C_q 作为新的设计变量。机翼前缘 0～20％弦长范围内进行吸气控制。吸气控制区域的划分及设计变量的分布如图 7 - 10 所示,展向分为 6 段(从翼根到翼梢用 S1 至 S6 标记),弦向均匀分为 4 段(从机翼前缘开始用 C1～C4 标记),共 24 个,具有独立吸气控制系数 C_q 的吸气控制区域。

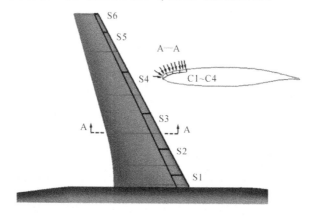

图 7 - 10　吸气控制区域划分示意图

基于两种不同设计点进行自然以及混合层流超临界机翼的优化设计,通过对比阐述混合层流控制技术的应用对层流超临界机翼气动设计特点的影响,给出混合层流超临界机翼的气动设计理论。设计问题一是自然层流超临界机翼优化设计,优化目标为巡航点 $Ma=0.78$,$C_L=0.46$,气动阻力系数最小。设计问题二是混合层流超临界机翼优化设计,优化目标为巡航点 $Ma=0.78$,$C_L=0.46$,气动阻力系数与吸气控制系数的权重之和最小。设计问题三是混合层流超临界机翼优化设计,优化目标为巡航点 $Ma=0.78$,$C_L=0.53$,气动阻力系数与吸气控制系数权重之和最小。这三种不同设计问题的设计约束都包括剖面翼型厚度约束以及低头力矩约束。除此之外,优化问题二和三还添加了 $Ma=0.8$ 的阻力发散特性约束。自然／混合层流超临界机翼气动优化设计仅仅考虑上翼面层流区的变化,下翼面按全湍流流动处理。

设计问题一的优化数学模型为

$$\left.\begin{array}{ll} \min & (C_D)_{Ma=0.78} \\ \text{s.t.} & C_L=0.46 \\ & \bar{t}_i \geqslant 0.96\bar{t}_{i0}, \quad i=1,2,3,4,5 \\ & |(C_M)_{Ma=0.78}| \leqslant 1.05 |(C_{M0})_{Ma=0.78}| \end{array}\right\} \quad (7-2)$$

设计问题二的优化数学模型为

$$\left.\begin{array}{ll} \min & k_1(C_D)_{Ma=0.78}+k_2\left|\sum_{i=1}^{24}C_{q_i}\right| \\ \text{s.t.} & C_L=0.46 \\ & |(C_D)_{Ma=0.8}-(C_D)_{Ma=0.78}| \leqslant 20 \text{ counts} \\ & \bar{t}_i \geqslant 0.96\bar{t}_{i0}, \quad i=1,2,3,4,5 \\ & |(\boldsymbol{C}_M)_{Ma=0.78}| \leqslant 1.05 |(C_{M0})_{Ma=0.78}| \end{array}\right\} \quad (7-3)$$

设计问题三的优化数学模型为

$$\left.\begin{array}{ll} \min & k_1(C_D)_{Ma=0.78}+k_2\left|\sum_{i=1}^{24}C_{q_i}\right| \\ \text{s.t.} & C_L=0.53 \\ & |(C_D)_{Ma=0.8}-(C_D)_{Ma=0.78}| \leqslant 20\text{counts} \\ & \bar{t}_i \geqslant 0.96\bar{t}_{i0}, \quad i=1,2,3,4,5 \\ & |(C_M)_{Ma=0.78}| \leqslant 1.05 |(\boldsymbol{C}_{M0})_{Ma=0.78}| \end{array}\right\} \quad (7-4)$$

式中,权重系数 $k_1=3$,$k_2=1$。

7.3.2 混合层流机翼减阻原理与气动特性分析

表7-4给出了优化设计前后设计点处,设计问题一和设计问题二的气动特性对比。相比初始构型(初始构型无吸气控制),自然层流机翼设计构型气动阻力系数减小了16.2 counts,降低7.78%,混合层流机翼设计构型气动阻力减小了20.5 counts,降低9.85%。

表7-4 $Ma=0.78,C_L=0.46$,优化设计前后气动特性对比

构　型	初始构型	自然层流设计构型	混合层流设计构型
C_L	0.46	0.46	0.46
C_D	0.020 82	0.019 20	0.018 77
ΔC_D	—	7.78%	9.85%

图7-11给出了$Ma=0.78,C_L=0.46$初始构型、自然层流设计构型以及混合层流设计构型的翼型、压力分布以及转捩位置对比,图7-12给出了各构型上翼面间歇因子分布对比图。结果显示,相比初始构型,自然层流机翼设计构型的层流区得到了显著延长,中段翼转捩点均推迟到激波位置附近,达到55%～60%弦长。压力分布对比表明,自然层流设计构型应适当降低头部峰值,峰值之后形成小范围的逆压力梯度的方式抑制CF波在机翼头部附近的快速发展,之后维持梯度大小适宜的顺压力梯度抑制TS波的发展。显然,自然层流设计构型通过改变压力分布形态特征,抑制TS波以及CF涡不稳定扰动波的发展,推迟转捩。

对于带有尖梢比的三维机翼,从翼根到翼梢,各剖面的当地雷诺数随着当地弦长的减小而不断降低。三维机翼具有的平面形状几何特征引起的机翼剖面当地雷诺数变化的现象,显著影响着自然层流超临界机翼压力分布形态特征沿机翼展向的变化。转捩位置对比图以及图7-13给出的展向20%b站位的扰动波放大因子曲线的包络线显示,内翼段具有最大的当地雷诺数,这显著加快了扰动波的发展,通过形面设计改变压力分布特征已无法有效抑制不稳定扰动波的发展。相比之下,混合层流机翼设计构型借助吸气控制,在机翼前缘附近将不稳定扰动波抑制在转捩阈值之下。最终,混合层流设计构型整个上翼面都能维持60%弦长范围左右的层流区。因此$Re=20\times10^6$条件下,当机翼前缘后掠角增大到25°时,凭借自然层流控制技术已经难以在整个翼面上维持可观、稳定的层流段。

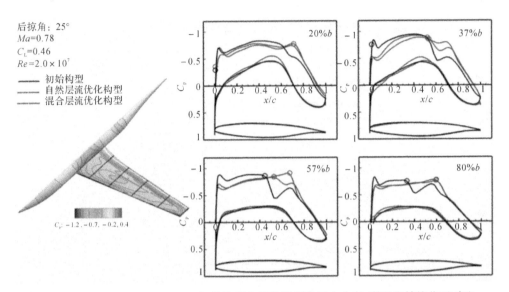

后掠角：25°
$Ma=0.78$
$C_L=0.46$
$Re=2.0\times10^7$

——初始构型
——自然层流优化构型
——混合层流优化构型

C_P $-1.2, -0.7, -0.2, 0.4$

图 7-11　$Ma=0.78, C_L=0.46$，初始构型和设计构型的压力分布、翼型和转捩位置对比
（符号"○"表示转捩位置）

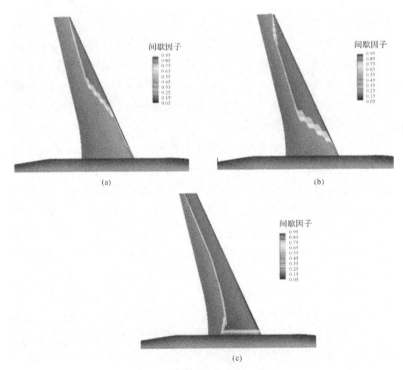

图 7-12　$Ma=0.78, C_L=0.46$，初始构型和优化构型上翼面间歇因子分布对比
（a）初始构型；　（b）自然层流设计构型；　（c）混合层流设计构型

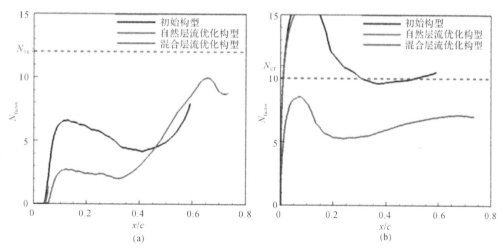

图 7-13　$Ma=0.78,C_L=0.46$ 时,20%b 站位处剖面扰动波放大因子包络线对比图
(a)TS波；　(b)CF 涡

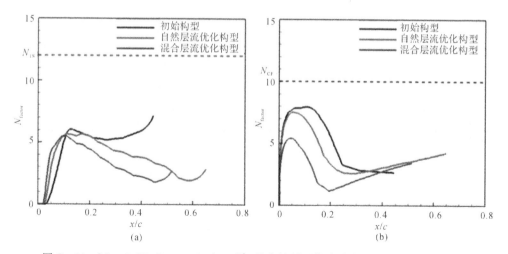

图 7-14　$Ma=0.78,C_L=0.46$ 时,57%b 站位处剖面扰动波放大因子包络线对比图
(a) TS波；　(b) CF 涡

　　图 7-15 给出了混合层流机翼设计构型吸气控制系数 C_q 的分布情况。展向方向,吸气控制强度 C_q 从翼根向翼梢近似以递减趋势变化。剖面压力分布形态特征在展向方向的渐变以及机翼剖面当地雷诺数沿展向逐步减小的变化趋势,是造成这一现象的主要原因。各展向站位处吸气控制系数 C_q 在 C1 和 C4 区域内较大,弦向方向普遍呈现类"凹"形吸气控制分布。

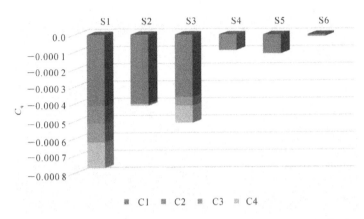

图 7 - 15　C_L＝0.46 混合层流设计构型吸气控制系数 C_q 分布图

　　图 7 - 16 给出了 Ma＝0.80，C_L＝0.46 初始构型与混合层流设计构型的压力分布以及转捩位置对比，图 7 - 17 给出了对应设计构型上翼面间歇因子分布图。高马赫数下，层流超临界机翼上翼面激波位置由设计点状态下的 60% 弦长附近后移至 80% 弦长附近，机翼头部峰值之后的逆压力梯度变小甚至消失，顺压力梯度显著增大。压力分布形体特征的变化不利于对 TS 以及 CF 扰动波的抑制。但是，凭借强度适宜的吸气控制，整个混合层流设计构型上翼面的转捩位置基本稳定在激波位置附近，导致转捩的物理机制为激波诱导转捩，如图 7 - 18 所示。图 7 - 19 显示，混合层流设计结果具有较好的阻力发散特性。

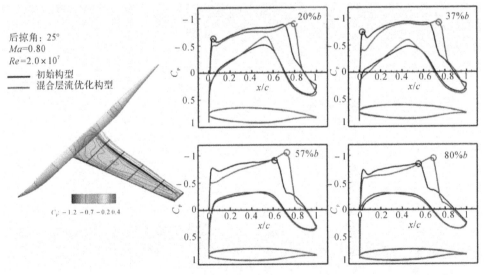

图 7 - 16　Ma＝0.8，C_L＝0.46 初始构型和混合层流优化构型的压力分布、翼型和转捩位置对比

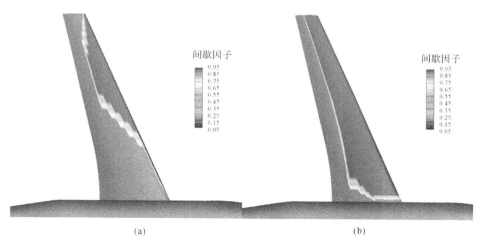

(a)   (b)

图 7 - 17　$Ma=0.80, C_L=0.46$ 时,初始构型和优化构型上翼面间歇因子分布对比

(a)初始构型;　(b)混合层流设计构型

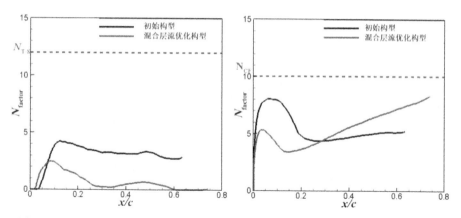

图 7 - 18　$Ma=0.80, C_L=0.46$ 时,$57\%b$ 站位处剖面扰动波放大因子包络线对比图

(a)TS 波;　(b)CF 涡

　　表 7 - 5 给出了设计升力系数提高到 0.53,优化设计前后设计点气动特性对比。相比初始构型(初始构型无吸气控制),混合层流设计构型气动阻力系数减小了 23.2 counts,降低 9.72%。图 7 - 20 给出了设计点为 $Ma=0.78, C_L=0.53$ 时初始构型和混合层流设计构型的翼型、压力分布以及转捩位置对比,图 7 - 21 给出了各构型上翼面间歇因子分布对比图。图 7 - 22 和图 7 - 23 所示为不同展向站位处剖面扰动波放大因子包络线对比图。结果显示,初始构型仅仅在外翼中段有较为明显的层流段,导致层流转捩的物理机制为 CF 扰动波在机

翼头部附近快速失稳。相比之下,混合层流设计构型在整个翼面上都能维持
50%~62%弦长范围的层流区。随着设计升力系数从 0.46 提高到 0.53,机翼
各剖面压力分布的头部峰值都有显著提高。但是依旧保留了部分有利于混合层
流机翼气动减阻的压力分布形态特征,即峰值之后为小范围的逆压力梯度,接着
为梯度大小适宜的顺压力梯度。设计升力系数的提高以改变机翼压力分布形态
的方式,影响层流机翼的层流保持以及气动减阻能力。

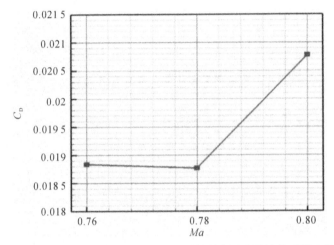

图 7-19   设计点为 $Ma=0.78,C_L=0.46$ 时的混合层流设计构型阻力发散特性

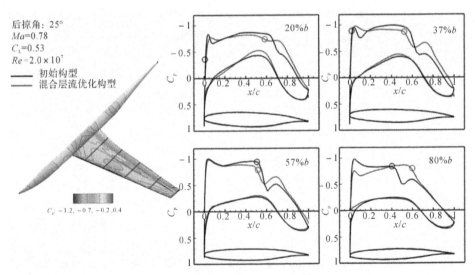

图 7-20 $Ma=0.78,C_L=0.53$ 时,初始构型、混合层流优化构型压力分布、翼型、转捩位置对比

表 7 - 5　$Ma=0.78,C_L=0.53$ 优化设计前后气动特性对比

构　型	C_L	C_D
初始构型	0.53	0.023 86
混合层流优化构型	0.46	0.021 54
$\Delta\%$	——	9.72%

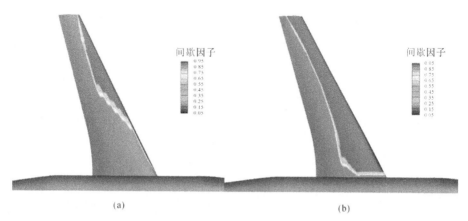

(a)　　　　　　　　　　　　　　　(b)

图 7 - 21　$Ma=0.78,C_L=0.53$ 初始构型和优化构型上翼面间歇因子分布对比
(a)初始构型；　(b)混合层流设计构型

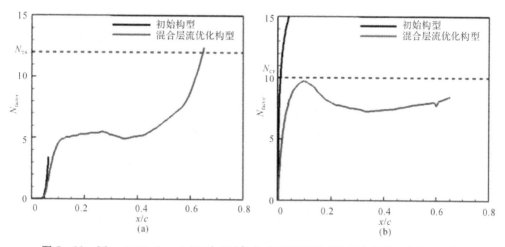

图 7 - 22　$Ma=0.78,C_L=0.53$ 时,$20\%b$ 站位处剖面扰动波放大因子包络线对比图
(a)TS 波；　(b)CF 涡

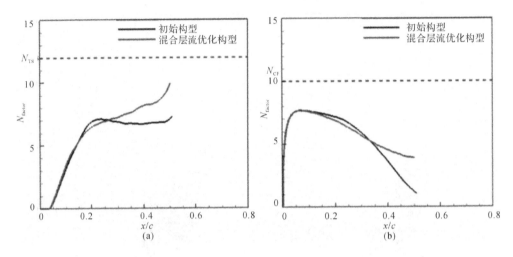

图 7-23　$Ma=0.78, C_L=0.53$ 时,57％b 站位处剖面扰动波放大因子包络线对比图

(a)TS 波；　(b)CF 涡

图 7-24 给出的混合层流设计构型吸气系数 C_q 的分布图表明,设计升力系数从 0.46 提高到 0.53,吸气控制强度的分布趋势没有发生本质变化。展向方向,内翼段所需的吸气控制强度明显大于外翼段。$C_L=0.53$ 时内翼段 S1 区域吸气系数明显小于 $C_L=0.46$ 设计结果,相应地,该位置处层流段长度较短。弦向方向,各展向站位处吸气控制系数普遍在 C1 区域内较大。

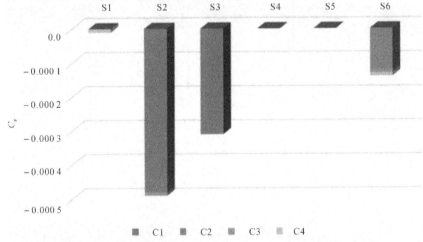

图 7-24　$C_L=0.53$ 时,混合层流设计构型吸气控制系数 C_q 分布图

图 7 - 25 给出了 $Ma=0.80$,$C_L=0.53$ 时,初始构型与混合层流设计构型的压力分布以及转捩位置对比,图 7 - 26 给出了对应构型上翼面间歇因子分布图。同样,当马赫数增大到 0.80 时,层流超临界机翼上翼面激波位置由设计点状态的 60% 弦长附近后移至 80% 弦长附近。相比设计点状态,层流区长度有 5% ~ 10% 弦长的增大,这导致转捩的机制为 CF 扰动涡失稳,如图 7 - 27 所示。由图 7 - 28 可知,设计结果具有较好的阻力发散特性。

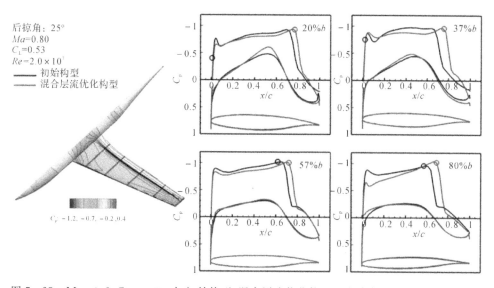

图 7 - 25 $Ma=0.8$,$C_L=0.53$ 时,初始构型、混合层流优化构型压力分布、翼型、转捩位置对比

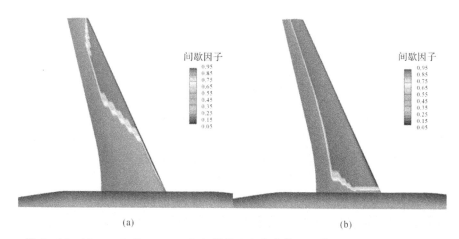

图 7 - 26 $Ma=0.8$,$C_L=0.53$ 时,初始构型和优化构型上翼面间歇因子分布对比
(a)初始构型; (b)混合层流设计构型

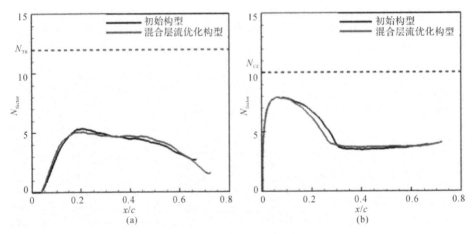

图 7-27　$Ma=0.80,C_L=0.53$ 时,57%b 站位处剖面扰动波放大因子包络线对比图
(a)TS 波;　(b)CF 涡

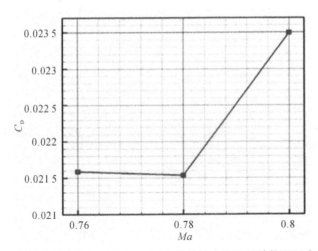

图 7-28　设计点为 $Ma=0.78,C_L=0.53$ 时的混合层流设计构型阻力发散特性

7.4　混合层流控制技术收益评估与影响分析

混合层流控制技术对大型客机巡航效率的影响主要体现在三个方面:
HLFC 系统自重带来重量惩罚,增大客机运行空机重量;混合层流控制显著减小飞机巡航阻力,极大地提高巡航升阻比;HLFC 吸气功率消耗带来的飞机燃油消耗率 SFC 的增加。

T. M. Young 等人[1]对采用 HLFC 技术的大型客机的综合性能进行了大量研究,提出了相应的收益评估模型。针对类 C919 窄体客机和类 A330 - 200 宽体客机(见表 7 - 6),采用本章参考文献[1]中的估算模型对 HLFC 技术的使用带来的收益进行评估。

表 7 - 6 类 C919 窄体客机和类 A330 - 200 宽体客机总体参数

参 数	类 C919 窄体客机	类 A330 - 200 宽体客机
设计商载 M_P/kg	15 920	24 035
设计燃油重量 M_F/kg	19 280	85 765
使用空机 M_{OE}/kg	42 100	119 600
单位耗油率(SFC)/(L·h^{-1})	0.522	0.584
巡航马赫数 Ma	0.785	0.82
航程 R_0/km	5 555	11 800

表 7 - 7 给出了 HLFC 技术系统参数以及收益评估结果对比(假设类 C919 窄体客机和类 A330 - 20 宽体客机的初始巡航升阻比分别为 17 和 18.5)。从结果中我们可以看出,对于宽体客机 A330 - 200,HLFC 系统的重量和泵功率都较大,但 HLFC 系统收益也较大,航程增加 1 240 km,提升了 10.51%。对于窄体客机 C919,层流收益不明显,航程仅增加 242 km,提升了 4.36%。

表 7 - 7 类 C919 窄体客机与类 A330 - 200 宽体飞机 HLFC 技术收益对比

参 数	类 C919 窄体客机	类 A330 - 200 宽体客机
M_{HLFC}/kg	688	2041
P_{pump}/kW	126.3	258.2
$\Delta SFC/SFC$	0.86%	1.69%
ΔK	2	3
ΔR/km	242	1240
$\Delta R/R_0$	4.36%	10.51%

为了揭示 HLFC 系统参数对混合层流收益(航程)的影响规律,对 HLFC 系统包括 M_{HLFC},P_{pump} 和 K 在内的关键参数进行参数影响分析。

图 7 - 29 给出了类 C919 窄体客机的 HLFC 系统参数对航程增量的影响。图 7 - 29(a)基于表 7 - 7 的评估结果,分别以 $K=19$,$P_{pump}=126.3$ kW,$M_{HLFC}=$

688 kg 截取了三个截面,截面交点(图中的红色球形点)即为表 7-7 中评估的航程收益结果,以该点为参数影响分析的基准点。图 7-29(b)(c)(d)分别代表了三个截取平面。

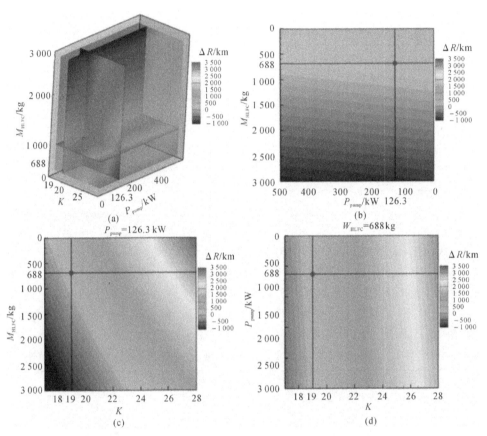

图 7-29 类 C919 窄体客机 HLFC 系统参数影响分析

(a)K,P_{pump},M_{HLFC}对航程的影响; (b)P_{pump},M_{HLFC}对航程的影响

(c)K,M_{HLFC}对航程的影响; (d)K,P_{pump}对航程的影响

图 7-29(b)显示在升阻比 K=19 不变的情况下,减小 P_{pump} 和 M_{HLFC} 可增大航程,但是提 35.88P_{pump} 和 M_{HLFC} 在有限范围内的变化对航程影响较小。P_{pump} 减小 10%,航程增大约 4.75 km,提升了 0.085 6%,M_{HLFC} 减小 10%,航程增大约 35.88 km,提升了 0.646%。图 7-29(c)显示在吸气功率 P_{pump}=126.3 kW 不变的情况下,增大升阻比 K 或者减小 M_{HLFC} 可增大航程,航程增量对气动升阻比的变化极为敏感,K 增大 10%,航程可增大约 580.3 km,提升了 10.45%。图 7-29(d)显示在吸气系统质量 M_{HLFC}=688 kg 不变的情况下,增大 K 和减小

P_{pump}可增大航程。影响变化规律与图 7 – 29(b)(c)相同。

图 7 – 30 给出了类 A330 – 200 宽体客机的 HLFC 系统参数对航程增量的影响。图 7 – 30(a)基于表 7 – 7 的评估结果,分别以 $K = 21.5$,$P_{pump} = 258.2\ kW$,$M_{HLFC} = 2\ 041\ kg$ 截取了三个截面,截面交点(图中的红色球形点)即为表 7-7 中评估的航程收益结果,以该点为参数影响分析的基准点。图 7 – 30(b)(c)(d)分别代表了三个截取平面。

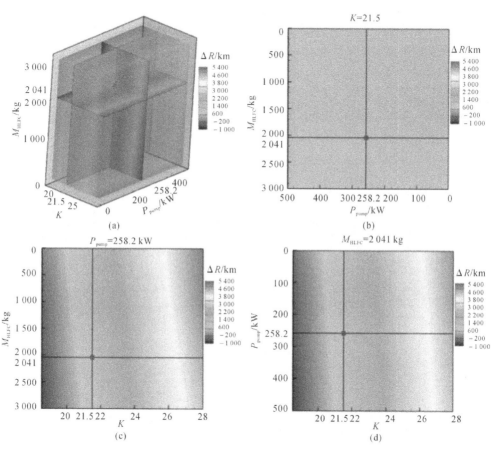

图 7 – 30 类 A330 – 200 宽体客机 HLFC 系统参数影响分析
(a)K,P_{pump},M_{HLFC}对航程的影响; (b)P_{pump},M_{HLFC}对航程的影响
(c)K,M_{HLFC}对航程的影响; (d)K,P_{pump}对航程的影响

图 7 – 30(b)显示在升阻比 $K = 21.5$ 不变的情况下,减小 P_{pump} 和 M_{HLFC} 可增大航程,与类 C919 窄体客机类似,P_{pump} 和 M_{HLFC} 在有限范围内的变化同样对航程影响较小。P_{pump} 减小 10%,航程增大约 21.73 km,增大 0.184%,M_{HLFC} 减小

10%,航程增大约 44.26 km,提升了 0.375 1%。图 7-30(c)显示在吸气功率 $P_{pump}=258.2$ kW 不变的情况下,增大升阻比 K 或者减小 M_{HLFC} 可增大航程,航程增量同样对气动升阻比的变化极为敏感,K 增大 10%,航程可增大约 1 303.61 km,提升了 11.05%。

以上分析结果表明,无论是类 C919 窄体客机还是类 A330-200 宽体客机,K 的变化对航程的影响最大,M_{HLFC} 影响次之,P_{pump} 的影响最小。但是,相比于类 C919 窄体客机,对于类 A330-200 宽体客机,M_{HLFC} 对航程的影响变弱,而 P_{pump} 的影响变强。

图 7-31 给出了采用混合层流控制技术的两种类型飞机的优化方向。图中球形点代表了表 7-7 的评估结果,云图部分为航程收益大于基准构型的点集合,表明了 HLFC 系统的优化设计方向。采用混合层流控制技术增加航程的有效方法是,通过适量付出 M_{HLFC} 和 P_{pump} 增大的代价换取气动升阻比 K 的显著提高。

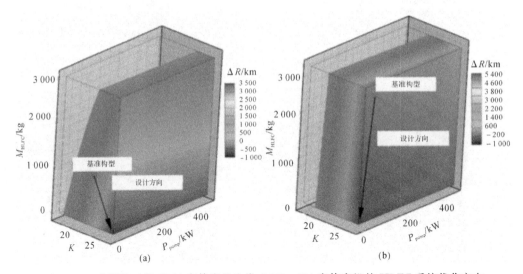

图 7-31 分别针对类 C919 窄体客机和类 A330-200 宽体客机的 HLFC 系统优化方向
(a)类 C919 窄体客机; (b)类 A330-200 宽体客机

7.5 本 章 小 结

本章借助最优设计理论,进行了自然/混合层流机翼气动设计,揭示了自然/混合层流机翼气动设计特点及原理,量化评估了混合层流控制技术的收益与代价,阐明了混合层流控制技术的优化设计思路。

（1）在机翼前缘后掠角为 $20°$，$Re=20×10^6$ 条件下，借助自然层流控制技术可获得具有较好综合气动性能的设计构型。除了翼根与翼梢附近区域，整个上翼面都能维持不小于 50% 弦长的稳定的自然层流段。具有尖梢比的三维机翼，各剖面当地雷诺数呈现从翼根向翼梢逐步递减的变化规律，弦长较长的内翼段当地雷诺数较大，仅仅凭借形面设计已难以有效抑制扰动波的快速增长。

（2）当机翼前缘后掠角增大到 $25°$ 时，横流涡的发展更为迅速，借助自然层流控制技术只能在中外翼获得可观的层流区。相比之下，混合层流控制技术可有效推迟转捩的发生。吸气系数分布形式受压力分布形态以及当地雷诺数的影响，展向方向呈现近似递减的变化趋势，弦向方向普遍呈现类"凹"形的分布形态。

（3）设计升力系数的变化通过改变具体的压力分布形态特征影响层流机翼的层流保持能力。吸气控制技术可提高层流机翼气动性能对升力系数变化的鲁棒性。相比自然层流超临界机翼，混合层流超临界机翼具有较高的，更接近全湍流机翼的设计升力系数。

（4）相比窄体支线客机，混合层流控制技术更适用于远程宽体客机。提高混合层流控制技术收益的有效方法是，通过适量付出重量惩罚和吸气功率消耗增大的代价，换取气动升阻比的显著提高。

参 考 文 献

[1] YOUNG T M. Investigations into the operational effectiveness of hybrid laminar flow control aircraft[D]. Cranfield:Cranfield University，2002.

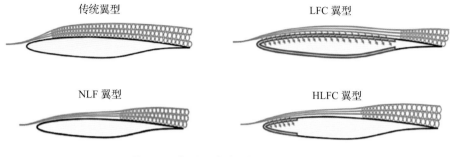

图 1-3　各种层流流动控制概念示意图

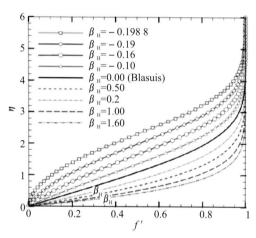

图 3-7　不同压力梯度下 FS 层流边界层相似速度型分布

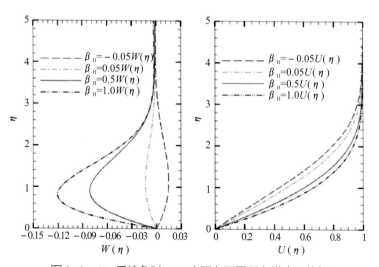

图 3-8　45° 后掠角时 FSC 方程在不同压力梯度下的解

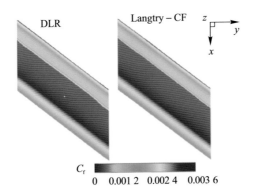

图 3-12　$Re=3.72\times10^6$ 时 DLR 和 Langtry-CF 横流预测模式
计算所得摩擦阻力系数云图的对比

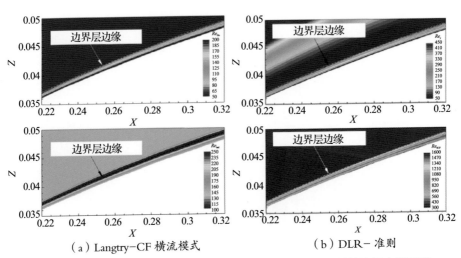

（a）Langtry-CF 横流模式　　　　　　（b）DLR- 准则

图 3-13　$Re=3.72\times10^6$ 时 DLR 和 Langtry-CF 方法计算所得关键流场变量云图

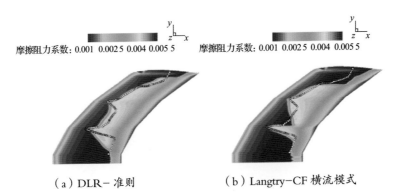

（a）DLR- 准则　　　　　　（b）Langtry-CF 横流模式

图 3-14　两种转捩模式对拐折翼的摩擦因数云图预测结果与实验数据的对比

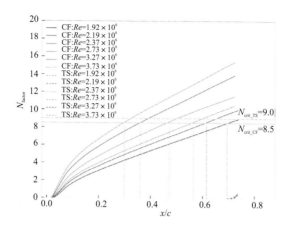

图 3-23 NLF(2)-0415 在不同雷诺数下扰动波的增长

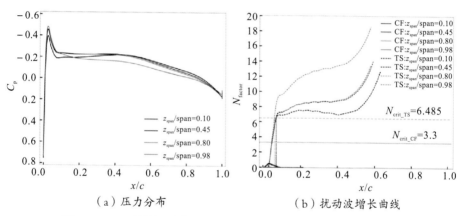

（a）压力分布　　　　　　（b）扰动波增长曲线

图 3-28 M6 机翼 0°攻角下的压力分布以及对应的扰动波增长曲线

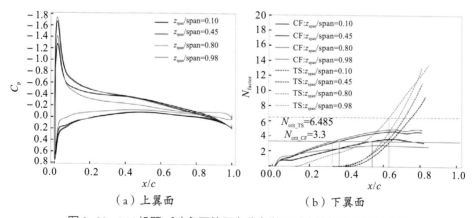

（a）上翼面　　　　　　（b）下翼面

图 3-29 M6 机翼 5°攻角下的压力分布以及对应的扰动波增长曲线

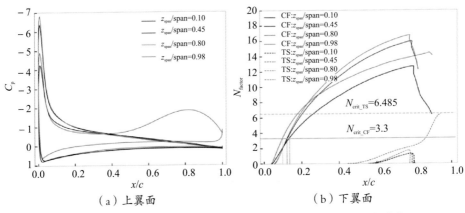

（a）上翼面　　　　　　　　　　（b）下翼面

图 3-30　M6 机翼 15°攻角下的压力分布以及对应的扰动波增长曲线

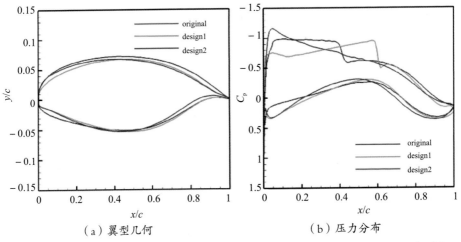

（a）翼型几何　　　　　　　　　　（b）压力分布

图 4-8　优化设计构型 design1、design2 与初始构型 original 翼型几何以及压力分布对比

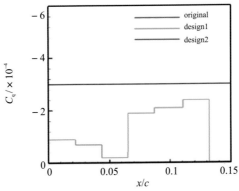

图 4-9　优化设计构型 design1、design2 与初始构型 original 吸气分布对比

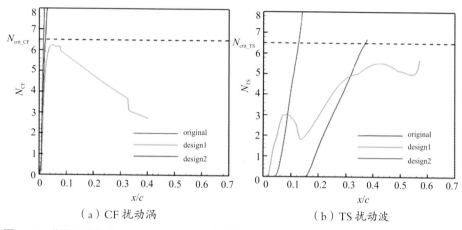

（a）CF 扰动涡　　　　　　　　（b）TS 扰动波

图 4-10　优化设计构型 design1、design2 与初始构型 original 扰动波放大因子曲线的包络线对比

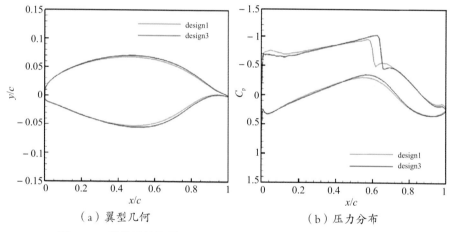

（a）翼型几何　　　　　　　　（b）压力分布

图 4-11　优化设计构型 design1、design3 翼型几何和压力分布对比

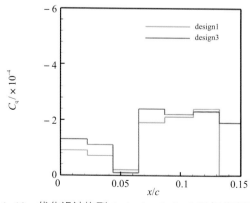

图 4-12　优化设计构型 design1、design3 吸气分布对比

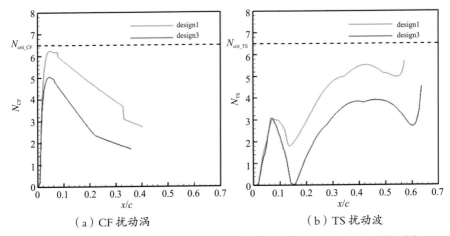

（a）CF 扰动涡　　　　　　　　　　（b）TS 扰动波

图 4-13　优化设计构型 design1、design3 扰动波放大因子曲线的包络线对比

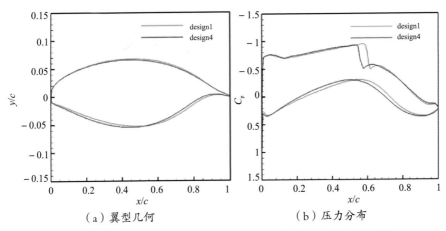

（a）翼型几何　　　　　　　　　　（b）压力分布

图 4-14　优化设计构型 design1、design4 翼型几何和压力分布对比

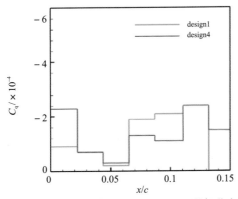

图 4-15　优化设计构型 design1、design4 吸气分布对比

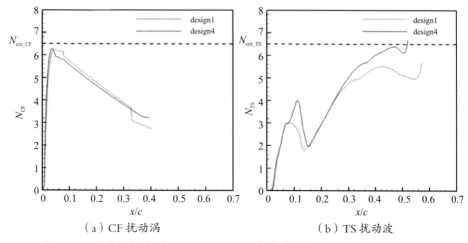

（a）CF 扰动涡　　　　　（b）TS 扰动波

图 4-16　优化设计构型 design1、design4 扰动波放大因子曲线的包络线对比

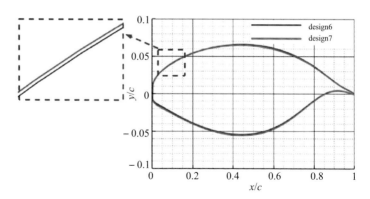

图 4-26　design6 与 design7 构型的翼型对比

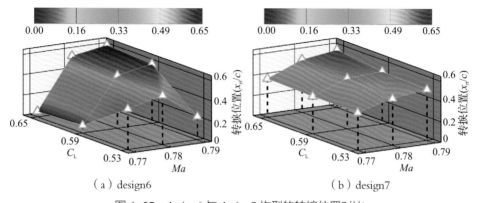

（a）design6　　　　　（b）design7

图 4-27　design6 与 design7 构型的转捩位置对比

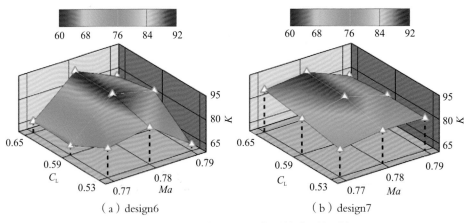

（a）design6　　　　　　　（b）design7

图 4-28　design6 与 design7 构型的升阻比对比

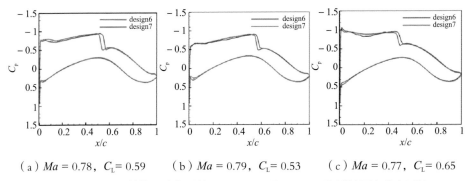

（a）$Ma = 0.78$，$C_L = 0.59$　　（b）$Ma = 0.79$，$C_L = 0.53$　　（c）$Ma = 0.77$，$C_L = 0.65$

图 4-29　不同马赫数和升力系数下，design6 和 design7 构型的压力分布对比

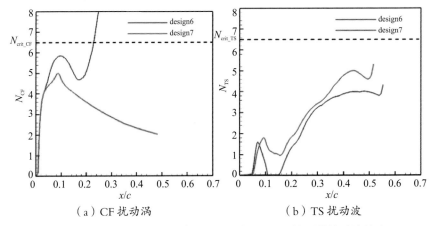

（a）CF 扰动涡　　　　　　　　（b）TS 扰动波

图 4-30　$Ma = 0.78$，$C_L = 0.59$ 时，design6 与 design7 构型的扰动波放大因子
　　　　增长曲线的包络线对比

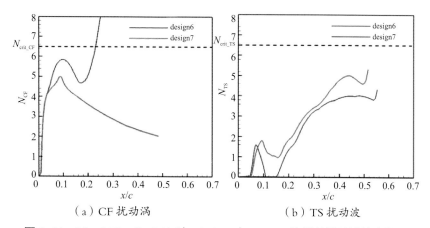

（a）CF 扰动涡　　　　　　　　（b）TS 扰动波

图 4-31　Ma= 0.79，C_L=0.53 时，design6 与 design7 构型的扰动波放大因子
　　　　增长曲线的包络线对比

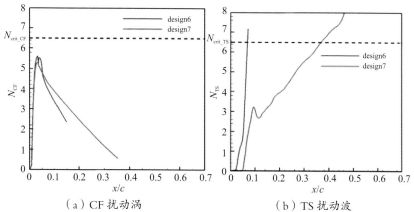

（a）CF 扰动涡　　　　　　　　（b）TS 扰动波

图 4-32　Ma=0.77，C_L=0.65 时，design6 与 design7 构型的扰动波放大因子
　　　　增长曲线的包络线对比

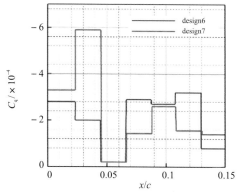

图 4-33　design6 与 design7 构型的吸气控制分布对比

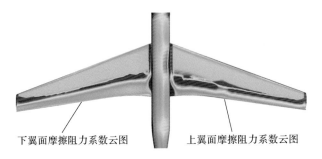

下翼面摩擦阻力系数云图　　　　上翼面摩擦阻力系数云图

图 4-36　8.7×10⁶ 雷诺数下自然层流机翼摩擦阻力系数云图

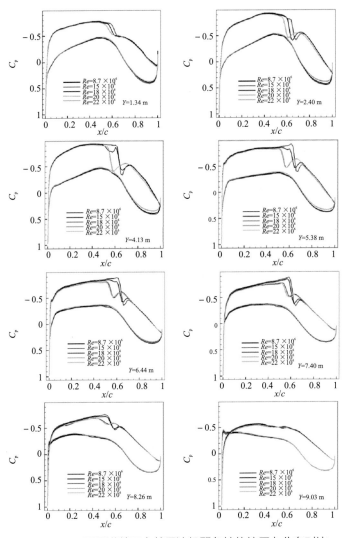

图 4-37　不同雷诺数下自然层流机翼各站位处压力分布对比

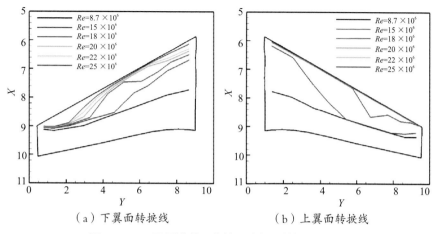

（a）下翼面转捩线　　　　　（b）上翼面转捩线

图 4-38　不同雷诺数下自然层流机翼转捩位置分布

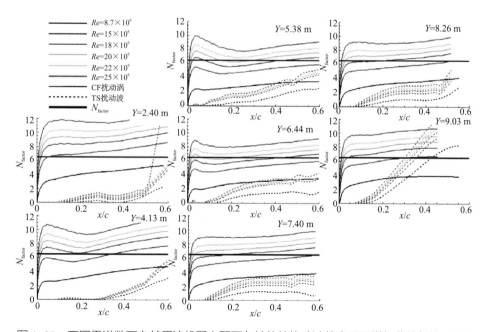

图 4-39　不同雷诺数下自然层流机翼上翼面各站位处扰动波放大因子增长曲线包络线对比

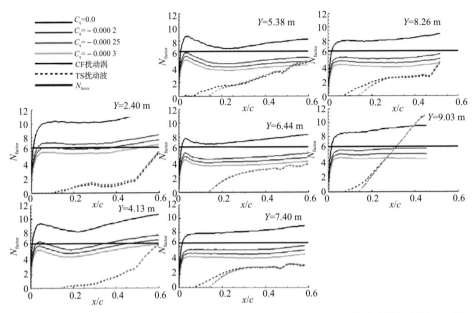

图 4-41　雷诺数为 22×10⁶ 时，不同吸气控制强度下，机翼上翼面扰动波的抑制情况对比

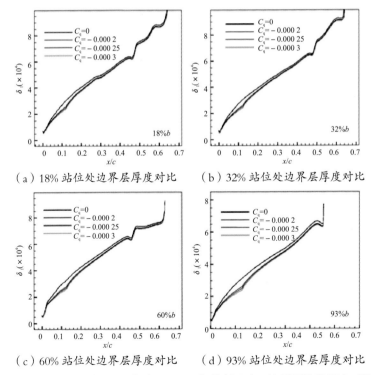

（a）18% 站位处边界层厚度对比　　（b）32% 站位处边界层厚度对比

（c）60% 站位处边界层厚度对比　　（d）93% 站位处边界层厚度对比

图 4-42　雷诺数为 22×10⁶ 时，不同吸气控制强度下边界层位移厚度对比

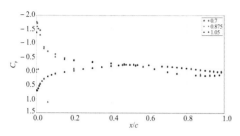

图 5-20　自然层流机翼在 $Ma=0.7$，
$\alpha=-3.69°$状态下（Serial=113）的三个测压
剖面处的压力分布

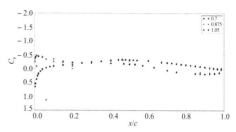

图 5-21　自然层流机翼在 $Ma=0.7$，
$\alpha=-1.45°$状态下（Serial=123）的三个测压
剖面处的压力分布

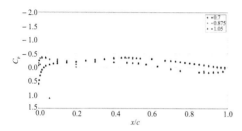

图 5-22　自然层流机翼在 $Ma=0.7$，
$\alpha=-0.99°$状态下（Serial=125）的三个测压
剖面处的压力分布

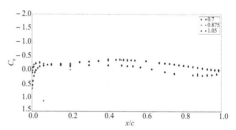

图 5-23　自然层流机翼在 $Ma=0.7$，
$\alpha=-0.55°$状态下（Serial=127）的三个测压
剖面处的压力分布

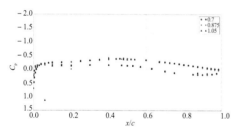

图 5-24　自然层流机翼在 $Ma=0.7$，
$\alpha=-0.1°$ 状态下（Serial=129）的三个测压
剖面处的压力分布

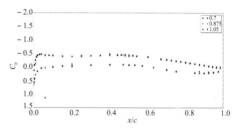

图 5-25　自然层流机翼在 $Ma=0.7$，
$\alpha=1.44°$状态下（Serial=136）的三个测压剖
面处的压力分布

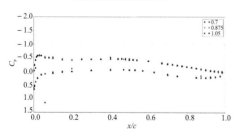

图 5-26　自然层流机翼在 $Ma=0.7$，
$\alpha=1.98°$状态下（Serial=138）的三个测压剖
面处的压力分布

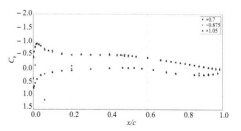

图 5-27　自然层流机翼在 $Ma=0.7$，
$\alpha=3.07°$状态下（Serial=143）的三个测压
面处的压力分布

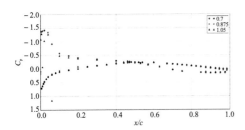

图 5-37　自然层流机翼在 $Ma=0.78$，
$\alpha=-3.62°$状态下（Serial=144）的三个测压
剖面处的压力分布

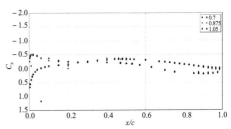

图 5-38　自然层流机翼在 $Ma=0.78$，
$\alpha=-1.46°$状态下（Serial=154）的三个测压
剖面处的压力分布

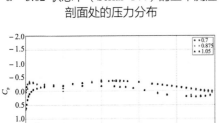

图 5-39　自然层流机翼在 $Ma=0.78$，
$\alpha=-0.76°$状态下（Serial=157）的三个测压
剖面处的压力分布

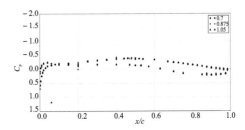

图 5-40　自然层流机翼在 $Ma=0.78$，
$\alpha=-0.41°$状态下（Serial=159）的三个测压
剖面处的压力分布

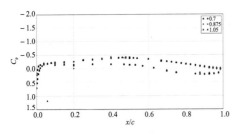

图 5-41　自然层流机翼在 $Ma=0.78$，
$\alpha=-0.15°$状态下（Serial=160）的三个测压
剖面处的压力分布

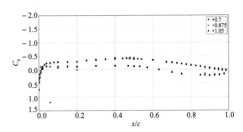

图 5-42　自然层流机翼在 $Ma=0.78$，
$\alpha=0.28°$状态下（Serial=162）的三个测压剖
面处的压力分布

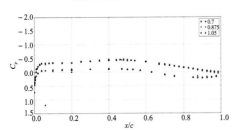

图 5-43　自然层流机翼在 $Ma=0.78$，
$\alpha=0.72°$状态下（Serial=164）的三个测压剖
面处的压力分布

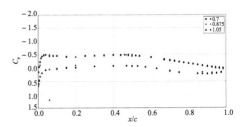

图 5-44　自然层流机翼在 $Ma=0.78$，
$\alpha=1.59°$状态下（Serial=168）的三个测压剖
面处的压力分布

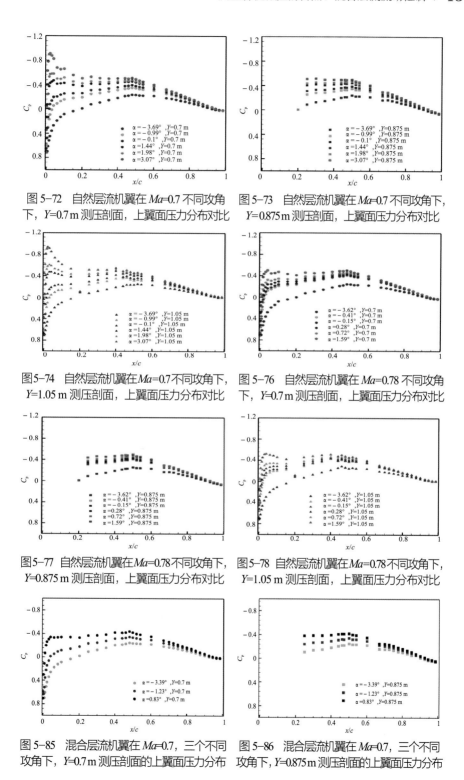

图 5-72 自然层流机翼在 Ma=0.7 不同攻角下，Y=0.7 m 测压剖面，上翼面压力分布对比

图 5-73 自然层流机翼在 Ma=0.7 不同攻角下，Y=0.875 m 测压剖面，上翼面压力分布对比

图 5-74 自然层流机翼在 Ma=0.7 不同攻角下，Y=1.05 m 测压剖面，上翼面压力分布对比

图 5-76 自然层流机翼在 Ma=0.78 不同攻角下，Y=0.7 m 测压剖面，上翼面压力分布对比

图 5-77 自然层流机翼在 Ma=0.78 不同攻角下，Y=0.875 m 测压剖面，上翼面压力分布对比

图 5-78 自然层流机翼在 Ma=0.78 不同攻角下，Y=1.05 m 测压剖面，上翼面压力分布对比

图 5-85 混合层流机翼在 Ma=0.7，三个不同攻角下，Y=0.7 m 测压剖面的上翼面压力分布

图 5-86 混合层流机翼在 Ma=0.7，三个不同攻角下，Y=0.875 m 测压剖面的上翼面压力分布

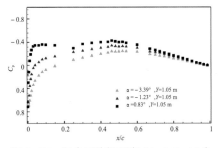

图 5-87 混合层流机翼在 Ma=0.7，三个不同攻角下，Y=1.05 m 测压剖面的上翼面压力分布

图 5-88 混合层流机翼在 Ma=0.7，不同攻角下，尾流耙测得的剖面阻力随吸气质量流量变化的对比图

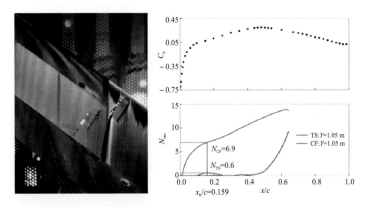

图 5-91 Ma=0.7，Re=6.45×10⁶，α=−2.16°条件下，试验测量的 IR 图像、压力分布和数值模拟方法计算得到的 TS 波以及 CF 涡放大因子曲线的包络线

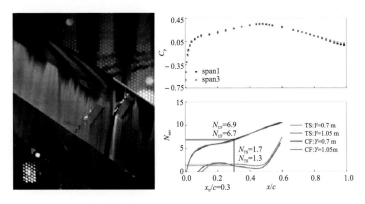

图 5-92 Ma=0.7，Re=6.45×10⁶，α=−0.99°时，试验测量的 IR 图像、压力分布和数值模拟方法计算得到的 TS 波以及 CF 涡放大因子曲线的包络线

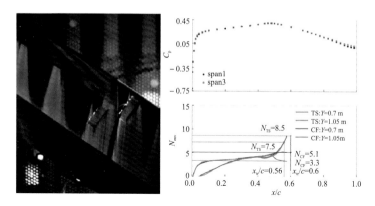

图 5-93　Ma=0.7，Re=6.45×10⁶，α=0.17°时，试验测量的 IR 图像、压力分布和数值模拟方法计算得到的 TS 波以及 CF 涡放大因子曲线的包络线

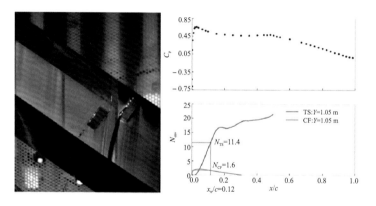

图 5-94　Ma=0.7，Re=6.45×10⁶，α=2.61° 时，试验测量的 IR 图像、压力分布和数值模拟方法计算得到的 TS 波以及 CF 涡放大因子曲线的包络线

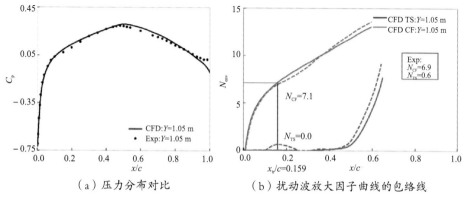

（a）压力分布对比　　　　（b）扰动波放大因子曲线的包络线

图 5-95　Re=6.49×10⁶，Ma=0.7，α=−2.16°时，试验测量和数值模拟结果对比

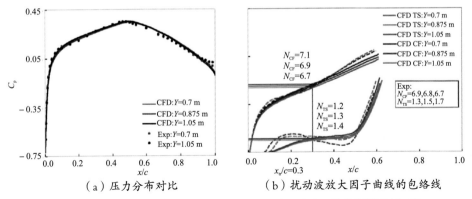

（a）压力分布对比　　　　　　（b）扰动波放大因子曲线的包络线

图 5-96　$Re=6.50×10^6$，$Ma=0.7$，$\alpha=-0.99°$时，试验和数值模拟结果对比

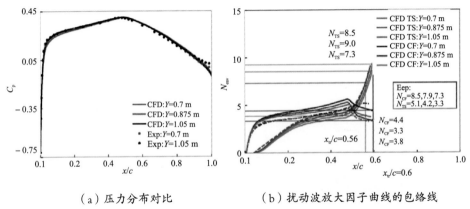

（a）压力分布对比　　　　　　（b）扰动波放大因子曲线的包络线

图 5-97　$Re=6.49×10^6$，$Ma=0.7$，$\alpha=0.17°$时，试验和数值模拟结果对比

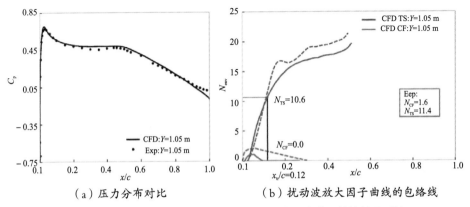

（a）压力分布对比　　　　　　（b）扰动波放大因子曲线的包络线

图 5-98　$Re=6.45×10^6$，$Ma=0.7$，$\alpha=2.61°$时，试验和数值结果对比

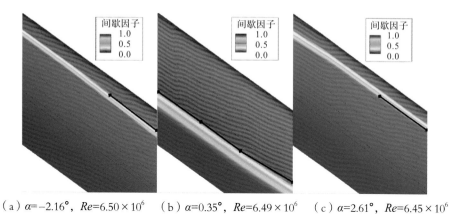

（a）$\alpha=-2.16°$，$Re=6.50\times10^6$ （b）$\alpha=0.35°$，$Re=6.49\times10^6$ （c）$\alpha=2.61°$，$Re=6.45\times10^6$

图 5-101　马赫数为 0.7 时，不同攻角下数值模拟得到的间歇因子云图

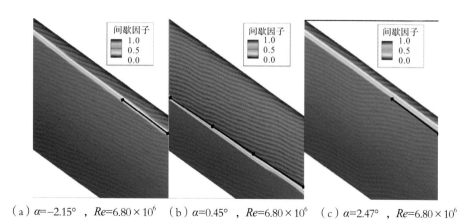

（a）$\alpha=-2.15°$，$Re=6.80\times10^6$ （b）$\alpha=0.45°$，$Re=6.80\times10^6$ （c）$\alpha=2.47°$，$Re=6.80\times10^6$

图 5-102　马赫数为 0.78 时，不同攻角下数值模拟得到的间歇因子云图

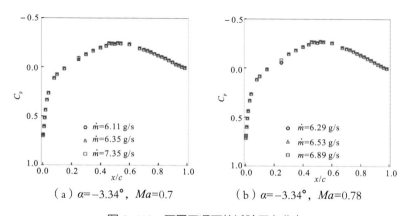

（a）$\alpha=-3.34°$，$Ma=0.7$ 　　（b）$\alpha=-3.34°$，$Ma=0.78$

图 5-110　不同工况下的试验压力分布

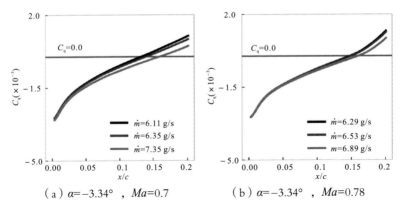

（a）$\alpha=-3.34°$，$Ma=0.7$　　　（b）$\alpha=-3.34°$，$Ma=0.78$

图 5-111　不同工况下弦向面吸气系数 C_q 分布

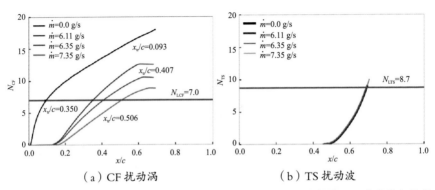

（a）CF 扰动涡　　　　　　（b）TS 扰动波

图 5-117　$Ma=0.7$，$\alpha=-3.34°$时，不同吸气质量流量下的扰动放大因子曲线的包络线

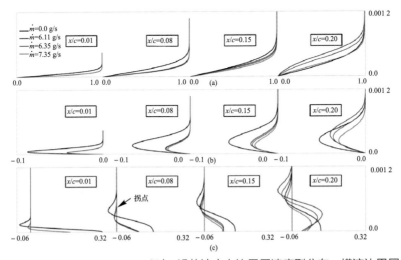

图 5-118　$Ma=0.7$，$\alpha=-3.34°$时，沿势流方向边界层速度型分布，横流边界层速度型分布及其在法向的二阶导数的分布对比图

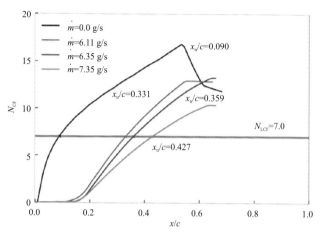

图 5-119　Ma=0.78，α=−3.34°时，不同质量流量的 CF 涡放大因子曲线的包络线

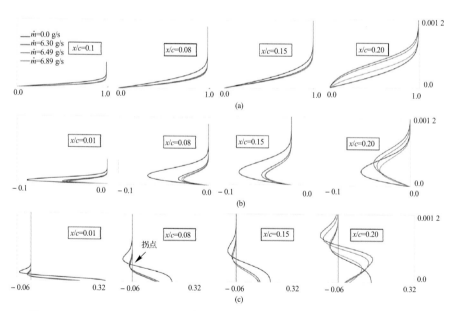

图 5-120　Ma=0.78，α=−3.34°时，沿势流方向边界层速度型分布，横流边界层速度型分布及其在法向的二阶导数的分布对比图

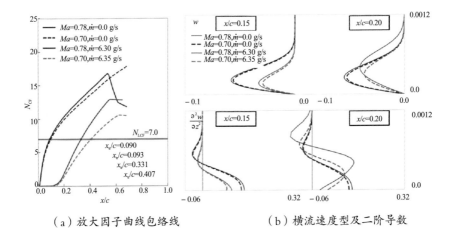

（a）放大因子曲线包络线　　　　　（b）横流速度型及二阶导数

图 5-121　不同马赫数、吸气控制强度下 CF 涡放大因子包络线、横流速度型及其二阶导数的分布对比图

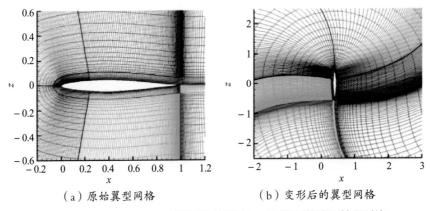

（a）原始翼型网格　　　　　　　（b）变形后的翼型网格

图 6-11　NACA64A010 翼型顺时针旋转 90°后的网格变形结果对比

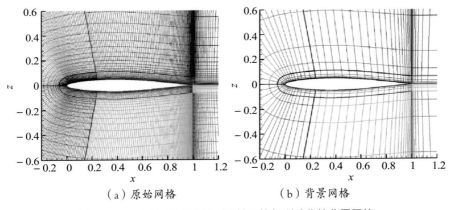

（a）原始网格　　　　　　　　　（b）背景网格

图 6-14　NACA64A010 翼型原始网格与稀疏化的背景网格

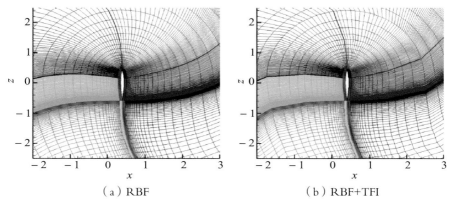

（a）RBF　　　　　　　　　　　　（b）RBF+TFI

图 6-15　NACA64A010 翼型顺时针旋转 90°的变形网格对比

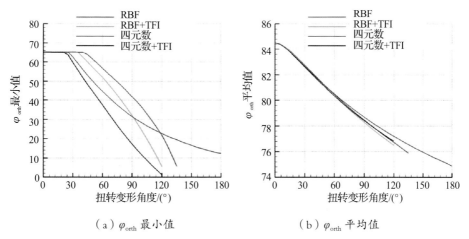

（a）φ_{orth} 最小值　　　　　　　　　　（b）φ_{orth} 平均值

图 6-16　NACA64A010 翼型顺时针旋转变形时网格正交性随扭转角的变化趋势

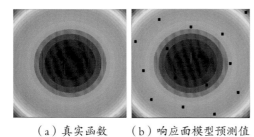

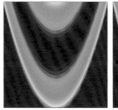

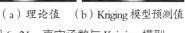

（a）真实函数　（b）响应面模型预测值　　　（a）理论值　（b）Kriging 模型预测值

图 6-20　真实函数与响应面模型预测值对比　　　图 6-21　真实函数与 Kriging 模型
　　　　　　　　　　　　　　　　　　　　　　　　　　　　预测值对比

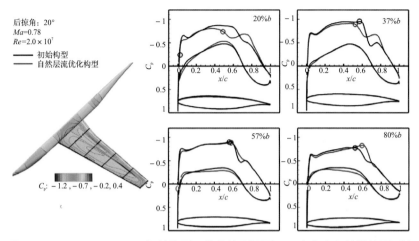

图 7-3　Ma=0.78，C_L=0.46 初始构型和优化构型翼型、压力分布和转捩位置对比
（符号"o"表示转捩位置）

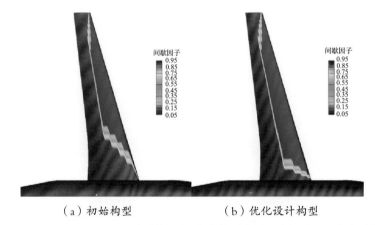

（a）初始构型　　　　　　　　（b）优化设计构型

图 7-4　Ma=0.78，C_L=0.46 初始构型和优化构型上翼面表间歇因子分布对比

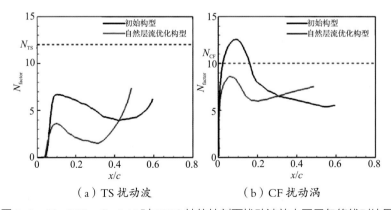

（a）TS 扰动波　　　　　　　　（b）CF 扰动涡

图 7-5　Ma=0.78，C_L=0.46 时 20%b 站位处剖面扰动波放大因子包络线对比图

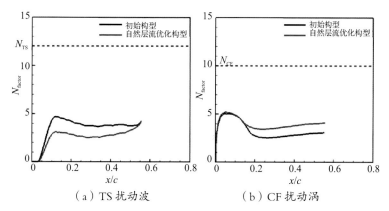

（a）TS 扰动波　　　　　（b）CF 扰动涡

图 7-6　Ma=0.78，C_L=0.46 时 57%b 站位处剖面扰动波放大因子包络线对比图

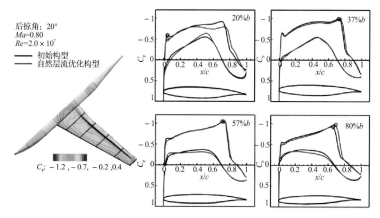

图 7-7　Ma=0.80，C_L=0.46 初始构型和优化构型压力分布和转捩位置对比
（符号"o"表示转捩位置）

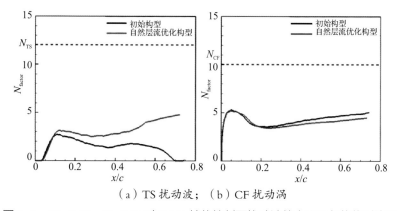

（a）TS 扰动波；　（b）CF 扰动涡

图 7-8　Ma=0.80，C_L=0.46 时 57%b 站位处剖面扰动波放大因子包络线对比图

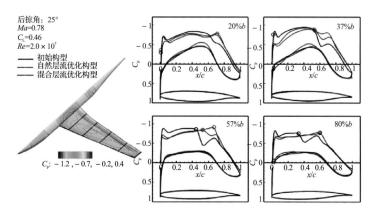

图 7-11　Ma=0.78，C_L=0.46，初始构型和设计构型压力分布、翼型和转捩位置对比
（符号"o"表示转捩位置）

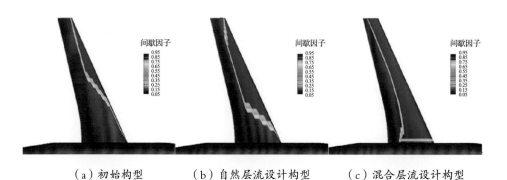

（a）初始构型　　　（b）自然层流设计构型　　　（c）混合层流设计构型

图 7-12　Ma=0.78，C_L=0.46，初始构型和优化构型上翼面歇因子分布对比

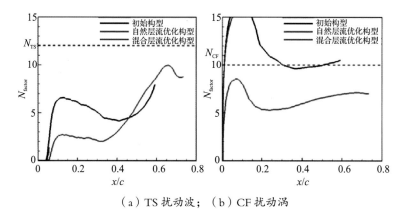

（a）TS扰动波；（b）CF扰动涡

图 7-13　Ma=0.78，C_L=0.46时，20%b站位处剖面扰动波放大因子包络线对比图

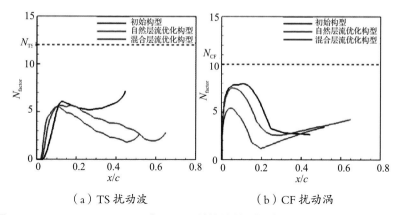

（a）TS 扰动波　　　　　　　　（b）CF 扰动涡

图 7-14　Ma=0.78，C_L=0.46 时，57%b 站位处剖面扰动波放大因子包络线对比图

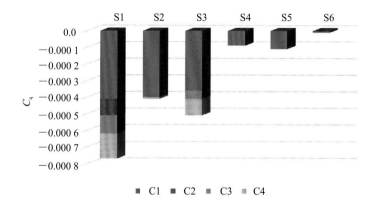

图 7-15　C_L=0.46 混合层流设计构型吸气控制系数 C_q 分布图

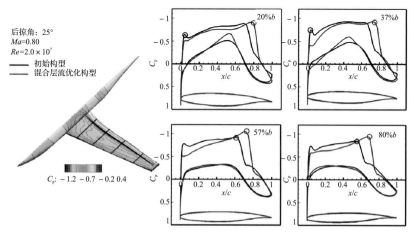

图 7-16　Ma=0.8，C_L=0.46 初始构型、混合层流优化构型压力分布、翼型、转捩位置对比

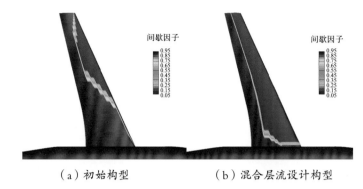

（a）初始构型　　　　　　（b）混合层流设计构型

图 7-17　Ma=0.80，C_L=0.46 时，初始构型和优化构型上翼面歇因子分布对比

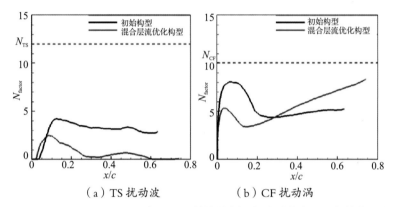

（a）TS 扰动波　　　　　　（b）CF 扰动涡

图 7-18　Ma=0.80，C_L=0.46 时，57%b 站位处剖面扰动波放大因子包络线对比图

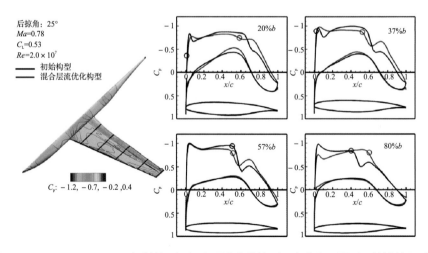

图 7-20　Ma=0.78，C_L=0.53 初始构型、混合层流优化构型压力分布、翼型、转捩位置对比

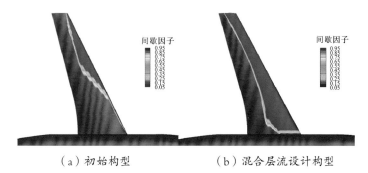

（a）初始构型　　　　　　　　（b）混合层流设计构型

图 7-21　Ma=0.78，C_L=0.53 初始构型和优化构型上翼面间歇因子分布对比

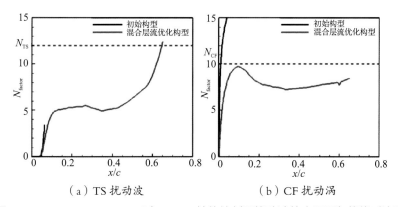

（a）TS 扰动波　　　　　　　　（b）CF 扰动涡

图 7-22　Ma=0.78，C_L=0.53 时，20%b 站位处剖面扰动波放大因子包络线对比图

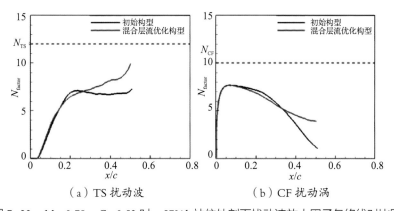

（a）TS 扰动波　　　　　　　　（b）CF 扰动涡

图 7-23　Ma=0.78，C_L=0.53 时，57%b 站位处剖面扰动波放大因子包络线对比图

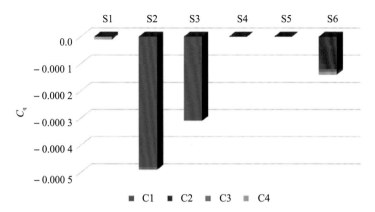

图 7-24 C_L=0.53 混合层流设计构型吸气控制系数 C_q 分布图

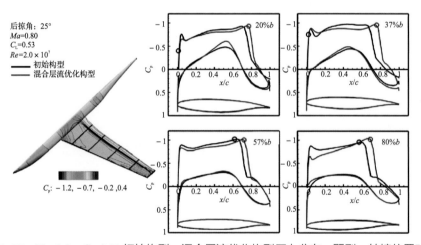

图 7-25 Ma=0.8，C_L=0.53 初始构型、混合层流优化构型压力分布、翼型、转捩位置对比

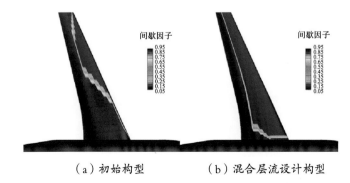

（a）初始构型　　　　　（b）混合层流设计构型

图 7-26 Ma=0.8，C_L=0.53 初始构型和优化构型上翼面歇因子分布对比

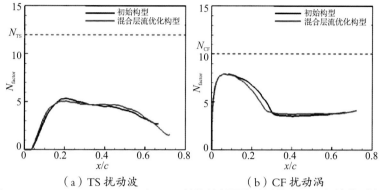

（a）TS 扰动波　　　　　　　　（b）CF 扰动涡

图 7-27　Ma=0.80，C_L=0.53 时 57%b 站位处剖面扰动波放大因子包络线对比图

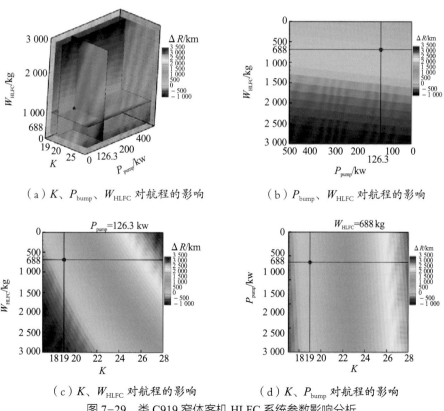

（a）K、P_{bump}、W_{HLFC} 对航程的影响　　　　　（b）P_{bump}、W_{HLFC} 对航程的影响

（c）K、W_{HLFC} 对航程的影响　　　　　（d）K、P_{bump} 对航程的影响

图 7-29　类 C919 窄体客机 HLFC 系统参数影响分析

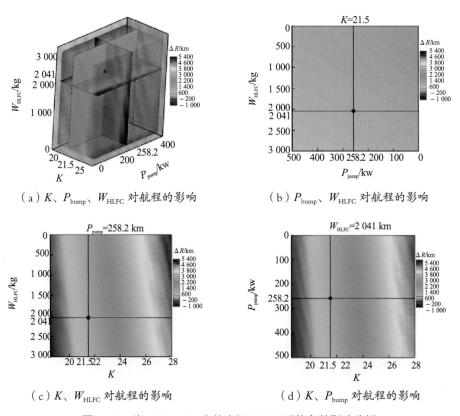

（a）K、P_{bump}、W_{HLFC} 对航程的影响　　　　（b）P_{bump}、W_{HLFC} 对航程的影响

（c）K、W_{HLFC} 对航程的影响　　　　（d）K、P_{bump} 对航程的影响

图 7-30　类 A330-200 宽体客机 HLFC 系统参数影响分析

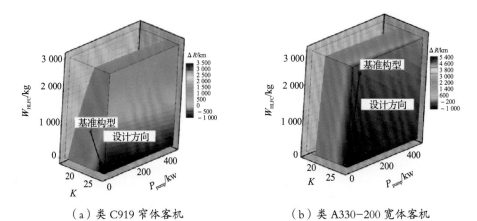

（a）类 C919 窄体客机　　　　（b）类 A330-200 宽体客机

图 7-31　分别针对类 C919 窄体客机和类 A330-200 宽体客机的 HLFC 系统优化方向